KB001792

위대한 관찰

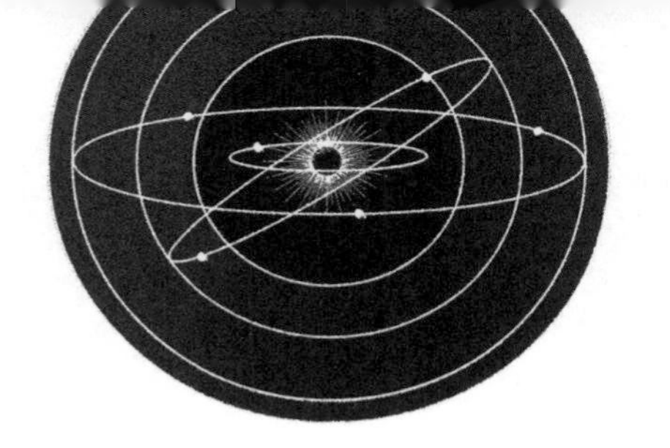

위대한 관찰

곤충학자이길 거부했던 자연주의자
장 앙리 파브르의 말과 삶

조르주 빅토르 르그로 지음
장 앙리 파브르 서문
김숲 옮김

이 책을 먼저 읽은 분들이 보낸 찬사

랠프 에머슨의 말처럼 창조된 모든 것에 약속된 화가나 시인이 있다면, 생명체들의 비밀을 풀어 그 아름다움을 찬양해 줄 화가와 시인은 생물학자일 것이다. 전 세계 여러 생물학자를 만나며 그들이 생명체를 바라보고 얘기할 때 반짝이던 눈을 기억한다. 그들은 하나같이 생명체에게 마음을 뺏겨 눈을 떼지 못한다. 자연을 마주할 때 섬세하고, 정확하고, 집요하며 아이처럼 순수하다. 사회 속에서 부조리와 괴롭힘에 분노하고 비참함과 구질구질함에 눈물을 흘리지만, 어느새 또 반짝이는 눈으로 자연을 관찰한다.

위대한 과학자 파브르의 삶도 다르지 않았다는 것이 애처로우면서도 위안을 준다. 전쟁, 사랑하는 이의 죽음, 사람들의 괴롭힘, 경제적 어려움 속에서 한 인간이 지구에 사는 생명체들의 아름다움을 노래하기만을, 누구의 방해도 받지 않고 오래도록 생명체를 마주하기만을 간절히 바란 노력과 투쟁. 그 단순한 소망이 사랑스럽다. 이 책을 통해 파브르의 삶 속에서 그를 위로한 사람들과 수많은 생명체를 만난다. 파브르도 결국 지구에 나타났다 사라진 한 생명체이며 우리와 다르지 않았다. 내가 서 있는 이 지구, 머물다 갈 시간, 함께하는 아름다운 생명체들이 소중해진다.

— **신혜우(미국 스미스소니언 환경연구센터)**

식물세밀화가로 일을 하기 전까지는 새로운 종을 많이 발표하고, 유의미한 이론을 내놓는 학문적 성과만이 자연과학자의 자질이라 생각했다. 그러나 16년간 식물을 관찰하며 깨달았다. 자연과학자에게 가장 중요한 덕목은 세상과 나 스스로를 기만하지 않고 자연을 마주하는 것이란걸.

익히 알려진 많은 자연과학자들의 업적 뒤에는 부유한 가정 환경, 계급적 뒷받침 같은 것이 있었다. 하지만 파브르는 내내 가난했고 인정받지 못했기에 고군분투해야 했다. 그럼에도 파브르의 배움은 품위나 학위를 위한 것과는 거리가 있었다. 그의 관찰에 감히 '위대함'이라는 수식어를 붙이고자 하는 데엔 삶의 역경 속에서도 자연에 대한 호기심을 잃지 않으려 한 의지, 자연을 가까이하면서도 소유하지 않으려는 경계심, 세상에 나서지 않고 관찰에 몰두해온 인내 그리고 자신의 한계를 인정하는 유연함 같은 것이 있다. 이것은 현대 자연 관찰자에게도 필요한 자질이라고 생각한다. 파브르의 관찰기가 시공간과 연령대를 초월해 많은 사람에게 공감받는 이유는 자연에 관한 이토록 투명하고 진실한 호기심 때문이 아닐까.

파브르의 책이 우리에게 자연을 바라볼 기회를 주었듯, 이 책은 파브르 본인이 관찰 대상이 되어 호모 사피엔스, 사람이라는 생물종을 이해하도록 만든다. 파브르의 책이 지닌 설득의 서사가 이 책에도 담겨 있다.

현실에 치여 꿈을 접어야 했던 누군가에게, 신념과 사회적 시선 사이에서 고민하는 이들에게, 그리고 자연의 언어를 해석하고자 하는 모두에게 이 책을 추천한다. 그 자체로 본보기가 된 파브르의 삶이 우리 스스로와 우리를 둘러싼 모든 존재를 소중히 여길 용기를 줄 거라 믿는다.

— **이소영(식물세밀화가, 원예학 연구자)**

1.

2.

1. 파브르의 집이자 연구실인 아르마스에서 흉상 제작에 참여 중인 파브르와 르그로, 시카르 (왼쪽부터 순서대로)
2. 프랑스 대통령 레몽 푸앵카레의 아르마스 방문

이 책의 저자인 르그로와의 만남을 계기로 파브르의 이름이 전 세계에 알려지게 되었다. 공식 전기 작가가 되기 전 르그로는 1910년 아르마스에서 파브르를 기리는 과학 행사를 조직했고, 1913년에는 프랑스 대통령 레몽 푸앵카레가 방문해 국가 차원의 감사를 표했다. 파브르의 명성은 절정에 달했다.

3.

4.

3. 코르시카섬의 해안선
4. 코르시카섬의 몽테 르노소

코르시카섬은 파브르가 웅장하고 풍요로운 자연에 결정적으로 푹 빠질 수 있게 한 운명의 장소였다. 파브르는 끝없이 펼쳐진 바다 앞에서 감탄과 찬양을 아끼지 않았다. 이곳에서 에스프리 르키앵의 제자가 되었으며, 그의 사망 이후 연구를 마무리하러 온 후임인 모캥 탕동과 함께 지냈다. 몽테 르노소의 꼭대기와 산비탈을 누비며 "구름과 비슷한 고도에서 옷을 껴입고 추위로 마비되어 가면서" 수많은 식물 종을 채집했다.

5·

5· 에델바이스

1851년 8월 11일, 파브르는 만년설이 잔뜩 쌓인 가장 높은 산봉우리에서 서리 내린 에델바이스 이파리 몇 장을 떼어다 동생에게 편지와 함께 보냈다. "이 이파리를 책 속에 끼워두면 책장을 넘기며 불멸의 존재와 눈이 마주칠 때마다 에델바이스가 자생하는 장소의 아름다운 장관을 꿈꿀 수 있는 구실을 네게 선사할 거야."

6.

6. **툴루즈의 건물과 가론강의 전경**

툴루즈는 가론강에서 채취한 분홍빛 점토를 사용한 건축으로 도시 전체가 장밋빛이다. 파브르가 열네 살 때 에스키유 신학교를 다닌 곳이자, 자연과학 학위를 받은 곳이다. 파브르의 박물학자의 삶에 큰 영향을 미친 모캥 탕동 또한 이곳에서 자연사를 가르치던 교수였다.

7·

7· 한결같은 파브르의 모습

파브르의 복장은 항상 일관됐다. 강한 턱과 날카로운 눈빛을 가진 깔끔한 얼굴을 면도하고 검은색 펠트 모자를 늘 착용했다. 집 안에서도 이는 예외가 아니었으며, 아주 엄숙한 자리가 아니라면 늘 펠트 모자를 고집했다.

8.

9.

8. 오늘날까지 보존된 파브르의 작업실

9. 작업실 책상에 앉아 있는 파브르

아르마스에 있는 이 방은 파브르가 조사, 연구, 저술에 전념하는 공간이었다. 현재 그의 집 아르마스는 박물관으로 운영되고 있으며, 방 중앙의 탁자 위에는 돋보기, 현미경, 저울 등 다양한 도구가 놓여 있다. 대형 진열장에는 1,300여 점의 특별한 물건과 표본이 전시되어 있다.

10.

11.

10. 오늘날 세리냥에 있는 파브르의 집

11. 1914년 아르마스의 모습

오래된 벽으로 둘러싸인 이 건물은 오늘날까지도 19세기의 흔적이 고스란히 남아 있다. 파브르가 도착했을 당시 아비뇽에서 30킬로미터 떨어진 세리냥 뒤 콩타 마을에 위치한 1헥타르 규모의 이 저택은 파브르가 꿈꾸던 "약속의 땅"이었다. 녹색 덧문이 달린 이 분홍색 집에서 파브르는 수많은 곤충과 식물과 그들의 습성을 연구하는 데 지칠 줄 몰랐다. 파브르는 자신의 정원을 지역풍인 미스트랄로부터 보호하기 위해 사이프러스나무를 심어 방풍림을 형성했다. 그 덕분에 식물이 자라고 곤충이 정착해 정원에 생명이 번성할 수 있었다.

12. 파브르의 휴식 공간

13. 아르마스의 꽃 화분과 파브르

나비가 그려진 바닥, 커튼과 꽃무늬 태피스트리는 19세기 후반 파브르 집안의 소박한 생활상을 보여준다. 식탁과 유리 문이 달린 책장, 게임 테이블, 파브르가 시에 어울리는 음악을 작곡했던 악기 등 모든 흔적이 여전히 파브르의 아르마스 박물관에 남아 있다.

14.

15.

14. 파브르의 종 모양 철망 덮개

15. 1880년의 파브르

파브르는 유럽에서 가장 큰 나방의 번데기를 발견하고 자신의 작업실에서 부화시켰다. 나방은 암컷이었는데, 어느 날 작업실에 들어간 파브르는 20여 마리의 나방이 자신이 부화시킨 나방에 몰려든 것을 발견했다. 3년 동안 이를 관찰한 파브르는 암컷 나방이 먼 거리에서도 수컷 나방이 알아챌 수 있는 일종의 '냄새'를 발산한다는 결론에 도달했다. 이는 1959년에 '페로몬'으로 정의되었다.

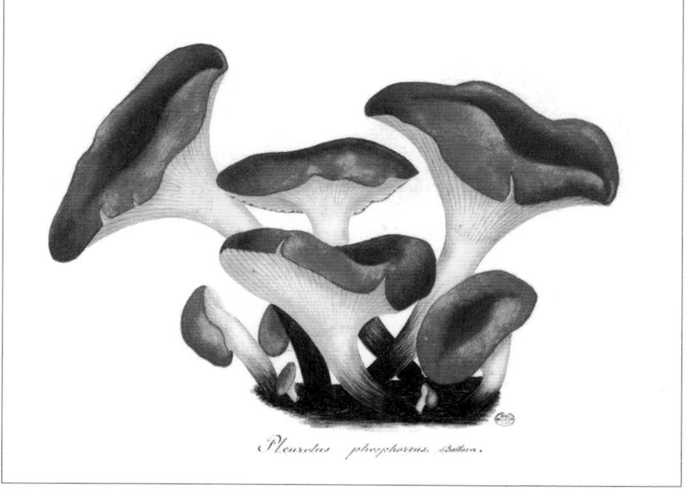

16. 빛을 발하고 있는 야광 화경버섯
17. 파브르가 그린 화경버섯

파브르의 위대한 관찰력은 그림에서도 잘 나타났다. 파브르는 올리브 재배 지역 균류의 모든 특징을 담아낸 놀랍도록 정교한 수채화 그림을 여러 점 남겼고 17번 그림은 그중 하나다. 1856년 〈올리브나무 주름버섯의 인광 원인에 관한 연구〉를 출판하기도 했다.

서문

친애하는 내 친구는 열렬한 애정과 책임감으로 이 책을 훌륭하게 마무리했다. 그는 내가 사람들에게 내 삶의 이야기와 과업을 완성해온 모든 과정을 보여주는 것이 좋겠다고 했다.

친구는 이 작업을 더 잘 수행하기 위해 우리가 자주 나누었던 오랜 대화와 여러 편지에서 인생의 이정표가 된 수많은 중요한 기억을 뽑아냈다. 많은 걱정에서 벗어나지 못했던 것 치고 내 삶에는 커다란 사건이나 변곡점이 별로 없었다. 특히 지난 30년은 내가 완전히 은퇴한 이후였기에 거의 침묵 속에서 흘러갔다.

사람들이 알고 있는 나에 대한 오류, 과장된 사실, 전설처럼 내려오는 이야기가 진실이 아님을 알릴 뿐만 아니라 더 나아가 여기에 진실의 빛을 비추는 건 중요한 일이었다.

나를 유난히 따르던 제자 한 명이 반드시 써야 한다고 제안했지만 내 건강이 나빠지면서 착수하지 못했던 '회고록'도 이 작업으로 어느 정도 대신할 수 있게 됐다. 앞으로는 이보다 더 넓은 시야와 '원대한 생각'을 하지 못하리라고 느낀다.

그러나 엄청난 양의 노란 종이 뭉치를 발굴하고 심혈을 기울여 정리한 오래된 편지를 읽기 시작하자 나는 내 깊은 내면에서 젊은 시절의 열정이 솟구치는 것을 느낄 수 있었다. 나빠진 눈과 노쇠해진 힘이 극복할 수 없는 장애물이 되지 않았다면 나는 여전히 열정적인 일꾼이었을 것이다.

내 친구는 전기를 쓰려면 내 삶의 흥미로운 부분에 몰입해야 한다는 사실을 파악했다. 그러고 나서 내가 오랫동안 고민한 세계를 되살리고 이를 놀라울 만큼 완벽한 모습으로 요약했다. 꼼꼼한 번역가처럼 내 방법(이는 곧 보게 되겠지만 누구든 이해할 수 있는 수준이다), 내 생각, 내 성과물과 발견을 전체적으로 정리했다. 분명 이런 시도는 까다로워 보였지만, 친구는 내가 원했던 형태로 명쾌하고 완벽하게 설명해냈다.

장 앙리 파브르Jean-Henri Fabre

보클뤼즈Vaucluse의 세리냥Sérignan에서

1911년 11월 12일

차례

일러두기

- 이 책은 프랑스어 원서인 *La vie de J.-H. Fabre naturaliste*(1913)를 같은 해 영어로 번역한 *Fabre, Poet of Science*(Trans. Bernard Miall)를 저본으로 삼았으며, 프랑스어 원서를 참고하고 대조하며 옮겼다.
- 미주는 모두 저자의 것이며, 본문의 각주는 모두 옮긴이의 것이다.
- 책 속에 등장하는 모든 동식물의 이름은 학명을 기준으로 번역했다.
- 외래어 표기는 국립국어원 한국어 어문 규범을 따랐다.
- 원서의 강조는 고딕으로 표기했다.

들어가는 말

이 책에서 나는 장 앙리 파브르의 삶을 대중에게 공개하려 한다. 파브르의 연구에 감탄하고 경건하게 존경심을 보내는 동시에 오늘날까지도 거의 알려지지 않은 위대한 박물학자가 생전에 받았어야 할 경의의 표현이기도 하다.

지금까지는 파브르에 대한 정확한 정보가 거의 없었다. 자신에 대한 그 어떤 정보도 알리지 않았던 파브르는 침묵을 지키며 의심스럽거나 근거 없는 소문을 부추겼다고 할 정도로 신중하게 자신을 숨겼는데, 시간이 흐르면서 이런 소문은 점점 더 사실과 멀어졌다.

예를 들어 최근 파브르의 경제적 상황이 매우 암울했다는 부분이 조명됐는데, 파브르가 가족을 부양할 돈을 벌기 위해 평생 엄청난 노동을 해야 했던 건 사실이지만 그로 인해 과학적 탐구를 하는 데 큰 방해를 받았다는 건 사실이 아니다. 물론 파브르가 적어도 20년은 더 일찍 모든 경제적 걱정에서 해방되지 못한 것은 안타깝다.

그러나 파브르는 처음 만난 사람에게 자신의 고민을 털어놓는 사람이 아니었고, 파브르의 무거운 입은《파브르 곤충기Souvenirs Entomologiques》 6권이 나온 후에야 어느 정도 가벼워졌다. 파브르는 이런 문제뿐만 아니라 모든 것을 털어놓을 필요가 있었다. 다행히 파브르가 사람들과 나눈 대화와 편지 덕에 과거를 되짚어볼 수 있었다.

파브르를 알게 되고 친밀한 관계를 유지할 수 있었던 건 내게 큰 기쁨이었다. 나는 파브르의 마지막 노력이 일궈낸 성과를 지켜보는 사려 깊은 증인으로서 이 일에 완전히 빠져들었다. 나는 굉장히 중대하며 매우 감동적인 동시에 몹시도 외로운 파브르의 말년을 지켜봤다. 하지만 파브르는 결국 이겨냈다. 아르마스Harmas*의 구불구불한 길을 함께 걸으며 나는 파브르와의 대화를 통해 유익하고 시사적인 교훈을 얻었다. 내가 테이블의 상석에 앉은 파브르 옆에 앉아 기억을 캐묻는 동안 그는 기억 저편에 묻혔던 사건조차 당시 겪는 사건이라도 되는 양 풍부한 기억력을 자랑했다. 그러니까 이 책에 실린 평가는 단 한 줄도 파브르의 동의 없이 쓰인 것이 없으며, 대부분 파브르의 정신이 직접적으로 들

* 프랑스 철학자이자 고생물학자인 가스통 바슐라르Gaston Bachelard가 자기 고향 집을 묘사하기 위해 사용한 단어로, 사색과 지적 탐구를 위한 장소를 뜻한다. 파브르가 말년을 보낸 자신의 연구소에 붙인 이름이며, 파브르에 의해 대중화된 단어다.

어 있다고 볼 수 있다.

나는 되도록 파브르가 직접 말하게 하려고 했다. 이미 파브르는 박물학자의 탄생과 자신의 생각이 발전해온 역사를 보여주는《파브르 곤충기》의 여러 장에 걸쳐 "홀로 있기 좋아하는 학생의 전기"를 그려내지 않았던가?[1] 대체로 나는 일련의 사건을 완성하는 데 꼭 필요한 말만 소개했다. 다른 곳에서도 확인할 수 있는 내용을 같은 표현으로 반복하거나 파브르가 스스로 자주 언급했던 내용을 다른 표현 또는 덜 만족스러운 표현으로 반복하는 건 쓸데없는 일일 것이다.

그래서 나는 파브르의 말을 듣고 파브르의 기억에 호소하고 그와 동시대 사람들에게 질문하고 가끔은 제자들의 자취를 되짚으면서 그가 남긴 공백을 메우는 데 더 큰 노력을 기울였다. 나는 이 모든 자료를 수집하고 사실임을 증명하려고 노력했으며, 파브르의 원고에서 많은 정보를 수집했다.[2] 그리고 다행히도 내 손에 들어온 편지 가운데 일부에 기반을 둘 수 있었다.

솔직히 말해 어느 시기에 보낸 편지든 그리 공을 들인 것 같지는 않았다. 파브르의 생애 이야기에서 보겠지만, 파브르는 공부에 열중하던 젊은 시절뿐만 아니라 이후에 고립과 침묵으로 가득한 시기에도 편지 쓰는 걸 그다지 좋아하지 않았다.[3]

비록 파브르가 남긴 편지의 양은 매우 적었지만, 단순한 의무감이나 억지로 겨우겨우 쓰인 것은 없었다. 내가 수집한 편지는 대부분 모든 면에서 흥미로웠다. 시시한 이야기, 쓸모없는 지인 이야기, 그저 그런 친밀감 표현은 모두 없었다. 파브르의 삶 속 모든 것은 진지하게 목표를 향해 나아갔다.

파브르가 카르팡트라Carpentras나 아작시오Ajaccio에서 교사로 재직하던 몇 년 동안 동생에게 보낸 편지는 파브르의 수많은 편지 중 가장 흥미롭기에 다른 것들과 분리해서 생각해야 한다. 동생과 주고받은 편지는 거의 알려지지 않은 파브르의 젊은 시절에 대해 더 많은 정보를 알려주니 말이다. 이 편지는 무엇보다 파브르의 성격을 잘 드러내주며, 파브르의 활력과 헌신적인 노력을 담은 진정한 시詩라 말할 수 있을 만큼 파브르의 삶을 아름답게 보여줄 수 있는 훌륭한 사례 중 하나다.

경건한 형제의 우애로 가족 사이의 기록을 내 마음대로 사용할 수 있도록 허락해준 프레데리크 파브르Frédéric Fabre와 두 아들, 사랑하는 친구이자 님Nîmes 법원 의원인 앙토냉 파브르Antonin Fabre와 아비뇽Avignon 법원 의원인 앙리 파브르Henri Fabre에게 이 자리를 빌려 깊은 감사를 보낸다.

편지와 개인 정보를 제공하면서 내게 힘을 보태준 모든 사람, 특히 보클뤼즈 전 지사 앙리 드빌라리오Henry Devillario, 펠릭스 아샤르Félix Achard, 쥘 벨뤼디Jules Belleudy와 보몽도랑주Beaumont-d'Orange의 교사 루이 샤라스Louis Charrasse와 마르세유대학교의 자연과학부 교수 알베르 베이시에르Albert Vayssière에게 감사의 인사를 전한다.

또한 이 책을 준비하는 동안 친절한 조언과 제안을 해 주신 앙리 베르그송Henri Bergson, 외젠 부비에Eugène Louis Bouvier 교수님, 조예가 깊은 폴 마르샬Paul Marchal 교수님께도 감사를 전한다.

세계 최고의 박물학자 중 한 사람의 '삶'을 통해 사람들이 파브르를 더 잘 알게 되고 더 사랑하게 된다면 내가 겪은 창작의 고통에 대한 충분한 보상이 될 것이다.

1장

자연의 직감

랠프 에머슨Ralph Emerson이 말하길, 창조된 모든 것은 약속된 화가나 시인이 있다고 한다. 옛이야기에 나오는 마법에 걸린 주인공처럼 자신의 마법을 풀어줄 운명적인 해방자를 기다린다.

자연은 모든 면에서 신비로움과 아름다움, 논리와 이유가 있으며, 이 책의 앞쪽에 실린 파브르가 직접 쓴 서문은 절대 거짓되지 않았다. 땅속에 있거나 나뭇잎 위를 기어다니는 작은 곤충은 파브르에게 가장 중요하면서도 가장 매력적인 문제를 떠올려주기에 충분했다. 그리고 그 결과 기적과 시로 가득한 세계가 드러났다.

1823년 12월 22일, 파브르는 그의 유명한 이웃인 프레데리크 미스트랄Frédéric Mistral*보다 7년 먼저 등장해 오 루에르그Haut Rouergue 베쟁Vezins주의 작은 자치구인 생레옹Saint-Léons에서 빛을 보았다. 물론 후에 미스트랄의 명성이 파브르의 유명세를 뛰어넘었지만 말이다.

여기서 파브르는 첫걸음을 내디뎠고 첫 옹알이를 했다.

파브르는 어린 시절을 거의 라바이스Lavaysse 교구의 작은 마을인 말라발Malaval에서 보냈는데, 교구의 종탑이 꽤 가까운 거리에서 보이는 곳이었다. 하지만 그 마을에 가려면 초록빛이지만 텅 비어 별 매력이 없는 거의 40킬로미터나 되는 거친 산악지대가 펼쳐진 시골을 통과해야 했다.[1]

파브르의 친가 쪽은 말라발 출신이었다. 얼마 지나지 않아 파브르의 아버지인 앙투안 파브르Antoine Fabre는 생레옹에 눌러앉게 됐는데, 이는 법률 집행관의 딸인 빅투아르 살그Victoire Salgues와 결혼한 후 수습생으로서 법조인 업무를 익히기 위해서였다.[2]

말라발로 향하는 길에는 나무딸기 덤불이 자라고 공터에는 고사리가 무성했으며 초원 한가운데에는 금작화가 가득했다. 이것이 파브르가 느낀 자연에 대한 첫인상이었다. 말라발에 살던 파브르의 할머니는 실패를 돌리면서 밤마다 그에게 아름다운 이야기와 짧은 옛이야기를 들려주곤 했다.

하지만 파브르가 인식하기 시작한 현실의 경이로움에 비하면 갓 잡은 고기의 냄새를 맡은 도깨비나 "호박을 마차

* 1904년 노벨 문학상을 받은 프로방스 출신 시인. 프랑스 루아르강 남부에서 사용되던 언어인 오크어 문학을 부흥시켰다.

로, 도마뱀을 하인으로 변하게 한 요정" 같은 상상 속 경이로움이 대체 무슨 의미가 있었겠는가?

무엇보다도 파브르는 본능과 소명에 따라 타고난 시인이었다. 어린 시절 뇌는 "무의식이라는 기저귀를 채 떼지 못한 상태였기에" 외부의 자극은 심오하고 생생한 인상을 남겼다. 파브르가 기억하는 한 "작은 모직 코트를 입은 여섯 살짜리 원숭이" 같은 모습이거나 "첫 치아 교정기를 끼고 있던" 어린 시절의 자신은 "딱정벌레의 겉날개나 나비의 놀라운 날개를 보며 황홀경"에 빠져 있었다고 했다. 해 질 무렵이 되면 덤불 사이에서 메뚜기의 울음소리를 가려내는 방법을 배웠다. 파브르의 표현을 빌리자면 "흰나비가 양배추에 이끌리고, 큰멋쟁이나비가 쐐기풀에 이끌리듯 파브르는 꽃과 곤충에 이끌렸다." 수많은 암석, 물속 깊은 곳에 떼지어 다니는 생명체, "놀라운 시"로 이루어진 동식물의 세계, 이 모든 자연은 파브르에게 호기심과 경이로움을 불어넣었다. "언어보다 달콤하고 꿈만큼이나 모호한 해석할 수 없는 목소리가 파브르를 사로잡았다."[3]

이런 특징은 아주 자연스러운 동시에 물려받은 것이 아니라는 점에서 더욱 놀라웠다. 파브르는 부모님을 수익성이 떨어지는 농장을 운영하는 소작농이라고 소개했다. "호밀 씨앗을 뿌리고 소를 치는" 가난한 농부였다. 파브르의 어린 시절을 둘러싼 끔찍한 환경 속에서는 벽에 박힌 슬레이트

조각에 송진이 잔뜩 묻은 소나무 조각을 고정해 불을 붙인 게 해 질 무렵의 유일한 빛이었다. 극심한 추위가 찾아오면 파브르 가족은 저녁 동안 사용할 장작을 아끼려고 외양간으로 피신했다. 늑대의 울음소리가 살을 에는 듯한 바람을 뚫고 가까운 곳에서 들려왔다. 파브르의 취향이 탄생하기 어려운 환경 같아 보일 수도 있다. 파브르가 그런 취향을 태어날 때부터 지니고 있지 않았다면 말이다.

하지만 천재성이란 게 원래 본능의 특성처럼 보이지 않는 깊은 곳에서 튀어나오는 게 아니었던가?

그러나 누가 말한 적 없는 생각의 저장고, 전달되지 않는 관찰의 알려지지 않은 가치, 표현한 적 없는 깊은 성찰이 나이 든 뇌에 담겨 어쩌면 미래의 후손이 더 많은 혜택을 누릴 수 있는 능력과 재능의 싹으로 축적되고 있다고 말할 수 있겠는가? 단지 표현력이 부족하다는 이유로 얼마나 많은 시가 출판되지도, 눈에 띄지도 못한 채 사라졌을까?

파브르가 일곱 살이 되자 부모님은 파브르를 생레옹으로 불러 그의 대부이자 마을의 교사였던 피에르 리카르Pierre Ricard가 운영하는 학교로 보내 “이발사, 종지기, 합창단원”으로 활동하게 했다. 렘브란트 판레인Rembrandt H. van Rijn, 다비드 테니르스David Teniers, 아드리안 판 오스타더Adriaen van Ostade의 그림도 부엌과 식당, 침실 역할을 모두 수행하는 이 방보다 독특하지는 않았다. 그 방에는 “벽을 장식한 값싼 벽화”와 “벽

난로 옆자리를 차지하기 위해 각자 아침마다 통나무를 가져와야 했던 거대한 굴뚝"이 있었다.

파브르는 자신이 사랑했던 장소, 어린 시절의 행복했던 장면을 절대 잊지 못했다. 그 속에서 파브르는 야생아처럼 성장했다. 모든 경제적 고통을 거친 괴로움의 시기에도, 심지어 은퇴한 지금까지도 그때의 목가적 기억은 파브르의 삶을 아주 향기롭게 해주었다. 파브르는 부모님의 소박한 정원, 가재를 놀라게 했던 개울, 처음으로 황금방울새 둥지를 발견한 물푸레나무, "난생처음으로 무당개구리의 부드러운 울음소리를 들었던 평평한 돌"을 늘 관찰했다.[4] 훗날 동생에게 편지를 쓸 때 파브르는 조심성이 없던 좋았던 시절을 떠올리곤 했다. "이끼가 가득한 베쟁의 숲속에 누워서 햇볕을 쬐며 뒹굴고 흑빵*에 크림을 발라 먹"거나 "생레옹의 종을 울리고 라바이스의 황소 꼬리를 잡아당기던" 시절이었다.[5]

파브르에게는 자신보다 겨우 두 살 어린 동생인 프레데리크 파브르가 있었는데, 천성적으로 파브르만큼이나 생각이 깊고 진중하며 올곧은 마음을 지녔다. 하지만 동생의 관심사는 행정 문제와 사업을 이해하는 데 쏠려 있었기에 동

* 보통 호밀로 만든 빵을 말하지만 밀기울을 섞거나 캐러멜, 당밀 등으로 검게 착색시킨 것도 있다.

생이 지루해 몸을 비틀 동안 파브르는 "언덕의 푸른 초롱꽃, 산등성이의 분홍빛 헤더, 초원의 금빛 미나리아재비, 숲속에서 독특한 향을 풍기는 고사리" 사이에서 과학과 시에 목말라하며 행복해했다.[6]

이 점 말고는 두 형제는 '하나'였다. 이들은 놀라울 정도로 항상 서로를 이해하고 사랑했다. 파브르는 늘 아주 자애로운 마음씨로 동생을 돌보며 조언을 아끼지 않았고, 자기 경험으로 모든 어려움을 해결할 수 있도록 도움을 주었으며, 동생이 자신의 발자취를 따라 세상을 헤쳐 나갈 수 있도록 북돋아 주었다. 동생은 파브르에게 좋은 일이 일어나든 나쁜 일이 일어나든 모든 의견에 귀를 기울여주는 든든한 친구였다. 파브르의 두려움, 실망, 희망 등 모든 면에서 그랬다. 그리고 파브르의 학문과 연구에 큰 관심을 가졌다. 파브르에게 동생보다 진실하고 헌신적인 친구는 없었다. 파브르의 첫 성공을 그보다 자랑스러워한 사람도 없었고, 그보다 더 파브르의 명성에 열렬한 지지를 보내는 사람도 없었다.[7]

"가족 중 가장 먼저 마을의 가능성에 현혹된" 아버지가 카페를 운영하려고 온 가족과 함께 로데즈Rodez로 이주했을 때 파브르는 열 살이었다. 미래의 박물학자는 이 마을의 학교에 입학했는데, 수업료를 내기 위해 일요일이면 예배당에서 미사곡을 불렀다. 그곳에서도 파브르는 모든 동물에 특별히 관심을 보였다. 파브르가 베르길리우스Vergilius의 시를 해석할 수 있게 되었을 때도 등장인물들이 활동하던 풍경만이 그를 사로잡으며 기억으로 남았다.

> 매미, 염소, 금사슬나무에 관한 강렬하고 세세한 정보가 너무나도 많았다.

그리고 4년이 흘렀다. 하지만 파브르의 부모님은 성공의 실마리를 다른 곳에서 찾을 수밖에 없었기에 가족은 툴루즈Toulouse로 옮겨 다시 카페를 열었다. 어린 파브르는 에스키유Esquille의 신학교에 학비를 내지 않고 입학해 무사히 5학년을 끝낼 수 있었다. 안타깝게도 가족이 또 새로운 지역으로 옮기면서 파브르의 학업은 곧 중단됐다. 몽펠리에Montpellier로 옮긴 이 시기에 파브르는 의학이라는 꿈에 사로잡혀 있었으며, 눈에 띄게 잘 적응한 것처럼 보였다. 하지만 결국 좋지 않은 일이 연달아 일어나면서 또다시 학업을 중단하고 생계를 유지하는 데 힘써야 했다.

우리는 파브르가 방랑자처럼 길을 잃고 이마에 땀을 흘려가며 생계를 위해 고군분투하다 넓은 흰색 도로를 따라 나오는 모습을 볼 수 있다. 어느 날은 쇼핑몰 안 또는 프레Pré의 막사 앞에서 열리는 보케르Beaucaire 박람회에서 레몬을 팔았고, 또 다른 날에는 보케르부터 님에 걸쳐 건축 막노동을 하던 노동자 무리에 끼어서 일하기도 했다. 파브르는 외롭고 절망적이고 우울한 나날을 보냈다. 이 시기에 무엇을 했을까? 무슨 꿈을 꾸고 있었을까? 그 모든 상황에서도 자연에 대한 사랑과 학업에 대한 열정이 그를 받쳐주고 때로는 자양분이 되어주었다. 마치 그가 마지막 남은 동전 몇 닢을 장 르불Jean Reboul의 시집 한 권과 바꾸고는 포도밭 가장자리에서 슬쩍한 포도 몇 알로 저녁을 대신하면서 온화한 제빵사 시인의 시를 되뇌며 배고픔을 달래던 날처럼. 종종 몇몇 생명체가 파브르의 곁을 지키기도 했다. 전에 한 번도 본 적이 없는 곤충은 파브르에게 커다란 즐거움이 되었다. 그 당시 처음으로 마주쳤던 소나무풍뎅이가 그 예인데, 하얀색의 부드러운 반점으로 뒤덮인 검은색 또는 밤색 겉날개가 있었다. 손으로 잡으면 약간 불만을 토해내듯 이상한 소리를 냈는데, 물기가 있는 손가락 끝으로 유리창을 문지를 때 나는 소리처럼 들렸다.[8]

이 젊고 낭만적인 동시에 전형적인 청년은 이미 이상으로 가득했고 너무나도 긍정적이라 사물과 생명(거의 양립할 수 없고 종종 상호 파괴적인 두 가지 선물)을 더욱 열정적으로 이해할 수 있길 바라는 듯 보였다. 학문을 향한 사랑과 진리에 대한 열정뿐만 아니라 모든 것을 느끼고 이해하면서 자연히 얻어지는 주체적인 기쁨을 원했다.

파브르는 이런 조건 아래(그러니까 가장 열악한 환경 속)

에 있었다. 아비뇽 사범학교에서 학비 보조금을 받으려고 경쟁해야 했고, 파브르의 의지는 그에게 첫 기적을 선사했다. 파브르는 수석으로 학비 보조금을 따냈다.

하층민에게는 교육이 거의 닿지 못했던 당시에 초등학교가 제공하는 교육과정은 매우 초보적인 수준이었다. 철자, 산수, 기하학만으로도 학교의 거의 모든 자원이 소진됐다. 자연사는 당시 인정받지 못한 과학 분야로, 거의 알려지지 않았고 아무도 꿈꾸지 않았으며 누구도 배우거나 가르치지 않았고, 교육과정마저 자연사가 아무것도 아니라는 이유로 이를 무시했다.

그런데도 파브르에게만은 변치 않는 관심사일 뿐만 아니라 끝없는 집착이었다. "받아쓰기하는 시간에도 책상에서 비밀리에 말벌의 침이나 협죽도의 열매를 관찰하고" 시에 취해 있었다.[9] 그래서 파브르의 교수법 연구는 난관을 겪었고 사범학교에서 보낸 첫해는 그리 훌륭하지 않았다. 2학년 중반이 되자 파브르는 게으르다는 평가를 받았고, 심지어 평범한 지능을 지닌 부족한 학생으로 분류되기도 했다. 마음이 급해진 파브르는 남은 6개월 동안 3학년 과정을 따라잡을 기회를 달라고 간청했고, 엄청나게 노력한 끝에 연말에 당당히 우등생 자격증을 얻었다.[10]

교육과정에 따른 학업을 1년 남기고 파브르의 호기심은 이제 모든 방향으로 자유롭게 뻗어나갔고, 조금씩 보편적인 것이 됐다. 우연히 듣게 된 화학 수업은 결국 파브르의 지식에 대한 욕구와 과학 전반에 대한 열정을 일깨웠다. 그중에서도 특히 원소에 대해 알고자 하는 욕망을 일깨웠다. 그사이 파브르는 호라티우스Horatius의 책을 번역하고 베르길리우스의 책을 다시 읽으면서 라틴어로 돌아갔다.

하루는 파브르의 지도교수가 그리스어와 라틴어로 된 두 개의 열로 이루어진 《모방Imitation》을 그의 손에 쥐어주었다. 파브르는 꽤 잘 알고 있던 라틴어를 통해 그리스어를 해독할 수 있었다. 파브르는 서둘러 모든 종류의 어휘와 관용구를 암기했고, 이렇게 호기심이라는 독특한 방식으로 언어를 배웠다.[11] 이것이 파브르가 언어를 배우는 유일한 방법이었다. 이 과정을 라틴어를 배우기 시작하던 동생에게 추천하기도 했다.

> 베르길리우스, 사전, 문법만 있으면 라틴어를 프랑스어로 영원히 번역할 수 있어. 좋은 번역을 하기 위해 네게 필요한 것은 상식과 아주 약간의 문법적 지식이야. 지나치게 세세한 것에 얽매일 필요가 없고, 아주 약간의 문법적 지식만으로도 충분해.
>
> 오래된 비문이 반쯤 지워졌다고 상상해보자. 정확한 판단을 위해 빠진 단어를 부분적으로 채우면 마치 전체를 읽을 수 있는 것처럼 의미가 드러나지. 라틴어는 너에게 오래된 비문 같을

거야. 단어의 어근만 읽을 수 있지. 미지의 언어의 베일에는 문장의 가치가 숨어 있어. 너는 단어의 절반만 알지만, 여기에 활용할 상식도 알지.[12]

2장

초등학교 교사

열아홉 살에 우수한 성적으로 사범학교를 졸업한 파브르는 카르팡트라대학 부속 초등학교에서 교사로서의 첫발을 내디뎠다.

1842년 당시 교사 월급은 일 년에 700프랑을 넘지 않았고, 이 배은망덕한 소명은 교사들에게 "병아리콩과 약간의 포도주" 말고는 거의 아무것도 주지 않았다. 하지만 프랑스의 물가가 점점 더 높아지며 살림살이가 팍팍해졌다는 점을 고려하면 지난날 가난한 교사의 얼마 안 되는 급여가 교사의 노동과 사회적 효용에 맞지 않아 실제보다 훨씬 더 불합리해 보인다는 점에 주의해야 한다. 게다가 더 중요한 점은 연금도 기대할 수 없다는 것이었다. 이들은 끝없는 노동에만 의지할 수밖에 없었고, 50~60년 동안 한정되고 불안정한 생활을 보내다가 병약해지거나 노년의 시기가 갑작스레 찾아왔을 때 이들을 기다리는 건 그저 가난 정도가 아니었다. 당시 많은 사람에게는 몹시 암울한 궁핍밖에 없었다. 얼마

후 이들이 희미하게나마 구제의 희망을 품기 시작했던 초기에는 퇴직연금이 60프랑 정도에 지나지 않았다. 초등교육이 이처럼 굴욕적으로 창피한 수준을 어느 정도 벗어나기 위해서는 위대한 성직자이자 민족해방자인 빅토르 뒤리Victor Duruy의 등장을 기다려야 했다.

부속 초등학교는 음울한 곳이었다. "무언가 초연한 사람들이 살아가는 공간 같은 느낌이었다. 교사마다 방을 두 개씩 사용했는데, 급여가 적은 것을 고려해 대부분 기관에서 숙박하고 교장의 식탁에서 다 함께 식사했다."

불쾌하고 혐오스러운 의무로 가득한 고된 삶이었다. 파브르가 그려낸 인상적인 묘사 덕에 우리는 당시의 생활과 교육이 어땠는지 쉽사리 떠올릴 수 있었다.

> 높디높은 네 개의 벽 사이에 마당이 있었다. 마당에는 학생들끼리 서로 차지하기 위해 신경전을 벌이던 아늑한 플라타너스 나뭇가지 아래의 공간이 있었다. 그 주변을 교실이 둘러쌌는데, 마치 수많은 야생동물 우리처럼 빛과 공기가 부족하고 축축하고 음울한 기운을 풍겼다. …… 의자는 벽에 판자를 고정해 만들었다. …… 가운데에는 짚방석이 사라진 의자가 있고 칠판과 분필이 놓여 있었다.[I]

오늘날 우리의 넓고 채광이 잘 되는 학교에서 생활하는

교사라면 이런 환경이 그리 먼 과거가 아니라는 사실을 떠올리고 그간 일궈낸 발전을 계산해보자. 카르팡트라의 변변치 않은 동료의 기억을 떠올리며 파브르의 사례가 얼마나 대단한지 느끼길 바란다. 진정으로 자랑스러워할 만한 숭고하고도 눈부시게 아름다운 사례를 말이다.

그리고 학생들은 정말 어떤지! "지저분하고 예의가 없었다. 당연하게도 자주 티격태격하던 50명의 어린 악당으로, 어린이 또는 큰 사내자식"이 가득했다. 학생들을 어떻게든 관리하려 노력했던 파브르는 학생들의 말을 존중하고 귀를 기울였다. 학생들에게 무슨 말을 해야 하는지, 어떻게 하면 부드럽게 말하면서도 진중한 것을 가르칠 수 있는지 정확히 알았다. 누군가를 가르치고, 그 과정에서 끊임없이 배움으로써 얻는 기쁨으로 모든 것을 견딜 수 있었다. 파브르는 학생들에게 거의 모든 초등교육 과정에 포함되는 읽고 쓰고 계산하는 법을 가르쳤을 뿐만 아니라 자신이 스스로 습득한 지식도 전해주려고 노력했다.

파브르를 지탱하게 해준 것은 일에 대한 사랑뿐 아니라 판에 박힌 생활에서 벗어나 또 다른 단계에 다다르고 싶다는 욕망, 그러니까 만족스럽지 못한 위치에서 벗어나고 싶다는 열망이었다. 이제 물리학과 수학만이 중등교사의 세계에서 "기회를 만들 수 있다는" 희망을 품게 해줬다. 따라서 파브르는 "불가능한 실험실에서 자신만의 방식으로 실험하면서" 혼자서 물리학을 공부하기 시작했다. 그리고 학생들에게 화학을 가르치면서 가장 먼저 이들 앞에서 "도가니 대용으로 만든 도자기 파이프와 증류 장치로 사용하기 위한 아니스 알갱이가 든 바이알"로 저렴하게 소규모 기초 실험을 수행했다. 마지막으로 첫 수업을 하기 전에는 하나도 몰랐던 대수학을 공부해 학생들에게 가르쳤다.[2]

몇 년이 지나서 파브르는 자신이 어떻게 공부했는지, 자기 공부법의 비밀이 무엇인지 동생에게 알려주었다. 당시 동생은 파브르의 뒤를 따르며 같은 경력을 쌓고 있었다. 의심할 여지 없이 매우 실망스러운 직업이었고 수익성과는 거리가 멀었지만 파브르는 이를 "가장 고귀하고 숭고한 정신과 선을 추구하는 사람에게 가장 잘 들어맞는 직업"이라 표현했다.[3]

파브르가 동생에게 한 말을 들어보자.

> 오늘은 목요일이야. 문밖에서 너를 부르는 사람은 아무도 없지. 너는 빛이 강하게 쏟아지지 않는 곳에서 쥐 죽은 듯 조용히 틀어박히는 걸 선택했어. 너를 좀 봐. 팔꿈치를 탁자에 올려두고 엄지를 귀에 대고 책을 앞에 두고 있지. 지성이 깨어나고 의지가 고삐를 잡으며 외부의 세계가 사라지고 이제 귀는 소리를 듣지 못하고 눈은 보지 못하며 신체는 존재하지 않는 것 같지. 마음이 스스로 배우고 스스로 기억하는 거지. 이것이 지식

을 찾는 과정이고 그 통찰력은 커질 거야. 이러는 동안 시간은 쏜살같이 흐르기에 시간에 대한 인식이 달라지지. 이제 저녁이 됐네. 세상에, 오늘 정말 엄청난 날이었구나! 하지만 수많은 진실이 기억 속에 모여 있지. 어제 너를 가로막던 어려움은 깊은 생각으로 피어난 불길에 녹아내렸어. 그 불길은 책을 집어삼키고 너는 하루를 만족스럽게 보내겠지.

당황스러운 일이 생겼을 때 동료의 도움을 남용하지 말아야 해. 도움을 받는 건 어려움을 회피할 뿐이야. 인내와 성찰을 해야만 완전히 이겨낼 수 있지. 게다가 스스로 배운 것만 완전히 습득할 수 있어. 그리고 무엇보다도 진심으로 조언하건대 과학에 대해서는 심사숙고하는 것 외의 도움은 되도록 받지 않는 게 좋아. 과학책은 해독해야 할 수수께끼야. 누군가에게 수수께끼의 열쇠를 주는 것이 설명하는 것보다 훨씬 더 간단하고 자연스러울 수는 있지만, 두 번째 수수께끼가 나타나면 첫 번째 수수께끼를 만났을 때처럼 미숙해질 거야.

여기서 몇 가지 교훈을 얻을 수 있을 거야. 아무것도 모르는 주제일지라도 더 쉽고 수익성이 높은 것을 먼저 선택하지 말자. 자신의 진정한 성격을 모두 드러내지 못하게 하는 자존심은 의지에 큰 도움을 주지. 파리의 이 집 저 집을 뛰어다니며 형편없는 라틴어 수업을 했던 쥘 자냉Jules Janin의 이야기를 기억하렴.

"멍청한 제자들에게서 아무것도 얻어낼 수 없었던 나는 후작의 아들을 맡으며 학생이자 선생이 됐다. 나는 스스로에게 고대 작가들을 설명했고 몇 달 만에 훌륭한 수사학 과정을 마쳤다."

무엇보다도 낙심하면 안 돼. 의지가 늘 깨어 있고 항상 활동적이며 결코 다른 것에 방해받지 않는다면 시간은 아무것도 아니야. "여러 과정을 겪을수록 힘이 솟는다."

모든 힘을 한 지점에 집중시켜 지뢰처럼 터뜨리고 장애물을 부수는 방법을 며칠만 써봐. 인내심, 힘, 참을성을 지니고 며칠 시도해보면 불가능이란 없다는 사실을 알게 될 거야![4]

이 진지한 성찰을 보면 파브르의 마음은 이때 이미 성숙하고 진실했으며 집중력이 뛰어났음을 매우 분명하게 알 수 있다.

파브르는 자신이 언급한 행동 수칙을 직접 실천했을 뿐 아니라 주위를 둘러보고 자연의 세계 안에서 관찰하기 시작했다. 파브르가 처음 목격한 뿔가위벌의 행동은 파브르의 호기심을 자극했다. 호기심을 억누르지 못한 파브르는 그 당시 고전이었던 에밀 블랑샤르Émile Blanchard의 《체절동물의 자연사Histoire naturelle des animaux articulés》를 사서(경제적으로 어려운 상황인데도!) 수없이 되풀이해서 읽었다. 그 책은 지금도 파브르의 소박한 서재에 그가 처음 느꼈던 기쁨을 간직한 채 보관돼 있다.

바위도 파브르의 관심을 사로잡았으며, 나중에 거대한 식물 표본집 총서가 될 파브르의 첫 책 또한 이미 내용이 가득 찼다. 베쟁Vezins으로 휴가를 떠나려던 프레데리크는 형이 자신의 수집품을 완성하는 데 필요한 표본에 관한 이야기를 들었다. 비록 파브르는 첫 번째 이주 이후 그곳에 다시 발을 들인 적이 없지만 놀라울 정도로 정확하게 자기 고향에서 자라던 식물의 이름을 다 읊었다. 이들을 주로 찾을 수 있는 곳, 특이성, 알아볼 수밖에 없었던 특징뿐만 아니라 이들이 좋아하는 모든 장소와 방랑자처럼 방황하곤 했던 장소도 기억했다. 예를 들어 물매화는 “마을 서쪽에 있는 너도밤나무 숲 아래의 습도가 높은 목초지에서 주로 자라고, 살짝 꼬인 줄기 위에 커다란 하얀색 꽃이 있고, 그 중앙에는 타원형 이파리가 달렸다.”라고 표현했고, 어느 도로 가장자리에 늘어선 보라디기탈리스는 “커다란 붉은 꽃에 길쭉한 줄기가 달렸으며, 안쪽에 하얀색 반점이 있고, 전체적인 모습은 장갑에 붙은 손가락처럼 생겼다.”라고 말했다. 황무지에서 자라는 모든 양치류는 “그 가운데서는 종종 자신의 위치를 알아보기가 어려울” 것이다. 그리고 매우 건조한 언덕에는 제각기 다른 이파리를 지닌 분홍색, 흰색, 푸른색 헤더가 있었다. “하지만 대부분은 그렇게 크게 다르지 않다.” 그 어떤 것도 소홀히 여기지 않았다. "크든 작든, 희귀하든 흔하든, 심지어 이끼 한 줄기만 있어도 흥미가 생겼다."[5]

지칠 줄 모르는 파브르는 이 보물들을 더 잘 연구하기 위해 자신의 박물관에 모아두었다. 파브르는 이전에 로마제국이었던 이 오래된 땅에서 "책보다도 더 많은 이야기를 담고 있는 인류의 기록인" 동전을 발굴해 수집했는데, 이를 다시 살아 숨 쉬는 실질적인 역사를 배우는 유일한 방법이라 생각했다. 파브르에게 지식이란 단순히 빵을 얻기 위한 수단이 아니라 "조금 더 고귀한 것이었다. 진리를 골똘히 생각하는 정신을 드높이고 현실의 비참함에서 벗어나 이 지식의 영역에서 우리가 유일하게 맛볼 수 있는 행복한 시간을 찾는 것이었다."[6]

파브르는 지식에 대한 열정에 푹 빠져 있었기에 오랑주Orange에서 멀지 않은 론Rhône의 라파뤼Lapalud에서 신임 교사로 일하던 동생에게도 그 열정을 불어넣고 싶어 했다. 자기 재산을 다른 사람과 나눌 수 있다면 더할 나위 없이 기쁠 것 같았다.[7] 파브르는 동생을 자극하고 부추겼으며, 동생이 수학에 놀라운 소질이 있다고 생각해서 격려하려 했다. 파브르는 자신이 지닌 "진실하고 아름다운 것을 선호하는" 성향을 다른 사람의 마음에도 불어넣으려고 온 힘을 다했다. 파브르는 "몇 년 동안 고통스럽게 쌓아온" 배움의 창고를 동생과 나누고 싶었고, 휴가를 떠나 이를 마음껏 활용하다 보면 "별 들

날이 올 것"이라 생각했다. 그 무엇보다도 동생의 지식이 잠들지 않게 하려 했다. "그 신성한 빛을 꺼뜨리지 않아야 하는데, 그 빛이 없어도 생계를 유지할 수는 있지만 신성한 빛만이 존경받을 만한 사람으로 만들어주기 때문이다."

반대로 "우리가 의지할 수 있는 유일한 유산"인 마음을 끊임없이 수양해야 한다. 그렇게 한다면 도덕적 안녕뿐 아니라 바라건대 육체적 안녕도 얻을 수 있다.

동생만을 위한 북극성인 파브르는 늘 훌륭한 조언자로서 다시 한번 강조했다.

> 프레데리크, 지식이 전부야. …… 정말 훌륭한 사색가인 너를 보면 새로운 지식을 배우면서 시간을 잘 사용하는 사람이 너 말고는 없다고도 말할 수 있어. …… 그러니 기회가 있을 때 일해야 해. …… 극소수만이 가질 수 있고 감사할 수밖에 없는 기회지. 하지만 나는 멈출 거야. 내 열정이 머릿속을 가득 채우고 내 논리가 이미 탁월하기에 너를 설득하기 위해 더 많은 이유를 찾아낼 필요가 없으니까.[8]

파브르의 취미는 단 하나였는데, 바로 사냥이었다. 특히 종달새 사냥을 좋아했다. "풀잎마다 이슬방울과 성에 결정체가 달렸고 쏟아지는 아침 햇살 속 간헐적으로 반사되는 빛 아래에서" 하는 스포츠는 파브르를 기쁘게 했다.[9]

파브르의 눈은 놀라울 만큼 정확했고 목표물을 거의 놓치지 않았다. 사냥에 대한 파브르의 열정은 언제나 같은 동기에서 비롯되었다. 새로운 지식을 얻고 미지의 생물을 가까이에서 관찰하고 이들이 무엇을 먹고 어떻게 사는지 알아보려는 욕구였다.

후에 파브르가 다시 총을 든 것도 여전히 생명에 대한 사랑 때문이었다. 그 덕분에 파브르는 모이주머니와 모래주머니의 내용물을 기록하고 동물들의 식습관을 연구함으로써 세리냥의 깃털 달린 새로운 동료 시민의 정보를 얻어 목록을 작성할 수 있었다.

어느 순간 파브르는 사냥을 갑자기 그만뒀는데, 아마 피할 수 없는 현실의 문제들과 미래에 대한 극심한 불안 때문에 이를 희생한 듯 보였다. "우리가 내일 어디 있을지 알 수 없을 때는 그 어떤 것도 우리의 주의를 다른 곳으로 돌릴 수 없다."[10]

파브르의 책임은 점점 커졌다. 파브르는 일찌감치 결혼했다. 1844년 10월 3일 파브르는 카르팡트라의 젊은 숙녀 잔 빌라르Jeanne Villard와 이미 아이를 임신한 상태에서 결혼했다. 항상 불운했던 파브르의 부모는 어디에서도 성공하지 못했다. 수많은 방황 끝에 부모님은 결국 드롬Drôme주의 주도인 피에르라트Pierrelatte에 자리를 잡았다. 그곳은 도시 이름의 유래가 된 커다란 암석*의 보호를 받는 곳이었다. 그리고 당연한 말이지만 다름 광장Place d'Armes에 카페를 열었다.

이제 파브르의 온 가족은 서로 불과 몇 미터밖에 떨어지지 않은 지역에 모여 살게 됐지만, 실질적인 가장은 파브르였다. 동생과 어머니 사이에 다툼이 있었다는 말을 듣고 파브르는 동생에게 편지로 질책했다. 부드러운 말투로 꾸짖으며 "모든 잘못이 동생에게 있지 않다고 하더라도" 문제를 바로잡으라고 타일렀다.

> 아버지가 내게 보낸 편지에서 네가 가까운 곳에 살면서도 가족을 보러 오지 않았다고 불평했어. 이렇게 투덜대는 이유가 있다는 걸 잘 알아. 하지만 뭐가 중요하겠어? 그만두자. 다 잊어버리자. 이 하찮고 추악한 불화를 끝내기 위해 최선을 다하자. 그렇게 할 거지? 맞지? 모두의 행복을 위해 그렇게 하리라 믿어.[11]

파브르는 중재자이자 조언자이자 예언자이자 화합의 끈이었다. 이 모든 것과 함께 파브르는 자신의 미래를 결정할 두 가지 시험에 응시할 준비를 마쳤다. 얼마 지나지 않아 몽펠리에에서 파브르는 불과 몇 달 간격으로 두 개의 바칼로

* 프랑스 피에르라트의 '바위Le rocher'를 말한다. 피에르라트 평원 한가운데에 솟아 있는 바위로, 거인이 신발 안에 들어간 돌을 던져서 만들어졌다는 전설이 있다.

레아와 수학과 물리학 자격증 시험에 거의 연달아 합격했다.

파브르가 열심히 시험공부를 하던 중 처음으로 슬픔이 그를 찾아왔다. 파브르의 첫째 아들이 갑자기 아프더니 며칠 만에 세상을 떠났다. 이때 자신의 상실을 알리기 위해 동생에게 보낸 편지에는 그의 열렬한 유심론이 고통스러운 억양으로 드러났다.

> 아들이 괜찮아진 것 같다는 생각이 들 만큼 며칠 동안 눈에 띄게 나아졌는데, 큰 이 두 개가 부러졌어. …… 사흘 만에 무서운 열병이 아들을 데려가 버렸지. 그 아이를 사랑했던 우리에게서가 아니라 이 비참한 세상으로부터 말이야. 아, 불쌍한 아이, 나는 그 마지막 순간에 하늘을 향해 방황하던 눈동자로 새로운 나라로 가는 길을 찾던 너의 모습으로 늘 너를 기억할 거야. 눈물이 차오르는 마음으로 나는 종종 아들의 뒤를 따라 생각이 방황하는 걸 그대로 두기로 했어. 하지만 아아! 두 번 다시 내 눈으로는 아들을 보지 못하겠지. 다시는 그애를 볼 수 없어. 며칠 전만 하더라도 아들을 위한 최고의 계획을 세웠는데. 아들만을 위해 일했고 공부할 때도 아들 생각으로 가득했어. 내가 조금씩 쌓아두던 핵심적인 지식을 점점 커가는 아들에게 온전히 전해주겠다고 말하고는 했지. …… 하지만 이런 성찰로 나는 한 단계 더 나아갈 수 있어. 나는 마음속으로 눈물을 삼키고 하늘이 이 역경 가득한 삶에서 아들을 자비롭게 해방해줬다

는 데 감사했어. …… 내 불쌍한 아들. …… 너는 결코 이 아버지처럼 가난과 불행에 맞서 고군분투할 필요가 없을 거야. 인생의 쓴맛과 실패로 향하는 수많은 길이 만들어지는 시기의 어려움을 몰라도 되겠지. …… 아들을 잃은 슬픔으로 눈물을 흘렸지만, 아들은 행복할 거란 사실로 다시 기분이 나아졌어. …… 아들은 행복해. 슬픔으로 고장 난 아버지의 정신 나간 희망이 아니야. 그래, 아들의 마지막 눈빛이 의심할 수 없을 만큼 그렇다고 말해줬어. 오, 아들아, 너는 끝이 정해진 창백함 속에서도 얼마나 아름다웠는지. 너의 입술에서 새어 나오던 마지막 숨, 하늘을 바라보던 너의 시선, 신의 품으로 날아갈 준비가 된 너의 영혼! 너의 마지막 날은 가장 아름다웠단다![12]

파브르의 피난처였던 연구 덕에 그 악몽 같은 나날의 무게를 비교적 덜 느끼며 살아갈 수 있었지만, 자신의 위치를 혐오스러워하고 "하루하루 거지처럼" 비참한 삶을 살기도 했다.

교육이 제대로 이루어지지 않던 그 어려운 시절, 선생의 월급이 몇 달씩 미뤄지는 일이 종종 벌어졌고, "자금이 부족한" 카르팡트라에서는 월급을 쪼개서 지급한 데다 그마저도 오랜 시간을 기다려야 했다. "얼마 안 되는 돈을 받기 위해서는 급여 담당자의 사무실 문 앞을 지키고 있어야 했어. 이 모든 과정이 부끄러웠고, 돈을 벌 방법을 알았다면 기꺼이 내 청구권을 포기했을 거야."[13]

천재성이 돋보이는 오노레 드 발자크Honoré de Balzac는 가난하지만 주목받는 삶을 살면서 겸손하고 고결한, 잊을 수 없는 사람들의 유형을 기록했다. 그는 마을의 성직자와 시골 의사의 모습도 그려냈다. 발자크의 전시관 속 수많은 살아 있는 초상화 중 50년 전 대학 생활의 초상화를 마주하고 얼마나 좋아했는지. 그중에서도 유난히 옹졸하고 비굴하며 고통스럽지만 그럼에도 충분히 가치 있고 사명감으로 고취돼 있으면서도 어느 정도 체념한 삶이 담긴 얼마 안 되는 옛날 교사들의 초상화가 특히 그랬다. 파브르가 모델이자 원형이 되었을지도 모르는 초상화이자 발자크 스스로도 잊을 수 없는 그림이었을 것이다.

파브르는 전환 소식을 초조하게 기다리며 국립고등학교 과학 교사가 되겠다는 희망으로 아주 조용히 자신의 야망을 억눌렀다. 파브르가 다니던 학교의 교장은 이미 자격증을 두 개나 지닌 독특한 가치의 젊은이가 높은 지위에 있는 사람들에게 인정받지 못해 자신과 어울리지 않는 낮은 지위에 오랫동안 머물러야 한다는 사실에 당연히 놀랐다.

하지만 오랜 기다림 끝에 파브르는 결국 분개했고, 늘 그랬듯이 한 치 앞이 보이지 않았다. 그러던 중 투르농Tournon의 수학 교사 자리가 파브르를 스쳐 지나갔다. 아비뇽의 또 다른 직책도 "파브르의 손에서 빠져나갔는데" 파브르는 절대 왜, 어떻게 이런 일이 벌어졌는지 몰랐다. 파브르는 "삶이란 무엇인지, 빈자리를 노리는 수많은 모사꾼, 거지, 얼간이 사이에서 성공하는 것이 얼마나 어려운지 분명히 깨닫기 시작했다."

그래도 파브르의 마음은 여전히 "분노로 뜨거웠다." 파브르는 "저주받은 작은 구멍인 카르팡트라"를 지겨울 정도로 겪었고, 다시 한번 방학이 돌아왔을 때 "있는 그대로 문제를 고민"하고 "공립학교에 두 번 다시 발을 들이지 않겠노라."라고 선언했다.[14]

파브르는 님아카데미Académi de Nîmes의 총장에게 편지를 썼다.

> 초등학교라는 좁은 우리에 저를 가두는 대신 제 학문과 구상에 맞는 자리를 주신다면 제 머릿속에 무엇이 자라나고 있는지, 제 안의 어떤 지칠 줄 모르는 활동이 진행 중인지 확인하실 수 있을 것입니다.[15]

그럼에도 파브르는 체념했다. 자신의 운명을 저주하고 욕하고 화가 나서 소리지르기도 했다. 하지만 파브르에게는 "더 나은 선택지가 없었기에" 다시 한번 참아야 했다. 그래도 "이런 불의는 아주 전례가 없었으며, 그 누구도 그런 것을 본 적이 없었고 앞으로도 그럴 것이다. 누군가에게 학위를 두 개나 수여했으면서도 한 무리의 악동에게 동사 변형을 가르치게 하는 건 너무했다!"[16]

3장

코르시카

마침내 1849년 1월 22일, 아작시오의 중학교 물리학 교사 자리가 공석이 되어 파브르에게 기회가 왔다. 연봉 1,800프랑을 받고 코르시카Corsica로 떠난 파브르는 그곳에 머물면서 깊은 감명을 받을 수밖에 없었다. 아베롱Aveyron의 작은 소작농이 태어날 때부터 지녔던 강렬한 감수성이 더욱 또렷해지고 커질 수 있는 곳이었다. 파브르는 이 웅장하고 풍요로운 자연이 자신을 위해 만들어졌고, 자신은 이를 이해하고 해석하기 위해 태어났다고 느꼈다.

향기가 강한 꽃이 가득한 깊은 삼림지대 한가운데에서 머틀 관목지대와 유향나무와 딸기나무가 우거진 숲을 통과하며 향기로운 취기에 스스로를 놓은 것일 수도 있다. 파브르는 줄기가 거대하고 이파리가 무성한 가지가 가득한 바스텔리카Bastelica의 거대한 밤나무 고목 아래를 지날 때면 감정을 억누르기 어려웠다. 그 칙칙하면서 거대한 모습은 시적이고 종교적인 동시에 이유를 알 수 없는 우울함을 자아냈다. 끝없이 펼쳐진 바다 앞에서 파브르는 파도의 노래를 듣고 눈처럼 하얗게 변하는 파도가 해변에 남기고 간 기가 막힌 조개껍데기를 주우며 황홀경을 느꼈다. 이런 낯선 모습은 파브르에게 기쁨을 주었다.

파브르는 곧 아작시오의 새롭고 평화로운 삶에 익숙해졌다. 영원한 신록이 수놓인 환경이 너무나도 매혹적이고 아름다웠던 탓에 막연히 변화를 열망하면서도 이곳을 떠나기 두려워졌다. 파브르는 새로운 자기 집의 아름답고 장엄한 모습을 끝도 없이 감탄하고 찬양했다. 파브르는 근처 관목지대를 돌아다니며 아버지나 동생과 이 열정을 나누고 싶어 했다!

> 내 발아래에 펼쳐진 끝없이 빛나는 바다, 머리 위의 어마어마한 무게의 화강암, 바다 근처에 자리한 하얗고 앙증맞은 마을, 끝없이 펼쳐져서 취할 것 같은 향을 내뿜는 머틀 숲, 쟁기날이 한 번도 들어간 적이 없는 듯한 빽빽한 덤불이 산 바닥부터 꼭대기까지 온통 뒤덮고 있어. 그리고 만에서 밭고랑 같은 긴 자국을 남기던 낚싯배까지 이 모든 것은 장엄하고 놀라운 풍경을 만들어냈는데, 이를 한 번 본 사람이라면 다시 보고 싶은 마음이 들 수밖에 없을 거야.[1]

가족이 사는 피에르라트의 거대한 바위, 고대 충적층의

바다 수면에서 솟아난 암초인 피에르라트 바위를 "이곳 산비탈 위에 놓인 뿌리 뽑힌 화강암 덩어리"와 비교하면 어떨까.

또 파브르의 고국을 가로지르는 오브락Aubrac 언덕은 어떠한가. "아작시오만 근처에 솟아오른 봉우리 옆에 있는" 그 유명한 알프스산맥의 방투Ventoux산은 "평지의 토양이 햇볕에 타들어 가서 구운 벽돌처럼 갈라질 때조차 늘 구름에 둘러싸였고 눈으로 덮여 있다."

시간이 흘러도 이런 첫인상은 흐려지지 않았고, 섬에 거주한 지 1년이 넘은 후에도 파브르는 여전히 궁금증으로 가득했다.

> 이 화강암 산봉우리, 혹독한 기후에 침식되어 들쭉날쭉하며, 번개로 파괴되고 느리지만 확실한 눈의 움직임으로 산산이 부서지고 네 방향에서 불어와 매섭게 몰아치는 바람이 지나가는 아찔한 구렁들. 거대한 경사면에는 눈더미가 10, 20, 30미터 높이로 쌓였고, 그 위를 구불구불한 물줄기가 흐르며 한 방울씩 입을 쩍 벌린 분화구를 채우며 호수를 만들었다. 이 호수는 그늘진 곳에서 보면 잉크만큼이나 검은색을 띠었지만, 빛이 있는 곳에서 보면 하늘만큼이나 푸르렀다.

> 하지만 이 어지러운 광경, 혼란스러운 바위들이 끔찍이도 무질서하게 쌓였다는 사실 말고는 설명할 방법이 없다. 눈을 감

고 마음의 눈으로 대지의 격변으로 일어난 결과를 곰곰이 생각할 때, 바닥이 보이지 않는 심연을 맴도는 독수리의 울음소리를 들었을 때, 그 짙고 어두운 그림자를 감히 헤아릴 수 없을 때 현기증이 일었고, 안심하고 현실로 돌아오기 위해 나는 눈을 떴다.

파브르는 만년설이 잔뜩 쌓인 가장 높은 산봉우리에서 서리 내린 헬리크리섬Helychrysum(에델바이스라고도 부른다) 이파리 몇 장을 따 와 편지와 함께 보냈다.

이 이파리를 책 속에 끼워두면 책장을 넘기며 불멸의 존재와 눈이 마주칠 때마다 에델바이스가 자생하는 장소의 아름다운 장관을 꿈꿀 수 있는 구실을 네게 선사할 거야.[2]

만약 지금 파브르가 "지루해 죽을 정도로 하찮은 평원이 있는 나라로 가야 한다면" 얼마나 불행해질까!

파브르에게는 식물뿐만 아니라 이 놀라운 곳의 풍요로운 해양까지 모든 것이 새로웠다. 그는 주머니에 빵 한 덩어리를 넣고 아침부터 작은 만과 개울을 찾고 이 웅장한 만의 해변을 따라 돌아다니며 마실 물이 없을 때는 바닷물로 갈증을 해소했다!

장밋빛 환상으로 가득한 아침이었고 동생에게 보내

는 감탄의 편지에는 희망찬 미소가 가득했다. 파브르는 이미 토양이나 바다에 서식하는 모든 연체동물의 엄청난 역사라고 할 수 있는 코르시카의 패류학*을 깊이 고찰하고 있었다.[3] 파브르는 어렵게 구한 조개껍데기를 모두 모아두었다. 그는 해양종뿐만 아니라 육지나 민물에 현재 서식하거나 화석화된 종을 분석하고 묘사하고 분류하고 정리했다. 파브르는 동생에게 오랑주 근처의 개울과 개천, 라파뤼의 습지에서 발견할 수 있는 조개껍데기를 모두 수집해달라고 부탁했다. 파브르는 어쩌면 우스꽝스럽거나 헛짓거리처럼 보이는 이 연구에 엄청난 관심을 쏟아야 하는 이유를 대며 동생을 열정적으로 설득하려 했지만, 동생에게는 그저 지질학을 떠올리게 할 뿐이었다.

아주 단순하게 생긴 조개껍데기를 줍는 일이 이 지층과 저 지층이 만들어지는 과정을 갑자기 조명하는 행동이 될 수도 있다. 그 어떤 것도 무시할 수 없었다. 사람들은 가장 희귀하고 아름다운 것에 뛰어난 동료의 이름을 붙이면서 그를 기리는 것을 당연하게 생각했다. 코르시카의 딸기나무가 자라는 고산지대의 동굴에서만 발견할 수 있는 달팽이, 프랑수아 라스파유François Raspail의 이름을 딴 그 웅장한 달팽이를 떠올려보자.[4]

* 조가비를 가진 연체동물의 껍데기에 관한 연구.

게다가 파브르는 이런 말도 했다.

> 고트프리트 라이프니츠Gottfried Leibnitz의 미적분학은 루브르박물관의 건축이 달팽이의 건축보다 배울 것이 없다는 걸 보여주지. 불멸의 기하학자는 연체동물의 껍데기에 눈에 띄는 나선형을 펼쳐놓았어. 시금치와 네덜란드 치즈로만 양념하는 방법만 알았을 평범한 사람들에게 말이야.[5]

그런데도 파브르는 수학을 게을리하는 대신 오히려 풍부하고 상상력을 자극하는 취미로 삼았다. 파브르는 새로 발견한 도형이나 곡선의 성질 때문에 며칠 밤 동안 잠을 제대로 자지도 못했다.

> 오늘 아침 내내 별 모양의 다각형을 탐구하느라 바쁘게 보냈어. 놀라운 사실이 또 다른 놀라운 사실로 발전했어. …… 한 단계씩 앞으로 나아가면서 나는 예측하지 못한 놀라운 결과를 멀찍이서 관측했지.

그리고 파브르는 다각형이 지닌 "수많은 각" 가운데서 갑작스레 한 가지 질문을 떠올렸다. "태양의 대기가 지구까지 다다를 정도가 되면 태양의 자전 주기는 어떻게 될까?" 이 질문은 또 다른 질문을 끌어냈다. "그 순간 거기서 일련의 사건이 멈추지 않는다면 숫자, 공간, 움직임, 순서가 하나의 사슬을 형성하고 그 첫 번째 고리가 나머지 모든 것을 움직이게 할까?"[6]

식물과 조개껍데기를 생각하느라 시간이 너무나도 빨리 흘러 "말 그대로 먹을 시간조차 없었다."

파브르는 타고난 시인이었고, 수학은 시와 한 끗 차이였다. 파브르는 대수학에서 "가장 장엄한 비행"을 보았고, "뛰어난 시구"에서는 해석기하학의 형태로 자신의 상상력을 쏟아냈다. 타원은 "서로 관련된 두 개의 중심이 있고 두 중심 사이의 궤도 반지름 합이 일정한 행성의 궤도를 나타낸다." 쌍곡선은 "척력이 발생하는 두 지점에서 무한히 우주로 곤두박질치는 절망적인 곡선으로 점근선에 끝도 없이 가까워지지만 절대 만나지 못한다." 포물선은 "무한한 공간에서 두 번째 중심을 잃어버리면서 별 실속 없이 헤매는 궤도이자 포탄의 궤적이기도 하다. 언젠가 우리의 태양을 만나기 위해 왔다가 다시는 돌아오지 않을 깊은 우주로 도망치는 어떤 혜성의 경로이기도 하다."[7]

그리고 어느 화창한 아침, 우리는 "저항할 수 없고 전지전능하며 우주의 핵심을 풀 수 있는 열쇠인 숫자가 시공간을 동시에 지배하는" 숭고한 영역에 열정적으로 감격하는 파브르를 마주하게 될 것이다. 파브르는 마차의 한계를 뛰어넘어 더 멀리 앞으로 돌진했다.

우주를 경작하는 소몰이꾼을 넘어

하늘의 고랑에 태양을 뿌린다

파브르는 높은 곳에 있는 이 불꽃의 궤적을 따라 올랐다.

이 미친 경기장에서

현명한 통제자인 숫자가 고삐를 잡는다.

이 길들일 수 없는 군마의 고삐를

숫자는 레비아단Leviathan이 거품을 물게 한다.

그리고 긴장한 손으로

그들을 그들의 길로 이끌었다.

……

멍에 아래에서 그들은 헛되이 엉덩이를 떨며 수증기를 피워올리고,

헛되이 콧구멍에서 거품을 내뿜는다.

걸쭉한 용암의 격류, 그것들은 헛되이 커진다.

그들의 불타오르는 무릎 위에서 숫자는 그들을 억누른다.

재갈 아래서 번갈아 가며 그들을 조절하거나

신성한 박차를 옆구리에 밀어넣는다.[8]

나중에 파브르는 작가로서 자신이 기하학에 진 빚을 모두 고백했다. 기하학의 엄격한 훈련 덕분에 정확하고 명료

함이라는 유익한 습관을 얻었으며, 부정확하고 지나치게 모호한 용어를 경계해 모든 "수사학적 비유"보다 훨씬 뛰어난 자질을 습득했다고 했다.

그즈음 파브르는 은퇴한 식물학자이자 아비뇽에 거주하던 에스프리 르키앵Esprit Requien의 제자가 되었다. 르키앵은 오만하고 어딘가 꽉 막힌 사고방식을 지니고 있어 파브르에게 다른 차원의 지평을 열어주기는 어려워 보였다. 하지만 르키앵은 적어도 파브르가 몰랐던 엄청난 양의 식물 이름을 외우면서 파브르의 기억력을 풍부하게 해주었다. 르키앵은 자신을 매료시켰을 뿐만 아니라 파브르가 방대한 양의 자료를 수집하려 했던 코르시카의 어마어마한 식물 목록을 알려주었다.

파브르는 특히 르키앵이 "모든 것의 증거"를 찾는 사람이라는 사실을 알아챘다. 어느 날 르키앵이 보니파시오Bonifacio에서 갑자기 숨을 거뒀을 때 파브르는 이 슬픈 소식에 정신을 차릴 수가 없었다. 바로 그날 파브르는 세상을 뜬 식물학자를 위해 수집했던 식물 꾸러미를 장례식장에 내려놓았다. 그 당시 파브르는 이렇게 기록했다.

> 가슴이 고통스럽고 눈물로 앞을 가리지 않고는 이 모습을 보고 있을 수 없었어.[9]

하지만 파브르의 운명에 가장 큰 영향을 미친 놀랍도록 생산적인 만남은 알프레드 모캥 탕동Alfred Moquin-Tandon과의 만남이었다. 모캥 탕동은 르키앵이 사망하면서 미완성으로 남은 연구를 마무리하려고 코르시카에 온 툴루즈대학교 교수였다. 그 연구는 방대한 숫자의 초목 목록을 완성하는 것이었다. 작업을 위해 그는 파브르와 함께 몽테 르노소Monte Renoso의 꼭대기와 산비탈에서 가끔은 "구름과 비슷한 고도에서 옷을 껴입고 추위로 마비되어 가면서" 수많은 식물 종을 채집했다.[10]

모캥 탕동은 유능한 박물학자일 뿐만 아니라 당대에 가장 말을 잘하고 학구적인 과학자 중 하나였다. 파브르가 그에게 빚진 건 그의 천재성이 아니라 파브르가 두 번 다시 방황하지 않도록 가야 할 길을 분명히 보여주었다는 점이다.

뛰어난 저술가이자 "몽펠리에 방언을 구사하는 기발한 시인"인 모캥 탕동[11]은 파브르에게 식물학처럼 순수하게 기술적인 과학을 설명할 때조차도 문체의 가치와 형태의 중요성을 잊지 말라고 가르쳤다. 그는 어느 날 갑자기 파브르에게 과일과 치즈 사이에 "물을 담은 접시"를 놓고 달팽이의 해부학적 구조를 자세히 설명했다. 이는 내가 앞으로 언급할 마지막 계시가 있기 전 파브르의 진정한 운명에 대한 서문이었다. 파브르는 그 즉시 자신이 수학에 집착하는 것보다 더 나은 일을 할 수 있음을 깨달았다. 비록 자신의 경력은 수학 연구의 영향을 느끼고 있었지만 말이다.

파브르는 흥분한 채로 동생에게 이 사건에 관해 편지를 썼다.

> 기하학자는 만들어지지만, 박물학자는 완성된 채로 태어나지. 그리고 자연사가 내가 가장 좋아하는 과학이 아니라는 건 그 누구보다 네가 잘 알 거야.[12]

그때부터 파브르는 사체뿐만 아니라 움직이지 않거나 건조된 형태라도 그저 자신의 궁금증을 만족시킬 연구를 위한 재료로 수집하기 시작했다. 그는 이전에 한 번도 한 적이 없는 해부를 열정적으로 시작했다. 파브르는 수납장에 작은 손님들을 보관했다. 그리고 앞으로도 그러겠지만, 작은 생명체에만 몰두했다.

> 나는 한없이 작은 것을 해부했어. 내 메스는 날카로운 바늘로 직접 만든 작은 단검이지. 해부용 대리석 석판은 받침 접시로 대신하고 있어. 내 포로들은 오래된 성냥갑에 열두 개씩 갇혀 있지. 가장 위대한 것은 가장 작은 것에서 발견되는 법이야.[13]

밤에 습지 해변을 따라 돌아다니던 파브르는 감기에 걸렸고, 엄청난 오한과 함께 다양하고 끔찍한 발작을 일으키면서 핏기가 사라지고 허약해졌다. 결국 파브르의 의지와 달리 살려달라고 구걸해야 했고, 심지어 빨리 본토로 돌아가야 한다고 고집을 부리기까지 했다. 그러는 동안 병가를 낸 파브르는 죽게 될 것만 같던 거친 바다를 2박 3일 동안 끔찍하게 항해한 끝에 프로방스Provence로 돌아왔다.[14]

천천히 건강을 회복한 파브르는 아작시오에 두 번째로, 하지만 매우 짧게 머무른 후 아비뇽의 국립고등학교에 임명됐다는 소식을 들었다.[15]

파브르는 확고한 생각과 풍부한 상상력을 되찾았고 더 넓은 관점에서 바라볼 수 있게 됐다. 그리고 자신의 임무를 맞이할 완전한 준비를 마쳤다.

4장

아비뇽에서

군건한 의지를 자랑하는 일꾼인 파브르는 그 어느 때보다 큰 열정으로 지칠 줄 모르고 다시 일하기 시작했다. 이제 파브르는 더 고등교육으로 올라가 교수로서 "식물과 동물을 이야기"하고 싶다는 숭고한 뜻에 사로잡혔다. 이런 목표를 이루기 위해 자신의 두 학위인 수학과 물리학에 자연과학이라는 세 번째 학위를 추가했다. 그것은 진정한 승리였다.

이미 자신이 진실이라고 믿는 바를 밝히는 데 집요하고 겁이 없는 파브르는 툴루즈의 교수들을 놀래고 당황하게 했다. 심사위원들이 다룬 주제 중 하나는 당시 수많은 열띤 토론을 불러일으킬 정도로 중요했던 자연발생에 관한 것이었다. 공교롭게도 심사위원 중 하나가 이 신조의 주창자였다. 그러나 파브르는 실패의 두려움을 무릅쓰고 미래의 찰스 다윈Charles Darwin의 라이벌로서 심사위원과 논쟁하고 개인적인 신념과 주장을 내세우는 걸 주저하지 않았다. 파브르는 골치아픈 질문에 자신만의 방법으로 답을 내놓았다. 그의 당당함은 존경을 받았다. 평범함에서 완전히 벗어난 이 응시자는 열렬히 환영받았고, 공교육의 필요성을 충족시키지 못한 예산 부족만 아니었다면 시험 응시비는 반환됐을 것이다.[1]

이 눈부신 성공을 거둔 후, 파브르는 왜 나중에 경력을 쌓아가며 마주한 수많은 실망을 피할 수 있는 교수 자격시험 과정에 들어가지 않았던 걸까? 파브르의 이상적인 미래는 다른 길에 놓여 있고, 자신이 잘못된 길을 가고 있다는 사실을 막연히 느꼈으리라는 건 의심의 여지가 없다. 파브르에게 전달된 모든 요청에도 파브르는 "자연사 부문에서 자신이 사랑했던 연구"만 생각했다.[2] 파브르는 선발시험을 준비하느라 이미 시작한 연구와 코르시카에서 진행한 탐구와 "무의미하다고 느꼈을 이런 노동을 절충"하면서 소중한 시간을 잃어버리지 않을까 무서워했다.[3] 파브르는 자연과학 박사학위를 위해 준비하던 첫 번째 독창적인 연구로 바빴다. 그것은 "언젠가 자격시험과 수학보다 훨씬 쉽게 파브르를 위한 교수의 길을 열어줄" 연구였다.[4]

사실 파브르는 직함이나 학위에는 그다지 관심이 없었다. 파브르는 정해진 사명을 따르고 이루기 위해서가 아니라 오직 배움을 위해서만 일했다. 무엇보다 파브르가 바랐던 것은 활기차고 생동감이 넘치는 무언가, 수천 가지의 매혹적인 주제와 시적인 분위기로 가득한 흥미로운 연구를 막연하게 엿볼 수 있는 이 놀라운 자연과학에 한가롭게 전념하는 것이었다.

아직은 드러나지 않던 파브르의 천재성은 어둠 속에서 숙성되었고 밖으로 나올 준비가 됐지만, 날개를 펼치기에는 환경이 부족했을 뿐이다.

이리저리 궁리해보지만 여의찮던 중 유명한 곤충학자이자 랑드Landes의 중심에 살고 있던 레옹 뒤푸르Léon Dufour의 소논문 한 권이 우연히 파브르의 손에 들어왔고, 이는 머지않아 파브르 사상의 핵심을 결정하는 신호탄의 첫 불꽃이 됐다.

이 사건으로 파브르 안에 잠복해 있던 씨앗들이 발아하기 시작했다. 이 씨앗들은 1854년 겨울 어느 날 저녁에 일어났던 행운을 기다렸을 뿐이다.

파브르는 재능의 발현에서 우연이 어떤 역할을 하는지를 보여주는 사례다. 얼마나 많은 사람이 예상치 못한 상황으로 갑자기 생각지도 못한 재능이 깨어나는 것을 느꼈을까!

루이 파스퇴르Louis Pasteur가 수많은 놀라운 발견의 시작점이었던 분자의 비대칭성 연구에 매우 열정적으로 파고든 것은 특정한 결정의 특성을 비교한 독일 화학자*인 아일하르트 미처리히Eilhard Mitscherlich의 기록을 읽었기 때문이 아닐까?

* 영어판과 프랑스어판 모두 '러시아 화학자'로 표기되어 있다. 두 원서의 오류로 보인다.

다시 한번 말하지만, 단순한 호기심으로 르네 레오뮈르 René-Antoine Ferchault de Réaumur의 특정 실험을 확인하기 위해 벌을 관찰했던 유명한 관찰자인 프랑수아 위베 François Huber와 그의 동생 장 위베 Jean Huber의 사례를 떠올려보자. 이들은 이 주제에 곧바로 완전히 사로잡혀 남은 생애의 목표로 삼았다. 그리고 클로드 베르나르 Claude Bernard가 프랑수아 마장디 François Magendie를 만나지 않았다면 어떻게 되었을까?*

마찬가지로 레옹 뒤푸르의 소논문은 파브르가 다마스쿠스 Damascus로 향하게 한,** 그의 천직을 결정하게 한 갑작스러운 충동이었다.

이 논문은 벌목에 속하는 말벌 중 하나인 노래기벌속의 행동양식에 관한 독특한 사실을 다뤘는데, 뒤푸르는 노래기벌집에서 비단벌레과의 작은 초시류***를 발견했다. 모두 죽은 것처럼 보였지만 겉 부분은 금, 구리, 에메랄드의 색으로 빛나는 화려한 모습을 그대로 유지한 채 내부 조직도 그

* 프랑스 생리학계에 실증주의적인 생각을 도입한 마장디와 그의 조수 베르나르. 베르나르 또한 스승의 영향으로 생물학 연구에 귀납법을 제일 원칙으로 삼았다.

** '다마스쿠스로 가는 길'은 《성경》에서 사도 바울이 다마스쿠스로 가는 길에 부활한 예수를 만나 독실한 신앙인이 된 사건을 말한다. 어떤 인물이 새로운 길을 가게 되는 의미로도 사용된다.

*** 곤충류 전체의 40퍼센트를 차지하며 앞날개는 딱딱하고 그 속에는 얇은 막으로 된 뒷날개가 있다.

대로 남았다. 한마디로 노래기벌의 희생자들은 바싹 마르거나 부패하기는커녕 오히려 온전한 상태로 발견됐다.

뒤푸르는 그저 비단벌레가 죽었다고 생각했고 그 현상을 설명하려 했다.

호기심과 흥미를 느낀 파브르는 이를 직접 관찰하고 싶었다. 그리고 놀랍게도 당시 "곤충학의 원로"로 알려진 사람의 관찰이 얼마나 불완전하고 제대로 검증이 이루어지지 않았는지를 확인했다.

그 시점부터 파브르는 자신이 가야 할 길을 확신했다. 이 광범위한 자연에서 발견하고 바로잡아야 할 것이 아직 더 많다고 생각했으며, 레오뮈르와 위베 형제가 인상적으로 윤곽을 잡았지만 저명한 거장들의 시대 이후 거의 완전히 방치되어 있던 작업을 다시 시작해야겠다고 생각했다. 파브르는 이곳에 새로운 영역, 해독해야 할 광대한 미지의 땅, 발견해야 할 상상치 못한 과학, 밝혀야 할 놀라운 비밀, 해결해야 할 엄청난 문제가 있다고 예견했고, 자기 삶 전체를 이 목표를 추구하는 데 바치는 것을 꿈꿨다. 거의 아흔 살까지 이어지며 결실을 본 그 긴 활동은 인간의 존엄성, 전문가의 정직함, 관찰자의 천재성, 저술가의 독창성으로 하나의 '상징'이 됐다.

1855년, 그의 명성이 시작된 유명한 연구서가 《자연과학의 연대기Annales des sciences naturelles》에 처음 등장했다. 이 연구서는 믿을 수 없을 정도로 경이로운 말벌이자 "방투산의 산기슭에서 먹이를 사냥하는 벌목 중 최고봉"인 노래기벌에 관한 이야기를 담고 있었다.[5]

파브르는 당시 서른두 살이었고, 물리학 부교사로서 그의 상황은 다소 불안정했다. 해외지부인 아작시오에서 받던 1,800프랑이 본토로 돌아오자 1,600프랑으로 줄었고, 아비뇽에서 머무는 내내 자신이 늘 하는 업무와 관련이 없는 몇 가지 부가적인 수익 말고는 승진이나 약간의 임금 인상도 없었다. 18년을 꽉 채운 후 고등학교를 떠났을 때 파브르는 처음 들어왔을 때와 같은 직책, 직급, 급여를 받던 부교사의 신분이었다.

그러는 동안 파브르 주변의 "모든 곳과 모든 사람에게 이는 암흑으로 다가왔다." 파브르의 가족이 늘었고 그에 따라 지출도 늘었다. 이제는 매일 식탁에 일곱 명이 앉았다. 얼마 지나지 않아 파브르의 적은 월급으로는 지출을 감당할 수 없게 됐고, 파브르는 온갖 허드렛일(수업, 보충학습, 과외 등)을 도맡아야 했다. 그것들은 파브르의 모든 자유시간을 앗아갔고, 그가 혼자서 조용히 좋아하는 관찰을 하지 못하게 만드는 억압적인 업무였다. 그래도 파브르는 진심으로 자기 직업을 사랑했고, 제자들의 스승이라기보다는 동등하게 무언가를 배우는 사람이라고 생각했기에 인내심을 갖고 성실히 이런 임무를 수행했다. 파브르를 아는 모든 사람이 그 부지런함에 칭찬을 아끼지 않았다. 심지어 가장 골칫덩어리였던 다른 학급의 "불량 학생"도 파브르를 만난 후 갑자기 태도가 달라져 다른 학생들처럼 다른 사람을 배려하게 됐다. 파브르는 질서를 유지하는 법, 자신을 존중하는 법을 알았고, 가끔 심각한 문제를 해결하려고 엄격하게 말하기도 했기에 파브르 앞에서 감히 자제력을 잃는 사람은 거의 없었다. 하지만 파브르는 학생들을 즐겁게 해주는 방법도 알았다. 친근한 말투로 수다를 떨고 그들의 처지가 되어보기도 하고 학생들의 생각을 들어주기도 하고 학생을 자신의 경쟁자로 만드는 법도 알았다. 파브르의 감독을 받는 건 고되기도 했지만 즐겁기도 했다. 가장 큰 증거는 파브르의 고등학교 동료 중 별명이 없는 사람은 파브르가 유일했는데, 이는 학사 기록상 드문 일이었다.

그렇기에 파브르는 이런 수업에 이의를 제기하지 않았다. 하지만 파브르는 이곳의 생활을 견디기 힘들었는데, 카르팡트라에서는 교장에게 칭찬도 많이 들었고 인기가 많았으며 일부 지원을 받은 수업을 하는 동안에는 완전히 자유롭게 자신의 영감을 따를 수 있었지만, 여기서의 시간과 일정은 파브르의 발목을 잡았기 때문이다.

이곳에 있는 모든 것이 파브르를 힘들게 했다. 파브르의 겉모습, 수줍음이 많고 사교적이지 않은 성격, 기질 등 모든 것이 그를 고립시켰다.

위계질서가 확고한 교사 사회에서 파브르는 독립적인 태도를 유지했다. 학교에서 무슨 일이 벌어지는지 무슨 말이 오가는지 전혀 몰랐으며, 동료들은 항상 파브르보다 많은 정보를 알았다.[6] 그는 동료가 아니라 하급자 취급을 받았다. 자기 직책에 자부심이 있던 사람들은 파브르가 자신의 공로를 살짝 뛰어넘는다는 점을 인정하지 못하고 질투했다. 게다가 파브르의 이름이 잠시나마 주변에 알려지자 파브르가 파리에 애정을 갖고 연구한다는 이유로 그를 "파리"라고 불렀다.[7]

그러나 파브르는 차별 자체뿐만 아니라 이런 차별을 자신에게 행하는 사람에게도 무관심했고 사교 예절을 혐오했으며, 자신의 본성을 억누르지 않은 채 "외부인"으로 남아 있었다. 자기가 보기에 쓸모없거나 역겹다고 생각하는 인위적이거나 세속적인 의무를 따르지 않았다. 그렇기에 파브르는 아작시오에서도 새해 첫날 관습적으로 치르는 의식에도 참여하지 않았다.

> 나는 상류사회를 되도록 멀리하려고 해. 나는 나 자신과 함께 있는 게 더 좋아. 그래서 아무도 만나지 않았고 교장의 공식 방문 초대에도 응하지 않았어.[8]

초대를 수락해야 할 때도 상황과 의식에 알맞은 복장을

갖춰 입어야 하는 엄숙한 경우가 아니라면 공들여 광을 낸 동료들의 "실크 모자" 사이에서 검은색 펠트 모자만 고집하며 오점을 남겼다. 파브르는 명령을 받고 질책을 당하고 마지못해 복종하기도 했지만, 저항하고 반발하고 사직서로 협박하는 등 더 최악으로 굴기도 했다. 파브르는 사람들에게 예의를 차리거나 기쁘게 해주려고 노력하거나 상급자에게 굽실거리는 것이 불가능했다. 파브르는 누군가에게 간청하지 못했으며 다른 사람들의 의견에 순응하지도 못했다. 심지어 다른 사람에게 자신의 의견을 강요하거나 자신의 인간관계를 활용하지도 못했다.

그러나 파브르가 자연과학 박사학위를 받기 위해 파리로 향했을 때, 이전에 코르시카에서 자신에게 생물학의 본질을 알려주고 자신의 소박한 집에서 대접했던 모캥 탕동을 잊지 않았다.

이제 자신의 전문 분야에서 유명해진 툴루즈대학교의 전 교수는 파리의 의학부에서 자연사 학장을 맡고 있었다. 고위 공직자에게 자신을 소개하는 데 이보다 더 좋은 기회가 있을까? 모캥 탕동을 대접한 적이 있었던 파브르는 함께 보냈던 행복한 시간을 이야기하며 자신의 계획을 설명하고 교수의 도움을 요청하기로 했다! 운명은 모캥 탕동을 보호자로 지목한 듯 보였다. 하지만 파브르가 어떤 야심 찬 욕망에서 교수가 되기 위한 발판을 올랐다면 금세 환멸을 느꼈을 것이다.

"친애하는 스승"은 오래전 아작시오의 별 볼 일 없던 교사를 잊었고, 파브르는 모캥 탕동의 환영을 기대할 수 없었다. 파브르는 고집부리지 않고 그저 낙담하고 어쩌면 약간 굴욕감을 느끼며 서둘러 자리를 떠났다.

파브르는 자신이 가져온 논문으로 언젠가 대학 교수직에 오르게 되리라고 생각했지만, 사실 그 논문은 본질적으로 그 어떤 것도 독창적이지 않았다.

파브르는 비대칭적인 꽃, 꽃가루의 독특한 구조, 셀 수 없이 많은 씨앗 등 난초과라는 독특한 식물이 보여주는 모든 특이점에 사로잡혔다. 하지만 대부분 바닥에 구멍이 뚫린 독특한 둥근 형태의 수많은 작은 '혹'은 정확히 어떤 역할을 하는 걸까? 위대한 식물학자인 오귀스탱 캉돌Augustin Pyrame de Candolle과 앙투안 쥐시외Antoine Laurent de Jussieu는 이를 그저 뿌리라고만 이해했다. 파브르는 자신의 논문에서 이런 독특한 기관이 실제로는 거의 눈에 가까우며 나뭇가지나 새싹이 변형된 모습으로, 감자의 괴경과 비슷하다는 사실을 밝혀냈다.[9]

파브르는 올리브나무의 주름버섯이 내는 인광에 관한 흥미로운 논문도 추가했는데, 후에 이 현상을 다시 연구하기도 했다.

동물학 분야에서 파브르의 메스는 그때까지 잘못 알려졌던 노래기의 복잡한 생식기관 구조를 밝혀냈다. 또한 동물철학자의 관점에서 매우 흥미로운 이 유별난 생명체의 기이한 발달 특징도 밝혀냈다.[10] 파브르는 늘 들고 다니는 돋보기뿐만 아니라 가장 작은 생명체 속의 무한한 경이로움을 발견하게 해주지만 파브르의 명성을 만들어낸 아름다운 관찰에는 그다지 도움이 되지 않은 현미경을 다루는 데도 능숙해졌다.

새로운 학위를 받고 아비뇽으로 돌아온 파브르는 거의 20년이 걸리는 중요한 작업을 시작했다. 보클뤼즈에서 발견한 구균*을 탐구한 이 논문에서 파브르는 검은색 자실체로 낙엽과 죽은 나뭇가지를 뒤덮는 독특한 곰팡이의 과科에 관한 내용을 기술했다. 이 놀라운 연구에도 가치 있는 자료가 가득했다. 하지만 다른 사람이 그 자리에 있었더라도 똑같이 잘 수행했을 것이다.

비록 파브르는 극소수의 관심을 끌고 극소수만 중요성을 느끼는 연구를 계속하고, 식물을 꾸준히 해부하고, 그다지 좋아하지는 않았던 "동물 해부"를 멈추지 않았지만, 실상은 목요일과 일요일을 제외하고는 거의 일주일 내내 업무에서 벗어날 수 없었다. 특히 끌리는 공부를 할 수 있는 충분한 여가생활을 즐기는 건 거의 불가능했다. 아주 잠깐의 쉴 틈도 없이 규율에 얽매여야 하는 의무와 하루 벌어 하루

* 둥근 모양의 세균을 통틀어 이르는 말.

먹고산다는 강박에 사로잡혀 온갖 허드렛일을 하면서 파브르는 휴가나 휴일을 제외하고는 관찰을 할 시간이 거의 없었다.

쉬는 날이면 파브르는 초원의 열쇠를 손에 쥐고 기쁜 마음으로 카르팡트라로 발걸음을 재촉했다. 그리고 움푹 팬 길을 따라 그 지역을 돌아다니며 아름다운 곤충을 채집하고 신선한 공기와 포도와 올리브의 향을 들이마시고 손을 뻗으면 닿을 듯한 거리에서 방투산의 은빛 산꼭대기가 구름에 가려졌다가 다시 햇빛을 받아 반짝이는 모습을 바라보곤 했다.

카르팡트라는 단순히 아내의 부모님이 살던 지역이 아니었다. 무엇보다 이곳은 곤충을 위한 독특한 보금자리였다. 그 지역의 식물군이 아니라 토양 때문이었는데, 모래와 점토가 섞인 석회암의 일종인 부드러운 이회암으로 이루어진 덕에 굴을 파는 벌이 둥지를 쉽게 만들 수 있었다. 그중 일부는 사실 그곳에서만 살았거나 적어도 다른 곳에서는 매우 찾기 어려웠다. 그 유명한 노래기벌이 대표적인 예다. 능수능란하게 침을 찔러넣어 "땅속의 갈색 바이올리니스트"인 귀뚜라미를 마비시키는 노란날개조롱박벌도 마찬가지다. 털보줄벌 또한 매우 많았는데, 이 야생벌은 시타리스와 남가뢰의 골치 아프고 불가사의한 역사와 얽혀 있었다. 파브르는 시타리스와 남가뢰 같은 작은 딱정벌레가 청가뢰의 사촌이며 복잡한 탈바꿈과 놀랍고 독특한 습성을 갖고 있다는 사실을 밝혀냈다. 이 연구는 파브르의 과학 경력 중 두 번째 단계로, 2년 간격으로 노래기벌에 대한 어마어마한 관찰을 이어갔다.

과학의 진정한 걸작인 이 두 연구는 이미 두 개의 뛰어난 명성을 얻었으며, 그 자체만으로도 박물학자의 일생을 가득 채우고 파브르의 이름을 널리 알리기에 충분했다.

그 시기부터 파브르에게는 견줄 만한 사람이 없었다. 프랑스학사원은 파브르에게 몽티옹상prix Montyon[11]을 주었고, 파브르는 이에 "말할 필요도 없이 상상조차 하지 못한 영광이었다."[12]라고 말했다. 찰스 다윈은 바로 이 시기에 출간한 그 유명한 《종의 기원On The Origin of Species》에서 파브르를 "아무나 흉내 내지 못할 관찰자"라고 묘사했다.[13]

아비뇽 근방을 탐험하던 파브르는 곧 다른 곤충들만 주로 서식하는 새로운 지역을 발견했고, 이 곤충들의 습성은 그의 관심을 완전히 사로잡았다.

첫 번째는 앙글Angles의 모래 고원으로, 매년 봄이면 양들이 사랑하는 햇살 가득한 목초지에서 안으로 굽고 어설픈 다리로 오래도록 사용할 경단을 굴리기 시작하는 왕소똥구리는 "고대인들에게 세상을 상징하는 것으로 여겨졌다." 파라오 시대부터 왕소똥구리의 역사는 전설의 일부일 뿐이었지만, 파브르는 허구의 무늬를 벗겨내고 자연에 근거해 고대 이집트 이야기보다 훨씬 경이로운 이야기를 발견했다.

파브르는 그들의 실제 삶과 해야 할 과업과 재미있으면서도 즐거운 성과를 읊었다. 하지만 이 섬세하고 복잡한 연구의 미묘함 때문에 곤충의 습성에 관한 연구를 마치고 요람의 신비를 푸는 데에는 거의 40년이 걸렸다.[14]

뒤랑스Durance강의 어귀와 마주 보는 론강의 오른쪽 둑에는 데 이사르Des Issarts의 나무인 작은 참나무 숲이 있었다. 여러 가지 이유로 이곳은 파브르가 아주 좋아하는 장소 중 하나였다. 이곳에서 파브르는 "바닥에 납작 엎드려 토끼 굴의 그늘에 머리를 대고 있거나" 커다란 우산 아래에서 햇빛을 피했고, 그동안 "푸른날개메뚜기는 여기저기 뛰어다녔다." 우아한 모래말벌이 날마다 고운 모래로 만들어진 깊은 굴 안쪽에 있는 애벌레에게 먹이인 파리를 대주기 위해 빠르게 붕붕거리면서 날아다니는 꽁무니를 따라다니기도 했다.[15]

파브르가 그곳에 늘 혼자 간 건 아니었다. 가끔은 학생들과 함께 "봄에 깨어나는 생명들의 형언할 수 없는 축제"가 벌어지는 들판에서 일요일 아침을 보내기도 했다.[16]

파브르에게 가장 소중한 사람, 이후 몇 년 동안 특별한 애정을 보낸 사람은 드빌라리오, 보르돈Bordone, 베이시에르[17]였다. 그들은 "따뜻한 마음과 유쾌한 상상력을 지녔으며, 앎에 대한 열망이 커지는 봄철의 생명력으로 흘러넘치는 젊은이였다."

이들 사이에서 파브르는 "가장 나이가 많은 통솔자 역

할을 하는 동시에 이들의 동반자이자 친구이기도 했다." 파브르는 자신만의 성화에 불을 붙이고 손가락의 능숙한 움직임과 스라소니처럼 예리한 시선으로 제자들을 놀라게 했다. 수첩과 박물학자에게 필요한 모든 도구(렌즈, 곤충망, 희귀한 종들을 채집할 수 있는 마취제를 적신 톱밥을 담은 작은 상자)를 갖추고 이들은 "소박하게 어린아이들처럼 산사나무와 딱총나무가 심긴 길을 따라" 돌아다녔다. 수풀을 살피고 모래를 긁어내고 돌 아래를 살피고 산울타리와 초원을 따라 곤충망을 움직이면서 멋진 표본을 얻거나 기록되지 않은 경이로운 곤충을 발견하면서 폭발적인 기쁨을 느꼈다.

이런 모험은 "여러 가지를 토론하게 만든" 론강의 강둑이나 앙글의 모래고원뿐만 아니라 파브르가 늘 말로 표현할 수 없고 무엇과도 바꿀 수 없는 끌림을 느껴 스무 번은 더 오르게 되는 방투산의 산비탈에서도 이루어졌다. 결국 파브르는 방투산의 모든 비밀, 전반적인 생태, 산기슭에서 정상까지 이어지는 비탈의 다양하고 풍부한 식생, "석류의 진홍색 꽃부터 몽스니Mont Cenis의 제비꽃과 알프스에서 피어나는 물망초까지"[18] 알게 됐다. 그뿐만 아니라 방투산 내부에서 발굴한 다양한 화석으로 저 먼 과거의 동물상까지도 알게 됐다.

파브르를 절대적인 존재로 경배하던 모든 제자는 파브르의 유쾌함, 열정, 다정함, 전염성 있는 쾌활함, 기질의 독특한 변덕을 기억했다. 가끔은 파브르가 산책 시작부터 끝까지 말을 한마디도 하지 않았기 때문이다.

평소에는 온순하고 부드럽던 파브르도 갑자기 성급하고 폭력적으로 변하거나, 갑자기 평정심을 잃고 폭발하기도 했다. 예를 들어 악의적인 속임수로 놀림감이 됐을 때라든가 그가 명료하게 설명했는데도 사람들이 완전히 이해하지 못한 것 같다고 느낄 때 그랬다. 어쩌면 파브르는 자신도 어린 시절에 고통받았던, 반항적이고 자주 짜증을 내고 어떤 면에서는 기이한 어머니에게서 이런 기질을 물려받았는지도 모른다.[19]

하지만 파브르 주변의 젊은이들은 이런 상반되는 기질에 당황하는 대신 타고난 짜증과 풍부한 활력으로 인한 결과만 보았다.

1865년 루이 파스퇴르가 파브르를 찾아온 것은 파브르가 아비뇽에서 곤충학을 연구하는 유일한 학자였기 때문이다. 이 유명한 화학자는 누에고치를 키우는 농장을 황폐화하는 전염병을 억제하려고 노력했지만 연구하려는 주제에 대해 아무것도 몰랐다. 심지어 누에고치나 누에의 성장 과정조차도 몰랐다. 파스퇴르는 파브르의 지식창고 속 꼭 필요한 곤충학 분야의 기초 지식을 얻으려 찾아왔다.

파브르는 우리에게 위대한 과학자가 자신의 가난한 집을 바라보며 "겉만 번지르르한 빈곤"을 전혀 이해하지 못했다는 점을 가슴 뭉클한 한 페이지로 이야기했다.[20] 열을 이용해 와인의 맛을 더 나아지게 하고 싶다는 또 다른 문제와 씨름하던 파스퇴르는 프랑스에서 가장 싸구려 와인만 마시는 교사 계급의 검소한 프롤레타리아인 파브르에게 지하 저장고를 보여달라고 단도직입적으로 요청했다.

> "제 지하 저장고라니! 포도주의 연도와 빈티지에 따라 상표가 붙은 제 술통과 술병 들은 어떨까요?" 하지만 파스퇴르는 고집을 부렸지. 나는 짚방석이 사라진 의자 위에 12리터짜리 담잔dame-jenne*이 놓인 부엌 한구석을 가리키며 말했어. "저곳이 제 지하 저장고입니다, 선생님!"

편협한 교수는 파브르의 냉담한 반응에 당황했지만 파브르도 파스퇴르의 태도에 충격을 받았다. 파브르의 말을 들어보면 파스퇴르는 파브르를 대할 때 약간 무시하는 듯한 거만한 태도를 고수했던 것 같다. 이 무지한 천재는 자신의 겸손한 동료에게 쌀쌀맞은 어조로 질문하고, 명령을 내리고, 자신의 계획과 생각을 설명하고, 자신에게 어떤 도움이 필요한지 알려주었다.

이런 일이 있고 나서도 파브르가 조용히 있었다는 사실

* 포도주나 증류주를 옮기는 데 사용되는 좁은 입구를 가진 커다란 유리병.

에 놀랄 수밖에 없다. 첫 만남에서 만들어진 이런 무례한 관계가 어떻게 지속될 수 있었을까? 파브르는 이를 용서할 수 없었다. 파스퇴르를 담기에는 파브르의 성격이 너무 독립적이었다. 그러나 어쩌면 두 사람은 서로를 잘 이해하고 있었는지도 모른다. 둘 다 광활한 자연을 놀라운 시각으로 바라보는 전문가였고 스스로에게 엄격했으며 사실이라는 한계를 벗어나지 않도록 매우 조심했다. 누군가는 두 사람 모두 발명이라는 분야에서 두각을 드러냈지만 그들의 운명은 달랐다고 말할지도 모르겠다. 과학 발견의 숭고함은 아무리 천재성으로 가득하다 하더라도 종종 그로부터 도출되는 즉각적인 결과와 그 결과의 실질적인 중요성으로만 측정되곤 하기 때문이다.

실제로는 현자의 낙원에서 어깨를 나란히 할 만한 라이벌은 아니었을까? 한 명은 자연발생설을 뒤집었고, 다른 한 명은 본능의 기원에 대한 기계론을 반박하면서 생명의 심오한 수수께끼를 미해결 상태로 영원히 간직해야 하는 것처럼 보이는 미지의 거대한 힘을 드러냈다.

이제 파브르는 첫 번째 성공의 현장이자 학문적 결실을 본 보클뤼즈를 떠나고 싶지 않아 했다. 그는 곤충들 가까이 머물고 싶었고, 에스프리 르키앵이 유언으로 남긴 아비뇽의 도서관과 귀중한 수집품에서도 멀어지고 싶지 않았다. 월급이 변변치 않았는데도 파브르는 그 외에 더 많은 걸 요구하지 않았다. 더군다나 결코 이해할 수 없는 모순으로 파브르는 더 많은 돈을 주겠다는 다른 제안뿐만 아니라 승진 제안도 모두 거절했다. 푸아티에Poitiers와 마르세유Marseille에서 제안한 부교사 자리를 두 번이나 거절했는데, 이사 비용을 감당할 만큼의 이점이 없었기 때문이다.[21]

파브르의 소박한 지위가 약간 나아진 건 사실이다. 디자인에 대한 지식이 있었고 그림을 그릴 줄 알았던 파브르는 고등학교에서 그림 교사 역할도 맡았다. 파브르가 못 하는 건 대체 뭘까? 한편 시 당국이 그에게 르키앵박물관의 관리 직책과 곧이어 시에서 임명하는 강사 직책도 맡기면서 연봉이 1,200프랑씩 늘었다. 그리고 마침내 그때까지 부족한 수입을 메우기 위해 억지로 했던 "정말 끔찍했던 과외"[22]를 그만둘 수 있었다. 하지만 많은 시간과 많은 노동을 요구하는 이 새로운 업무는 그 전만큼이나 파브르를 단단히 묶어두었다.

자유로워질 수 있을 만큼 부자가 되는 것, 자신의 모든 시간을 마음대로 사용할 수 있는 것, 자신이 선택할 일에 완전히 헌신하는 것, 이는 파브르의 꿈이었다. 파브르는 이 생각에 사로잡혔고, 이 생각을 떨칠 수 없었다.

이것이 파브르가 서양꼭두서니*의 특성을 탐구한 주요

동기였으며, 직접 추출로 염색하는 데 성공하면서 예전 염색가들이 사용하던 매우 원시적인 방법, 길고 돈이 많이 드는 과정이 필요하고 조잡하던 그 제조법을 정말 단순한 방법으로 딱 알맞게 대체할 수 있었다.[23]

파브르는 이 연구를 8년 동안 계속했는데, 연구의 열기가 한창일 때 교육부 장관이자 대학 총장인 빅토르 뒤리가 생마르시알Saint-Martial의 실험실을 갑자기 방문했다. 뒤리가 파브르와 관계를 만들어갈 때 어떤 생각을 했든, 첫 만남부터 두 사람은 서로에게 끌렸던 것 같다. 두 사람은 취향과 성격 측면에서 매우 엇비슷한 데가 있었다. 뒤리는 파브르에게서 자신과 유사한 성격을 찾았다. 파브르처럼 뒤리도 겸손하고 소박한 성품을 지녔다. 두 사람 모두 평범하게 태어났고 각자의 주된 동기 또한 노동, 해방, 진보라는 같은 인상을 주었다.

얼마 후, 뒤리는 이상한 고집을 부리며 이 소박한 현자를 파리로 불러들였다. 뒤리는 세심한 배려를 아끼지 않고 대번에 파브르에게 레지옹 도뇌르 훈장Légion d'honneur을 선사했다. 파브르는 이 훈장을 자랑스러워하기보다 절대 눈에 띄지 않도록 조심하는 성격이었지만, 그래도 이를 유명한 친구를 기억할 수 있는 사랑스러운 "기념물"이라고 어느 정

* 쌍떡잎식물 용담목 꼭두서닛과의 여러해살이풀. 유럽이 원산지다.

도는 다정하게 생각했다.

다음 날 이 박물학자는 황제를 알현하기 위해 튀일리 궁전Tuileries으로 보내졌다. 파브르는 왕족과의 대면에서조차 조금도 동요하지 않았다. 화려하게 치장한 사람들 사이에서 의심할 여지 없이 너무나도 낡은 넝마 같은 옷을 입은 파브르는 자신이 어떻게 보일지에 대해서는 거의 신경 쓰지 않았다. 동물만큼이나 사람을 잘 관찰하는 파브르는 조용히 황제를 바라보았다. 거의 감정을 드러내지 않는 "꽤 단순한" 황제는 파브르와 몇 마디를 나눴는데 눈은 반쯤 감겨 있었다. 파브르는 "짧은 바지를 입고 은색 버클이 달린 신발을 신고 의례를 갖춘 걸음걸이로 움직이는 카페오레 색 겉날개를 걸친 커다란 풍뎅이 같은 시종들"이 오가는 모습을 지켜봤다. 파브르는 벌써 후회의 한숨을 쉬었다. 지루했다. 몹시 괴로웠으며, 세상에 어떤 일이 벌어져도 두 번 다시 그 경험을 되풀이하고 싶지 않았다. 심지어 박물관에서 자랑하는 수집품조차 보고 싶은 마음이 들지 않았다. 파브르는 돌아가고 싶었다. 사랑하는 곤충들 사이에서 자신을 발견하고, 활기찬 매미가 가득한 회색 올리브나무, 타임과 사이프러스의 달콤한 향이 가득한 황무지를 살피고 싶었다. 그리고 그 무엇보다도 자신의 발견을 완성하기 위해 화로와 증류기가 있는 곳으로 되도록 빨리 돌아가고 싶었다.

그런데 파브르의 행복한 구상에서 이득을 본 건 다른 사람들이었다. 파브르는 마치 자신이 상상한 멋진 이야기 속 매미가 되어버린 듯했다. 나뭇가지의 수분이 가득한 껍질에서 달콤한 수액이 솟아나자 "파리, 벌, 말벌, 머리에 뿔이 달린 풍뎅이"[24]가 재빨리 무례한 도둑들처럼 달려들어 별 노력도 들이지 않고 매미 대신 수액을 마셔댔다.

그렇게 12년 동안 자기만의 우물 안에서 고통스럽게 일한 파브르는 교활한 사람들이 자신의 자리로 와서 "발을 밟으며" 자신을 몰아내는 데 성공하는 모습을 보았다. 이 약삭빠른 사람들은 서양꼭두서니 산업을 발칵 뒤집어놓을 인공 알리자린이 등장하기 전까지 파브르가 발견한 기발한 공정을 이용해 여유롭게 이윤을 얻을 수 있었다. 그렇기에 파브르가 인내심을 갖고 그토록 부지런하게 연구해서 얻은 실질적인 이익은 거의 없었다. 파브르는 여전히 가난에서 벗어나지 못했다.

그리하여 파브르의 꿈은 사라졌다. 가족사를 제외하면 이는 파브르가 겪은 것 중 가장 끔찍할 정도로 실망스러운 경험이었을 것이다.

결국 파브르는 교재를 집필하는 것이 자신에게 자유의 문을 열어줄 유일한 구원의 길이라 생각했다. 이미 뒤리에게서 강한 자극을 받은 파브르는 자유를 향한 끊임없는 열망에 사로잡혀 작업에 착수했었다. 교육이라는 면에서 새로운 의미를 부여한 파브르의 《농경 화학Chimie agricole》이 보여준 첫 번째 기초는 파브르의 능력을 가늠할 수 있는 사례와 척도를 제시했다.

하지만 사업 실패와 서양꼭두서니 가공법이 남긴 고통스러운 유산을 겪은 파브르는 자신의 구원에 상당히 이바지한 운이 좋은 젊은 출판인인 샤를 들라그라브Charles Delagrave의 협업을 보장 받은 후에야 교재 집필에 진지하게 임했다. 파브르의 방대한 업무 능력을 굳게 믿었고, 탁월한 대중적 저술가의 재능을 예견했던 들라그라브는 파브르에게 일거리가 떨어지지 않게 해주겠다고 약속할 수 있으리라고 생각했다. 그리고 28년간의 근속에도 학교가 최소한의 연금도 주지 않았다는 점을 고려하면 이런 가능성은 훨씬 안정적이었다.

빅토르 뒤리는 프랑스 교육을 복원한 것으로 유명했다. 뒤리가 시작했을 초등교육부터 교육이 구원된 시기인 뒤리의 임기를 거쳐 뒤리가 모든 부분을 직접 창조한 중등교육까지 말이다. 뒤리는 프랑스에서 처음으로 일반 대중을 위한 교육을 시작한 인물이기도 했으며, 제3공화정은 그가 일을 재개하고 생각을 발전시키고 프로그램을 확장하는 것 외에는 거의 한 일이 없었다. 마지막으로 그는 노동자, 소작농, 중산층, 젊은 여성이 교육 격차를 줄일 수 있도록 성인을 위한 수업과 저녁 수업을 개설했다. 뒤리는 이를 통해 모든 사람이 삶을 두 부분으로 나눌 수 있도록 관대하고 생산적인 생각을 실현했다. 하나는 우리의 물질적인 필요와 일용할 양식을 목적으로 하는 부분이고, 다른 하나는 영적인 삶과 이상의 즐거움에 헌신하는 것을 목표로 하는 부분이다.

동시에 뒤리는 이전에 성직자들로부터 배타적으로 보호받았던 프랑스의 젊은 여성을 해방하기도 했다. 그리고 이들에게 처음으로 지식의 황금 문을 열었다. 이는 대담하고 어마어마한 혁신이었다. 교회의 이익과도 직접 닿아 있었고, 점점 더 커지는 교회의 영향에 타격을 주며, 교회가 봉헌한 특권과 뿌리 깊은 편견에 충돌했다.[25]

아비뇽에서 파브르는 시에 소속된 강사의 의무를 다하라는 지시를 받았다. 그래서 파브르는 성심성의를 다했으며, 생마르시알의 오래된 수도원에서 그 시대의 기억 속에 남은 유명한 무료 강연을 시작했다. 낡은 고딕 양식의 둥근 천장 아래에 열정적인 초등 사범대학 학생들이 파브르의 강연을 듣기 위해 몰려들었다. 그중 가장 성실한 사람은 프레데리크 미스트랄의 친구인 조제프 루마니유Joseph Roumanille였다. 루마니유는 파브르의 화음을 정교하게 엮어 "젊은 처녀들의 웃음과 봄날의 꽃"이라 표현했다. 그 누구도 파브르보다 진실을 잘 설명하지 못했다. 누구도 이렇게 온전하고 분명히 설명하지 못했다. 그리고 파브르처럼 간단하고 생동감이 넘치면서도 그림을 그려내는 것처럼, 독창적인 방법으로 가르칠 수 있는 사람은 아무도 없었다.

파브르는 실제로 어린 시절부터 남자든 여자든 지금까지 한 번도 생각해본 적이 없는 많은 것을 배우고 사랑할 수 있다고 믿었다. 특히 파브르가 보기에 전 세계 사람들 모두를 위한 책인 '자연사'가 학교의 방식을 거치며 지루하고 쓸모없는 학문으로 전락했으며, 활자가 "생명력을 죽였다."라고 생각했다.

파브르는 자신의 신념과 깊은 믿음을, 그러니까 자신을 움직이게 하는 숭고한 불꽃, 자연의 모든 피조물을 향한 열정을 청중에게 전달하는 비결을 알았다.

이 저녁 강연은 일주일에 두 번씩 시립 강연과 번갈아 열렸다. 파브르는 강연에 헌신하며 큰 열의를 보였다. 이 강연을 개설한 사람들의 의도는 그 무엇보다도 농경, 기술, 산업에 적용할 수 있는 과학, 그러니까 실용적인 과학을 다루려는 것이었다.

하지만 파브르는 다른 청중도 기대했을지 모른다. "과학 이론을 응용할 수 있는지를 고민하지 않고, 무엇보다 자연을 지배하는 힘의 작용에서 시작해 사람들의 마음에 더 놀라운 지평을 열고자 하는" 이상만 사랑하는 청중을 말이다.

파브르를 괴롭히는 고귀한 양심의 가책은 파브르가 고결하고 가장 중요하다고 생각했던 임무를 받았을 때 도시 행정부에 보냈던 편지에서도 드러났다.

현실에 즉시 응용할 수 없는 순수과학적 측면이 이 수업에서 완전히 배제돼야 한다는 뜻인가요? 폐쇄된 원에 갇혀 모든 진리의 가치를 백분의 일로 쪼개서 계산하고, 오직 지식을 향한 감탄할 만한 욕망을 만족시키는 행위를 조용히 지나치라는 뜻인가요? 아니요, 그렇다면 이 강의는 매우 중요한 부분을 잃어버린 것입니다. 바로 '생명이 주는 정신'을 말이죠![26]

동시대 사람들의 증언에 따르면, 당시 파브르의 겉모습은 이미 20년 후에도 파브르를 대표하는 사진과 비슷했다고 한다. 검은색 펠트 모자를 쓰고 얼굴은 면도한 상태였으며 턱은 강하고 고집스러웠으며 눈은 무언가를 경계하면서도 깊었고 무언가를 꿰뚫어 보는 듯했다. 내가 나중에 파브르를 만나 더 나이 든 모습을 봤을 때도 파브르는 거의 변하지 않았다.

파브르의 강연이 열렸던 생마르시알의 오래된 수도원에는 파브르가 관장하던 르키앵박물관도 자리하고 있었다. 이곳에서 파브르는 존 스튜어트 밀John Stuart Mill을 만나기도 했다.

이 저명한 철학자이자 경제학자는 아내를 잃은 지 얼마 안 된 상태였다. 그리고 "밀의 인생에서 가장 소중한 우정"이 끝났다.[27] 밀은 아내와 결혼하기까지 오랫동안 기다려야 했다. 어릴 적부터 부드럽기는커녕 가혹할 정도로 엄격한 아버지 밑에서 자란 밀은 어린 시절부터 "어른이 되어서야 배우는 것"을 학습했다. 밀은 배내옷을 벗자마자 헤로도토스Herodotos와 플라톤Platon의 대화편을 해석했고, 음울한 청소년기 내내 도덕과 수학의 방대한 분야를 섭렵하며 시간을 보냈다. 항상 억눌려 있던 밀의 마음은 해리엇 테일러Harriet Taylor 부인을 만나기 전까지는 전혀 커지지 않았다.

테일러는 시와 문학에서만 존재하는 것처럼 보이는 특권을 가진 사람이었다. 특출난 재능이 있을 뿐 아니라 아름답기도 했다. 아주 탐구적인 지성과 설득력 있는 웅변과 절묘한 감수성이 매우 조화롭게 결합해 종종 사건을 예견하는 것처럼 보였다.

밀은 결혼을 몇 년 동안만 유지할 수 있었다. 동인도회사를 그만두고 남부 유럽의 매혹적인 분위기 속에서 학구적인 휴양을 즐기던 중 아비뇽에서 갑자기 아내가 심각한 병에 걸리며 세상을 떴다.

그때부터 철학자의 시야는 갑자기 좁아졌다. 밀의 유일한 매력이었던 사랑스러운 동반자이자 존경할 만한 천재가 사라진 바로 그 장소로 말이다. 슬픔에 휩싸인 밀은 아비뇽 교외의 인적이 아주 드문 곳 중 하나이며 사랑하는 사람이 영면에 든 묘지와 가까운 곳에 작은 시골집을 사들였다. 플라타너스와 뽕나무가 자라는 조용한 골목은 머틀의 섬세한 이파리로 그늘이 드리운 문턱으로 이어졌다. 산사나무, 사이프러스, 측백나무를 빽빽하게 심어 울타리를 만들고 그 위에 밀의 요구에 따라 2층 높이로 작은 테라스 전망대를 만들었는데, 밀은 매일 그 어느 시간대라도 여기서 아내의 하얀 무덤을 보며 슬픔을 달랠 수 있었다.

밀은 딸 말고는 동반자가 없는 "기억 속에 살면서" 스스로 세상과 단절했다. 그리고 일을 하며 스스로를 위안하고, 그의 놀라운 《자서전Autobiography》에서 그 이야기, 그러니까 자신의 삶을 들려줬다.[28]

파브르는 밀의 테바이드Thebaïd*를 몇 차례 방문했다. 밀처럼 고독한 사람은 자신과 비슷한 성질을 지닌 사람에게만 끌렸는데, 상대방에게서 타고난 친화력은 아니더라도 적어도 자신과 비슷한 취향과 자신만큼이나 방대한 학식을 발견했다. 밀은 인류의 모든 지식에 정통했다. 역사와 정치, 경제의 까다로운 문제를 깊이 파고들었을 뿐 아니라 수학, 물리학, 자연사 등 과학 전반을 속속들이 파악했다. 무엇보다도 식물학이 이들의 유대감을 형성하는 데 큰 역할을 했으며, 두 사람은 종종 시골로 식물학 원정을 떠나기도 했다.

이런 관계가 파브르에게 이익이 없다고 할 순 없었지만[29] 밀에게는 특히 더 소중했는데, 박물학자와 교류하면서 슬픔

* 프랑스어로 'thébaïde'는 은신처, 은둔처를 의미한다.

을 덜 수 있었기 때문이다. 두 사람의 대화 내용은 우리가 상상하는 것과는 매우 달랐다. 밀은 자연의 축복이나 들판이 들려주는 시를 민감하게 알아채지 못했다. 밀은 식물학에서 종을 분류하고 체계적으로 배열하는 것 외에는 거의 관심이 없었다. 밀은 항상 우울하고 차가우며 멀게만 느껴지고 말도 거의 없었지만, 파브르는 이런 겉모습 속의 온전히 진실한 성품, 헌신적인 능력, 보기 드문 선한 마음을 느꼈다.

그래서 두 사람은 들판을 가로지르며 각자 자신만의 생각을 지닌 채 나란하지만 전혀 다른 곳을 다니는 것처럼 독립적으로 길을 걸었다.

그러나 파브르의 역경은 끝나지 않았고, 은근한 적의가 그를 둘러싸기 시작했다. 생마르시알에서 진행된 무료 강연은 독실한 신자들을 불쾌하게 하고, 열정적인 신도들을 화나게 했으며, "환하게 들어오는 빛에도 눈꺼풀만 끔뻑이는" 현학자들의 편협함을 자극했고, 특히 이 순간에 가장 절실했을 동료 교사들의 공감이나 격려를 받지 못했다. 어떤 사람들을 심지어 파브르를 공개적으로 비난하기도 했다. 어느 날은 연단에서 고등사범학교 학생들의 분노를 자아내는, 위험한 동시에 반체제 인사라고 언급되기도 했다.

어떤 사람들은 이 "변칙적이고 고독한 연구자"가 그의 연구와 마법 같은 교육법으로 그렇게 독특하고 어울리지 않는 지위를 차지하는 것을 불쾌하게 생각했다. 또 어떤 사람들은 소녀들에게 과학을 가르친다는 신선한 행동을 이단이자 수치로 여겼다.

이들의 언쟁, 파벌, 비밀스러운 계책은 승리를 쟁취하기 위한 긴 마라톤의 과정이었다. 뒤리는 성직자들의 끊임없는 공격에 굴복하고 말았다. 파브르는 친구이자 보호자이자 유일한 지지자를 잃었다. 쓴맛을 느끼고 패배감에 빠진 파브르에게는 이제 모든 것을 던져버릴 사건, 구실, 아무 의미도 없는 일만 기다리고 있었다.

어느 화창한 날 아침, 파브르에게 적대적인 사람들은 독실하고 나이 든 독신의 집주인을 앙심을 드러낼 도구로 삼아 파브르에게 갑자기 퇴거 통보를 전달했다. 평소 단순하고 쉽게 믿는 파브르는 임대차 계약서나 최소한의 서면 계약서도 작성하지 않았으므로 그달이 끝나기 전에 집을 비워야 했다.

당시 파브르는 너무 가난해서 이사 비용을 충당할 돈도 없었다. 이 시기는 불안했다. 큰 전쟁이 시작됐고 파리가 포위당해 파브르는 당시 교재로 벌던 소소한 돈도 더는 얻을 수 없었다. 게다가 항상 모든 사회와 단절돼 살았던 파브르는 아비뇽에 자신을 도와줄 친척이 하나도 없었고, 신뢰를 얻거나 당황스러운 상황에서 탈출시켜주거나 위험한 상황에서 구해줄 사람도 찾지 못했다. 파브르는 밀을 떠올렸고,

그는 이런 어려운 상황에서 파브르를 구해줬다. 당시 이 철학자는 영국에 있었고, 하원의원 중 하나였으며, 런던에서 몇 주씩 머무르면서 아비뇽에서의 생활을 바꾸곤 했다. 하지만 밀의 답장을 받기까지 그리 오래 걸리지 않았다. 밀은 곧바로 도와주었다. 총 3,000프랑에 달하는 금액이 파브르의 손에 만나*처럼 떨어졌지만, 밀은 그 대가로 최소한의 안전장치도 요구하지 않았다.

그리고 혐오감에 사로잡힌 "규범에 맞지 않는 사람"은 멍에를 뿌리치고 오랑주로 은퇴했다. 처음에 파브르는 되도록 다른 사람들과 접촉하지 않으려고 피난처를 찾았다. 그리고 마침내 자신의 취향에 맞는 집을 발견했다. 파브르는 도시 외곽으로 이사해 들판 가장자리, 거대한 초원 한가운데에 쾌적하고 널찍하게 고립된 집에 정착했는데, 이 집은 크고 멋진 플라타너스가 심긴 카마레Camaret로 향하는 훌륭한 길과 연결돼 있었다. 이 은신처는 아비뇽 외곽에 있는 밀의 은신처를 떠오르게 했다. 그리고 고대 극장의 페디먼트**에서 세리냥 언덕까지 광활한 지평을 품은 파브르의 눈은 이미 약속의 땅을 구별할 수 있었다.

* 모세를 따라 이집트를 탈출한 이스라엘 백성이 굶주릴 때 하느님이 내려준 식물.

** 그리스 신전 건축에서 가장 눈에 띄는 부분으로, 삼각형 모양의 박공을 말한다.

5장

위대한 스승

때는 1871년이었다. 파브르는 아비뇽에서 20년을 살았다. 이 해는 파브르가 학교와 마지막으로 결별한 바로 그 순간으로, 그의 경력에 중요한 이정표가 됐다.

이 시기에 물질적 삶에 대한 걱정은 그 어느 때보다 절실했고, 파브르는 훌륭한 입문서들을 집필하는 데 전념해서 인내심을 발휘했다. 그는 어린아이들도 과학의 기초와 불변의 법칙을 잘 이해할 수 있도록 자신의 풍부한 지식을 그 책들에 쏟아부었다.

별 보람은 없었지만 가르치는 일에 소명 의식이 있으며 천재성까지 지녔던 파브르에게는 이 일이 즐거웠고, 그때부터 그는 온 마음을 다해 교육에 헌신하며 9년 동안 한 번도 손을 떼지 않았다.

그 무엇보다도 특이한 것 없는 자연사, 건조한 문장과 암기만 강조한 날것의 지식으로 가득 채워진 평범한 교과서는 얼마나 지루하고 가까이하기 어려운지! 이 과정에서 얼마나 많은 젊은이가 질렸는지!

파브르의 이 작은 책들은 아주 분명하고 명쾌하고 간단해서 진정으로 이해할 수 있는 첫 교재로, 평범한 교과서와 대비되어 "혐오감을 불러일으켜 이해할 수 없게 만드는 작품"으로부터 학생들을 구원해주었다.[I]

다른 사람을 과학이나 예술로 끌어들이려면 혼자서 이를 이해하는 것만으로는 부족하다. 심지어 예술가나 과학자가 되는 것으로도 부족하다. 뛰어난 과학자들은 때때로 교사로서는 매우 미숙하거나 서툰 입문자이기도 하다. 젊은이를 교육하는 기회는 가장 먼저 발견한 사람에게 주어지지 않는다. 자신의 이해와 학생의 이해를 구분하고 학생의 능력치를 측정할 수 있는 사람에게 주어진다. 이는 기억이나 학식보다 본능과 상식의 문제다. 그리고 한평생 그 누구의 문하생이 된 적이 없는 파브르는 자기 생각의 흐름을 누구보다 잘 기억했고, 어떤 흐름으로 비밀스럽고 힘든 사고의 과정을 거쳐 어떤 직관적인 방법으로 자신이 가는 길에 놓였던 모든 장애물을 하나씩 정복하고 천천히 지식을 얻으며 성공했는지를 떠올릴 수 있었다.

파브르의 능숙한 설명을 지켜보는 건 정말 멋진 경험이었다. 가장 중요한 것을 간단하게, 핵심적인 부분을 뽑아내고 조금씩 대상에 대한 감각을 깨워내고 독창적으로 비슷한 사례를 찾아 비교하고 생생하고 충격적인 그림을 그려냈다.

이는 불분명한 질문이나 까다로운 질문에 눈부신 빛을 비춰 줬다. 일반적으로 대상을 직접 보여줄 수 없고 이미지와 상징만 보여줄 수 있을 때 이런 문제에서 어떻게 비유적인 말을 생략할 수 있을까?

예를 들어 프리드리히 W. H. A. 폰 훔볼트Friedrich Wilhelm Heinrich Alexander von Humboldt의 열렬하고 종합적인 천재성에 전율하는 것 같은《하늘Le Ciel》[2]에서 파브르의 뒤를 따라 그가 모든 어려움을 극복하고 당신을 인도하는, 그러니까 밤의 차가운 공기 속 반짝이는 태양과 수백만 개의 별들이 만들어낸 무한대를 지나서 우리의 소박한《땅La Terre》[3]으로 다시 내려오는 광활한 항해에 감탄하자. 녹아내린 반암*과 화강암의 밀도 높은 파도가 몰아치는 불의 바다가 밀려오는 것을 시작으로 "용광로 불 속의 붉은 쇳덩이보다 더 뜨거웠던 독특한 부빙**과 빙산으로 천천히 굳어지면서" 그 뒤를 작은 돌기가 가득한 폭발하는 화산과 분화구가 채워지고 하소***된 지표는 처음으로 접혔다. 모든 곳에 한 치 앞도 가늠할 수 없을 정도로 짙게 깔린 안개가 천천히 걷히며 끝나지 않는 폭풍과 엄청난 폭우가 점점 더 많이 쏟아졌고, 이상한 전 세계의 바

* 일반적으로 산성을 띠는 화성암을 가리킨다.
** 표류하는 해빙.
*** 어떤 물질을 고온으로 가열해 휘발성 성분을 일부 또는 전체를 제거하는 조작.

다, 그 "혼란스러운 연기로 가려진 광물 슬러지"가 있던 곳에서 원시 토양이 등장하고 "결국 푸른 잔디"가 드러났다.

비록 "쾌락과 고통을 느낄 수 있는 작은 동물성 단백질이 무기물의 어마어마한 창조물 전체보다 흥미롭다"하더라도 파브르는 우리에게 물질 자체를 통해 생명의 장관을 보여주는 것을 잊지 않았다. 그러고는 공기의 놀라운 활동, 염소의 폭력성, 탄소의 탈바꿈, 인의 기적적인 결합, "물 한 방울의 탄생에 수반되는 찬란함"을 찬양하면서 단순한 원소에도 생기를 불어넣었다.[4]

사람들이 지식을 사랑하게 만들거나 지식을 쉽고 매력적으로 만들려면 먼저 그 자신이 지식을 진심으로 사랑해야 한다. 그리고 열정적인 선생인 파브르는 그 누구보다도 학생을 잘 이끌 수 있는 사람이었다. 그는 "산사나무와 가시자두 울타리 사이에서" 학생들에게 "흘러넘치는 과육, 그러니까 식물의 혈액인" 수액을 보여주거나 식물의 알 수 없는 성변화聖變化*로 나무와 "눈이라는 연약한 기저귀 더미"를 만드는 방법 또는 "썩은 분변에서 과일의 맛과 향을 추출"하는 방법을 보여주고, 다른 생명체를 갉아먹으며 기생충처럼 살아가는 식충식물을 떠올려 찾아주는 사람이었다. "강변에 있는 오리나무의 뿌리와 얽힌" 흰색 더부살이, "광합성 같

* 성찬에서 밀빵과 포도주가 예수의 몸과 피로 변하는 일.

은 생존에 관련된 전형적인 대사활동은 하지 않는" 새삼, 사악한 더부살이, 통통하고 강력하며 두껍고 못생긴 아린*으로 덮인 표피, "토끼풀의 숨통을 조여 게걸스럽게 먹어버리고 혈액까지 빨아먹는 죽음을 상징하는 칙칙한 색의 꽃 등말이다."[5]

이런 친절한 설명 덕에 식물학은 정말 흥미로운 학문이 됐고, 나는 비교 대상이 없는 시리즈인 보석 같은 《파브르 식물기la Plante》, 《나무의 역사l'Histoire de la Bûche》보다 더 매력적인 책을 찾지 못했다.

만약 여러분이 독학하고 싶다거나 자녀에게 과학에 대한 사랑을 심어주고 싶다거나 친절한 장 자크 루소Jean-Jacques Rousseau의 표현처럼 "가장 합리적인 가격"으로 이를 구매하고 싶다면 파브르의 방법을 사용해보자. 하늘과 땅, 행성과 위성, 위대한 자연의 힘이 작동하는 메커니즘과 이를 다루는 법칙, 생명체와 물질, 농경과 그 응용에 관한 모든 것을 다루기 시작하고 모두를 가르치거나 즐길 수 있도록 예리한 설명서를 유일한 안내서로 주어야 한다. 25년 넘게 이 과학의 교리 문답서들은 명석함과 상식의 본보기였으며, 여러 세대에 걸쳐 프랑스인 교육에 영향을 미쳤다. 모든 지식의

* 나무의 겨울눈을 싸고 있어 나중에 꽃이나 잎이 될 부분을 보호하는 단단한 비늘 조각.

요약본이자 시골에서 전해지는 지혜의 진정한 암호인 이 완벽한 기도서를 결코 넘어설 수 없었다.

항간에서는 뒤리가 이 작은 책들을 읽고 난 후 이 훌륭한 선생에게 황제의 대를 이를 후계자의 교육을 맡겨야겠다고 생각했다고 한다. 그리고 실제로 이것이 뒤리가 파브르를 특별히 파리로 불러들인 비밀스러운 이유였을 것이다. 뒤리에게 파브르는 상상했던 이상적인 과외교사였을 뿐 아니라 다른 사람들도 이를 정말 자랑스러워했을 것이다! 하지만 파브르는 독립적인 성향이 너무 강했다. 그런 파브르를 길들이는 것도, 파브르가 궁정의 환경을 견디는 것도 어려운 일이었다. 신도 파브르가 이런 광채를 위한 사람이 아니라는 건 알았다! 그렇기에 파브르가 그런 제안을 들어본 적이 없다는 데 놀랄 필요가 없다. 장관은 파브르와 잠시 이야기를 나누는 것만으로도 매우 구미가 당기는 제안과 모든 유혹의 힘으로도 수도 생활에 대한 파브르의 혐오감을 극복할 수 없으며, 자유를 향한 그의 타고난 열정적이고 배타적인 사랑을 이기지 못할 것임을 알았을 것이다.

파브르는 처음에 이 책들로 다소 형편없는 보수를 받았다. 모든 면에서 공교육이 완전히 자리 잡기 전까지 오랫동안 오랑주에서의 삶은 말 그대로 하루하루 연명하는 식이었다.

파브르는 상황이 조금 나아지자마자 밀에게 빌린 돈이 가장 마음에 걸렸고, 서둘러 그에게 연락했다. 비교적 큰 금액인 3,000프랑을 파브르의 신용 외에 다른 보증 없이 직접 빌려준 너그러움에 감사한 마음이 가득했다.

이런 이유로 이 이야기는 늘 파브르의 마음속에 자리했다. 30년 후 파브르는 그 사건의 아주 소소한 부분까지 이야기했다. 파브르는 몇 번이나 내게 해결되는 과정을 이야기하며 내가 이를 메모해야 한다고 주장했고, 그의 경력에서 이 사건이 완전히 잊히지 않도록 정말 걱정했다! 밀의 무한한 섬세함과 채무자의 양심 말고는 기록이 없는 부채 상황에 대해 상환 증서를 남기려고 했을 정도로 지나치게 양심적이었다는 점을 얼마나 자주 떠올렸는지!

그로부터 2년이 채 지나지 않아 밀은 아비뇽에서 갑작스럽게 세상을 떴다. 이 예상치 못한 죽음은 오랫동안 밀을 괴롭힌 비밀스러운 질병이 최고조에 다다른 결과였을 뿐이었다. 결국 그 큰 슬픔이 밀의 목숨을 앗아간 셈이었다.

파브르가 밀을 마지막으로 만난 건 오랑주 외곽에서 식물학 원정을 함께할 때였다. 밀은 자신이 급격하게 노쇠해진 데 큰 충격을 받았다. 밀은 거의 몸을 끌고 나가지 못했고, 표본을 채취하기 위해 몸을 굽혔다가 일어나는 걸 가장 힘들어했다. 그리고 밀과 파브르는 다시는 만나지 못했다.

그 후로 며칠이 지난 1873년 5월 8일, 파브르는 밀의 점심 식사에 초대받았다. 묘지 옆에 있는 작은 집으로 가기 전 늘 그랬듯이 파브르는 생쥐스트Saint-Just 서점에 들렀다. 바로 그곳에서 파브르는 조금은 멀게 느껴졌지만 양쪽 모두에게 독특하게도 고결하고 아름다운 애착이 있던 우정에 예상치 못한 종말을 가져온 비극적이고 갑작스러운 사건이 일어났다는 사실을 알게 됐다.*

파브르가 집필한 교재들은 이제 거의 수익을 내지 못했고, 교재를 준비하는 데 들인 엄청난 시간을 고려했을 때 이는 파브르에게 꽤 큰 문제였다. 그가 얼마나 세심하게, 어떤 열정과 자존심을 갖고 그 교재들을 완성했는지 상상하기 어렵다.

우선 파브르는 어린아이들의 흥미를 끌어 궁금증을 자극하고 과학을 맛볼 훌륭한 기회를 선사하기 위해서는 조잡하고 저렴할지라도 장난감보다 더 좋은 방법은 없다고 생각했다. 그러니까 "가장 작은 기계나 엔진을 어린이 산업에서 생각해낸 아주 단순한 형태로 만들어도 중요한 진리의 싹이 종종 숨어 있으며, 책보다 더 나은 놀이학교에서 찬찬히 교육받는다면 아이들에게 우주로 향할 수 있는 창을 열어줄 것이다."

호밀빵 껍질에 나뭇가지를 꽂아서 만든 소박한 팽이를 교과

* 존 스튜어트 밀은 1873년 5월 8일에 사망했다.

서 표지에 회전시키는 것만으로도 지구의 모습을 제대로 그릴 수 있다. 자전하는 동시에 커다란 원을 그리며 공전하는 지구의 원래 움직임을 그대로 보여주기에 적절하다. 원반에 종잇조각을 붙이면 다양한 색의 광선으로 나누어지는 백색광을 볼 수 있다.

꽂을대*와 삼을 잘라낸 조각을 이용해 만든 공기총을 예로 들어보자. 뒤쪽에 있는 압축된 공기의 탄성으로 가장 앞에 있는 것을 밀어낸다. 그 결과 우리는 화약의 탄도학과 엔진 속 증기의 압력을 들여다볼 수 있다.

인내심을 갖고 살구씨 양쪽에 구멍을 뚫어 빨대 두 개를 꽂아 하나는 물이 든 컵에 담그고, 다른 하나는 적절하게 막으면 "햇빛이 부서지는 가느다란 물줄기가 솟구치는" 작은 유압식 분수가 되어 우리에게 사이펀의 원리를 소개할 것이다.

이 "어린아이 같은 기발한 학교"에서 뽑아낸 균형 잡힌 교육이 "얼마나 재미있고 유용한지!"[6]

이 시기에 파브르는 자녀 교육도 맡고 있었다. 특히 파브르의 화학 수업은 큰 성공을 거두었다.[7] 파브르는 자신이

* 총포에 화약을 재거나 총열 안을 청소할 때 사용하는 쇠꼬챙이.

고안한 가장 단순한 장치로 기본적인 실험을 수행했다. 이 장치는 평범한 플라스크나 유리병, 오래된 겨자 그릇, 손잡이 없는 유리잔, 깃펜이나 담뱃대의 관 등 흔히 사용하는 물건들로 만들어졌다.

계속해서 이어지는 놀라운 현상이 아이들의 눈을 뜨게 했다. 파브르는 아이들에게 보고, 만지고, 맛보고, 직접 다뤄보고, 냄새를 맡아보게 했고, 늘 "손이 입을 도왔고", "수칙에 동반되는 예시"를 보여주었다. "보는 것이 아는 것이다."라는 도외시되고 오해받아온 심오한 격언을 파브르보다 더 가치 있게 여긴 사람은 없었다.

파브르는 아이들의 호기심을 끌어내고 질문을 유발하고 실수를 발견하고 생각을 정리하기 위해 고군분투했다. 아이들이 스스로 오류를 바로잡도록 훈련했고, 이 모든 과정에서 책을 쓸 만한 훌륭한 자료를 얻었다.

특히 소녀들을 가르치는 게 목표일 때는 자신의 딸 앙토니아Antonia에게 조언을 구했다. 파브르는 딸이 겪었던 모든 문제를 이야기해달라고 부탁했다. 예를 들어 빨래부터 스튜를 만드는 것까지 모든 것이 "가정경제와 관련해 여러 사실을 조명해야 하는 정확한 과학이 빛을 비추는"[8] 집 안의 화학이라 했다.

학교생활의 걱정에서는 해방됐지만 여전히 자신이 추구하는 일에 몰두할 여유가 거의 없다는 사실에 파브르는 절망했다.

무엇보다 이 시기에 파브르는 정말 "외롭고 버려진 것 같았으며 불운으로 고군분투하고 있었다. 사색하기 위해서는 일단 먼저 살아야 했다."[9]

파브르의 끊임없는 노동은 쓰라린 실망으로 더욱 심해졌다. 밀이 사망한 해에 파브르는 아비뇽을 떠났지만, 르키앵박물관 관리자라는 임무를 수행하기 위해 일주일에 두 번 주기적으로 그 먼 곳까지 방문했다. 그런데 어둠 속에서 일하던 지방자치단체는 그 어떤 설명도 없이 갑자기 파브르를 해고했다. 파브르의 말에 따르면 이런 해고는 정말 씁쓸했다고 한다. "청소부라도 이보다는 나은 예우를 받았을 것"이다.[10] 파브르를 가장 괴롭힌 것은 부당 해고로 인한 모욕이 아니었다. 그보다는 파브르의 친구이자 선임자였던 르키앵과 밀, 자신이 함께한 "애정이 가득 담긴" 귀중한 식물 표본집을 포기하게 된 것에 대한 말로 표현할 수 없을 만큼 커다란 후회였다. 그리고 앞으로 이 소중하지만 상하기 쉬운 표본들을 망각 속에서 되살릴 방법이 없을 것이며, 거의 30년 동안 매달렸던 보클뤼즈의 식물지질학을 끝맺지 못할 것이라는 생각이 들었다!

이런 이유로 아비뇽에 농업 연구소를 설립하고 파브르를 소장으로 임명하자는 이야기가 나왔을 때 파브르는 처음에 열렬한 찬성 의견을 보냈다.[11] 이미 파브르는 고정적인 직위에서 오는 평화와 여유와 신용 속에서 매우 실용적인 가치를 지닌 매력적인 실험을 예견하고 있었다. 파브르가 광범위한 분야에서 활동했던 점을 떠올리면 수많은 가치 있는 진실, 수익성 높은 실질적인 결과를 보여줬을지도 모른다. 파브르는 정말 이런 업무를 위해 타고난 사람이었고, 개인적인 만족감으로 이런 일을 수행했을 것이다. 파브르는 이미 시골 아이들이 농경에 대한 취향을 개발할 수 있게 자신의 기발한 재주를 한껏 보여준 적이 있었다. 파브르는 이 부분이 초등학교 교육과정을 완벽히 보완한다고 생각했고, 이는 자신이 스스로 터득하고 관찰하고 가르치고 대중화한 모든 과학에 기반을 두고 있었다.

파브르가 12년 동안 얼마나 인내심을 갖고 온 힘을 다해 서양꼭두서니를 연구했는지 기억할 필요가 있다. 연구를 거듭해 착색 원리를 추출하는 것뿐만 아니라 불량품과 가짜를 탐지할 방법을 보여주는 데도 자신의 방법을 적용했다는 점을 말이다.

파브르는 곤충학과 농경의 관계를 다룬 매우 중요한 연구서를 출판했다. 이 작은 세계의 중요성에 깊은 인상을 받은 파브르는 중요한 해결책과 보존 방법을 제안했다. 효과적으로 곤충의 개체수를 조절하려면 주먹구구식 경험에 의존할 게 아니라 곤충의 사회와 생활습성에 관해 이전에 이루어진 연구를 바탕으로 삼아야 한다는 점에서 훨씬 더 논리적이었다.

파브르가 인내심을 갖고 관찰했던 건 모든 것을 파괴할 것 같은 바구미와 밤에 소리 하나 내지 않고 날아다니는 솜털로 뒤덮인 날개를 지닌 놀라운 나방이었다. 종종 이들이 끼친 손해는 수백만 프랑의 가치를 지니기도 했다! 파브르가 꽃봉오리와 꽃, 눈과 풍성한 포도 수확기를 약속하는 열매에 치명적인 결함을 만드는 기생곰팡이를 기르기 위해 이들이 선호하는 조건을 얼마나 꼼꼼하게 기록했는지!

하지만 파브르는 곧 불안해졌다. 이게 자신의 자유를 희생할 만한 가치가 있는 것이었을까? "허세 가득한 누군가의 짜증을 수천 번이나 듣게 되진 않을까?" 상황이 이렇다 보니 스스로를 "규율화"하려는 생각은 다시 "공포에 질리게" 했다.[12]

하지만 계획하고 갈고닦는 데만 거의 25년을 쏟은 작업물의 첫 단계가 서서히 모습을 드러내기 시작했다. 1878년 말, 파브르는《파브르 곤충기》1권을 위한 자료가 되기에 충분한 양의 연구를 모을 수 있었다.

잠시 파브르의 경력 측면에서뿐만 아니라 보편적인 과학의 연대기에서도 대단히 역사적인 날이 된 이 첫 책에 대해 생각해보자. 이 책은 우리 앞에 펼쳐지고 성장하는 것을 지켜봐야 할 놀라운 체계의 기초이자 주춧돌이었지만, 실제로는 미래에 본질적인 그 어떤 것도 더하지 못할 것이다. 본능과 진화에 관한 가장 중요한 개념, 동물심리학에서 실험의 필요성, 개체 보존에 관한 조화로운 법칙은 이미 여기에서 최종적이고 분명한 형태로 자세히 설명돼 있다. 이 풍요롭고 중요한 해를 보내며 파브르에게는 큰 슬픔이 찾아왔다. 파브르는 자신의 자녀 중 가장 사랑했던 아들인 쥘Jules을 잃었다.

아들은 "모든 빛과 모든 불꽃"을 지닌 장래가 촉망되는 청년이자 진지한 성품과 성숙한 지성을 지닌 매우 비범한 존재였다. 그는 과학과 문학 모두에서 뛰어난 보기 드문 재능을 지닌 존재였다. 어떤 식물이든 눈을 감고 손으로 만지기만 해도 무슨 식물인지 맞힐 만큼 예민한 감각을 소유했다. 파브르의 연구에 매력적인 동반자였던 쥘은 열다섯 살을 넘기지 못하고 생을 마감했다. 파브르의 마음에 남은 끔찍한 공허함은 절대 채워지지 않았다. 30년이 지난 후에도 이 소중한 기억이 떠오르게 하는 아들에 관한 이야기를 최소한으로 아무리 요령 있게 하더라도 파브르는 여전히 괴로워했고 온몸을 떨며 흐느꼈다.

늘 그랬듯이 파브르에게 일은 피난처이자 위안이었다. 하지만 이 끔찍한 타격은 그때까지 혈기 왕성했던 파브르의 건강을 산산조각 냈다. 이 끔찍한 겨울의 한가운데서 파브르는 심각한 병에 걸렸다. 폐렴으로 거의 목숨을 잃을 뻔했고 모든 사람이 그가 죽은 목숨이라고 생각했다. 그러나 파브르는 상태가 좋아졌고, 마치 다시 태어난 것처럼 회복되었다. 그리고 새로운 힘을 얻어 자신의 연구를 다음 단계로 이끌었다.

하지만 아무리 확고한 결심도 예기치 못한 상황 앞에서 얼마나 무력한지! 매일같이 벌어지는 저속한 사건은 파브르가 학교와 공개적으로 결별하고 아비뇽을 떠나기로 결심하기에 충분했다. 파브르가 오랑주를 떠난 비밀스러운 원인은 그리 확실하지 않다. 파브르의 새로운 집주인은 어느 날 욕심 때문인지 어리석음 때문인지 봄에는 새들이 지저귀고 여름에는 매미가 합창하며 일렬로 늘어서서 집 앞의 길에 그림자를 드리우는 플라타너스 두 그루를 베겠다는 무시무시한 결심을 했다. 파브르는 이 학살, 야만적인 훼손, 자연에 대한 범죄를 견딜 수 없었다. 평화와 고요함에 굶주렸던 파브르는 이제 안락하기만 한 거주지로는 만족할 수 없었다. 어떻게 해서든 자기 소유의 집을 마련해야 했다.

파브르는 구원을 위한 소박한 몸값만 받고는 더 기다리지 않고 영원히 도시를 떠났다. 파브르는 세리냥이라는 아주 작은 마을의 평화로운 어둠으로 은퇴했고, 그 이후 이 조용한 땅의 한구석에 모든 마음과 영혼을 다 바쳤다.

6장

은신처

요한 괴테는 어딘가에 이런 글을 남겼다. 시인과 그의 작품을 이해하려는 사람이라면 시인의 나라를 방문해야 한다.

그러니 자연의 수수께끼에 매료된 사람은 모두 수많은 숭배자를 마이얀Maillane에 있는 프레데리크 미스트랄의 집으로 이끌었던 그 경건함과 같은 마음으로 순례의 여정을 떠나보자.

오랑주에서 시작해 아이그Aygues강을 지나 현재 우리는 세리냥에 도착했다. 아이그강은 물살이 빠른 탓에 흙탕물이 론강으로 사라지지만, 7월과 8월의 태양 아래서는 강바닥이 말라 조약돌만 남는다. 이렇게 강바닥이 드러나면 뿔가위벌이 돌 부스러기로 작은 탑을 쌓는다. 세리냥은 매우 건조하고 암석이 많은 지역으로, 포도나무와 올리브나무를 재배한다. 녹슨 붉은색의 땅은 여기저기가 거의 핏빛으로 물들었다. 그리고 가끔가다 있는 사이프러스 숲이 음울한 얼룩을 만들었다. 북쪽으로는 회양목과 털가시나무가 가득한 검은색 언덕이 이어졌고, 남쪽으로는 키가 큰 헤더가 줄지어 있었다. 저 멀리 동쪽으로는 생아망Saint-Amant의 벽과 당텔Dentelle의 능선이 거대한 평원을 감쌌고, 그 뒤에는 암석이 가득한 높은 방투산이 구름 사이에 우뚝 솟아 있었다.

미스트랄*의 강력한 바람이 휩쓸고 지나가 먼지가 날리는 길을 몇 킬로미터 간 끝에 우리는 작은 마을 하나를 맞닥뜨렸다. 중앙에 플라타너스가 두 줄로 수놓인 도로가 있고, 독특한 분수와 이탈리아 같은 분위기가 가득한 호기심을 자극하는 작은 마을이다. 집은 석회를 칠했고 지붕은 평평했으며 몇몇 작고 낡은 집 옆에서 우리는 예상치 못한 곡선 형태의 로지아loggia**를 발견할 수 있었다. 멀리서 보면 교회의 파사드는 작고 고풍스러운 사원의 조화로운 선을 지녔다. 가까운 곳에 우아한 종탑이 있고 철로 만든 좁은 연귀***를 위에 얹은 오래된 팔각탑 가운데에는 검은색 종이 달렸다.

이 마을에 처음 도착한 순간을 잊지 못할 것이다. 나는 이곳에 8월 한 달 동안 머물렀는데, 온 마을에 매미의 노랫소리가 울려 퍼지고 있었다. 그 마을로 나를 데려가 줄 것을 기대하며 오랑주의 마차 임대업자에게 문의했다. 하지만 그

* 주로 겨울에 남프랑스에서 지중해 쪽으로 부는 차고 건조한 바람.
** 한쪽 벽이 없이 트인 방이나 홀.
*** 두 자재를 맞추기 위해 귀를 45도 각도로 비스듬히 잘라 맞춘 곳.

사람은 세리냥으로 누군가를 데려다준 적이 없었으며, 파브르라는 이름조차 들어본 적이 없었고, 파브르의 집이 어딘지도 몰랐다. 그래도 마침내 우리는 파브르의 집을 찾아냈다. 장이 자주 열리는 작은 마을에 들어서자 외딴곳, 그러니까 소나무와 사이프러스보다도 높이 우뚝 솟은 벽으로 둘러싸인 곳의 중심에 파브르의 집이 숨어 있었다. 집에서는 아무런 소리도 나지 않았으며, 충실한 탐Tom이 짖어대는 소리가 아니었다면 나는 경첩이 아주 천천히 열리던 커다란 문을 두드릴 엄두도 내지 못했을 것이다.

어두운 나뭇잎으로 반쯤 가려졌던 녹색 덧문이 달린 분홍색 집은 "봄이면 향기로운 티르소스Thyrsus*의 무게에 따라 흩날리는" 라일락이 늘어선 길 끝에 있었다. 집 앞에는 그늘을 드리우는 플라타너스나무가 있었으며, 8월의 햇볕이 가장 세게 내리쬐는 시간 동안 나뭇잎 위에 숨어 귀청이 떨어질 듯이 우는 서양물푸레나무의 매미는 열렬한 울음소리로 뜨거운 대기를 채웠다. 엄청난 고요함을 방해하는 건 이 매미 소리뿐이었다.

우리 앞에는 기댈 수 있을 만한 높이의 작은 벽 너머에 고립된 잔디밭, 나뭇가지가 서로 얽힌 거대한 나무가 드리우는 그림자 아래 고요한 표면을 드러내는 동그란 물그릇이

* 디오니소스가 들고 다니는 지팡이.

있었고, 그 위를 소금쟁이가 커다란 원을 그리며 움직였다. 그 순간 정말 독특하고 예상치 못한 정원이 우리 앞에 펼쳐졌다. 사방에서 자갈밭을 뚫고 나온 거친 초목으로 가득한 야생의 공원으로, 관목과 교목이 한데 얽혀 이웃의 곤충까지 끌어들이는 데 특화된 혼돈의 장소였다.

가막살나무 덤불과 빽빽하게 자란 라벤더는 주변 공기를 자신의 향으로 덮을 만큼 향기롭고 노란 날개가 달린 꽃으로 나비의 비행을 방해하는 커다란 코로닐라 덤불과 번갈아 길을 잠식했다.

마치 근처에 있던 산이 어느 날 갑자기 떠나면서 엉겅퀴, 흰말채나무, 금작화, 골풀, 향나무, 금사슬나무, 유포르비아를 남긴 것 같았다. 친숙한 모습을 한 빨간 열매가 달린 "딸기나무"와 키 큰 소나무와 거대한 "피그미 숲pigmy forest"* 도 있었다. 검은 열매가 무르익은 광나무는 부드러운 녹색 잎을 지닌 오동나무, 산사나무와 한데 얽혀 있었다. 머위는 제비꽃과 어우러졌고 샐비어와 타임은 로즈메리와 발삼을 분비하는 식물과 한데 어우러져 향을 자아냈다. 가시가 곤두선 다육질의 이파리를 지닌 선인장 사이에서 일일초가 드문드문 꽃을 피웠고, 한쪽 구석에서는 천남성이 풍요의 뿔

* 키가 작은 나무들이 군집해 있는 숲으로, 설치류나 도마뱀의 주요 서식지다.

을 들어 올렸다. 썩은 것을 좋아하는 곤충들이 여기서 뿜어내는 끔찍한 향에 속아 이 안에 빠졌다.

그 무엇보다 신록이 쏟아지는 모습을 볼 수 있는 때는 봄이다. 감춰뒀던 축제 복장을 꺼내고 5월의 꽃으로 장식하고 곤충의 윙윙거리는 소리가 가득한 따뜻한 공기는 취하게 만드는 수천 가지의 향기로 가득해진다. 봄이면 '아르마스'를 가봐야 한다. 파브르를 전 세계적으로 유명해지게 한 야외 전망대인 "살아 있는 곤충 실험실"을 말이다.[1]

나는 반쯤 닫힌 넓은 덧문과 날염 커튼 사이로 절반 정도 빛이 들어오는 식사 공간에 들어섰다. 골풀로 짠 의자, 일곱 명이 매일 앉아서 밥을 먹을 수 있을 정도로 커다란 식탁, 허름한 가구 몇 개, 단순한 책장이 전부였다. 벽난로 위에는 파브르가 아비뇽을 떠날 때 받았던 유일한 선물이자 귀중한 기념품인 검은색 대리석 시계가 있었다. 예전에 생마르시알에서 무료로 강의를 들었던 여학생들이 선물해준 것이었다.

매일 오후, 작은 소파에 반쯤 누운 박물학자는 짧은 낮잠을 자는 습관이 있었다. 이 짧은 휴식은 잠을 자지 않더라도 몇 시간 동안의 노동으로 지친 에너지를 회복하기에 충분했다. 짧은 낮잠 후 파브르는 다시 한번 정신을 차리고 남은 하루를 준비했다.

파브르는 이미 맨발에 머리에는 아무것도 쓰지 않았고,

양복 조끼를 입고 반쯤 풀어헤친 셔츠의 부드럽게 접어둔 깃 아래로 실크 넥타이를 대충 묶어두고, 그늘이 드리운 방에서 환영하는 마음을 가득 담은 몸짓을 하고 있었다.

흠잡을 데 없는 훈장과 감탄할 만한 흉상을 지닌 프랑수아 시카르François Sicard는 고단한 세월 동안 단단해진 수염 없는 얼굴을 후세에 남기는 데 성공했다. 그것은 프로방스의 넓은 펠트 모자 아래 독창성이 각인된 농부의 얼굴이며, 세상에 에너지를 불어넣는 다정함과 자비심으로 충만한 얼굴이었다. 시카르는 이 기묘한 흉상을 영원히 보존했다. 흉상에는 깊은 고랑이 팬 얇은 뺨, 부자연스러운 코, 목에 늘어진 주름, 말로 다 표현할 수 없는 쓴맛이 밴 입꼬리의 얇고 쪼글쪼글한 입이 있었다. 뒤로 넘긴 머리칼은 얇은 곱슬머리 한 가닥이 귀 앞으로 흘러내리고, 톡 튀어나온 둥근 이마가 드러나 고집스럽고 생각이 많은 모습을 보였다.

하지만 어떤 끌이, 어떤 조각가가 가끔 발생하는 눈꺼풀의 경련성 떨림으로 가려지는 놀라울 정도로 기민한 모습을 재현할 수 있을까! 어떤 홀바인Hans Holbein, 샤르댕Jean-Baptiste-Siméon Chardin이* 그 검은 눈동자의 비범한 광채, 확장된 동공을 만들어낼 수 있을까? 그러니까 만물의 신비를 꿰뚫어

* 16세기 독일 르네상스를 대표하는 화가 한스 홀바인과 정물화로 유명한 18세기 프랑스의 독창적인 화가 장 밥티스트 시메옹 샤르댕.

보는 것처럼 유난히 깊고 넓은 예언자나 선지자 같은 눈을 말이다. 안와에 있는 두 개의 짧고 곤두선 눈썹은 시야를 안내하는 것처럼 보인다. 한쪽은 돋보기로 들여다보며 집중하느라 주름을 만드는 듯했고, 다른 한쪽은 항상 치켜져 있어서 상대방에게 반박하거나 상대의 반박을 예견하거나 날카롭게 반격할 준비를 하는 것처럼 보였다. 이런 놀라운 생김새는 한 번 본 사람이라면 잊을 수 없다.

파브르 스스로가 명명했듯이 "은둔자의 도피처"에서 현자는 자발적으로 고립됐다. 과학의 진정한 성인인 파브르는 과일과 채소와 약간의 와인에만 의지하는 금욕적인 삶을 살았다. 은퇴한 삶을 사랑했던 파브르는 마을에서도 오랫동안 거의 알려지지 않았는데, 근처에 있는 산에 갈 때조차 빠른 길을 택하기보다는 사람들을 피해 다녔기 때문이다. 산에 도착해서는 온종일 혼자 자연에서 시간을 보내곤 했다.

세상의 헛된 불안함과 폭풍우가 몰아치는 도시의 분위기에서 멀리 떨어진 조용한 테바이드에서 파브르의 삶은 변함없이 흘러갔다. 그리고 여기서 파브르는 결연한 작업과 놀라운 인내심으로 거의 50년 동안 꾸준히 쌓아온 자신의 독보적인 관찰을 밀고 나갈 수 있었다.

지금까지 파브르가 성취한 연구를 완수하기 위해 얼마나 많은 시간과 노력이 필요했는지를 기억해야 한다. 파브르가 겪었듯이 언제든 방해받을 수 있음을 받아들이고, 기력을 빨아먹는 노동이나 즐겁지 않고 기계적인 직업의 의무를 수행하기 위해 정말 흥미로운 순간의 관찰을 미뤄야 했다. 파브르의 첫 연구가 이미 25년 전의 일이며, 우리가 세리냥에서 파브르의 고독을 관찰하고 있었을 때 파브르는 자신의 첫 책을 위해 고통스럽게 자료를 수집하는 중이었다는 사실을 기억하자. 이후 30년 동안 이룬 결실과 얼마나 대조적인 모습일까! 이제 풍부한 자료가 넘쳐나서 거의 열 권의 책이 일정한 간격으로, 그러니까 3년마다 한 권씩 차례로 뒤를 이을 것이다.

분명 파브르는 지구상 어디에 있었더라도, 어떤 삶의 영역에 놓였더라도, 어떤 연구 주제를 선택했더라도, 연구의 결실을 위해 자료를 수집하고 자신이 발견한 것을 사람들에게 알려줬을 것이다. 자기가 기르던 카나리아의 먹이를 마련하기 위해 별꽃을 길렀던 장 자크 루소처럼, 창문 한쪽 구석에서 우연히 싹을 틔운 딸기의 세계를 발견한 베르나르댕 드 생피에르Bernardin de Saint-Pierre처럼 말이다.[2] 하지만 파브르가 그 때까지 결실을 거둘 수 있는 분야는 거의 없었다. 훗날 파브르가 나나니벌의 놀라운 역사를 서술할 수 있었던 것은 이 흥미로운 곤충이 파브르의 방에 둥지를 만들어 함께 지냈기 때문이다. 파브르는 우연히 발견한 자그마한 정보에도 열렬히 매달렸고, 자기 집 근처의 작은 마당에서 쉽게 발견할 수 있는 특정한 지렁이의 인광을 관찰한 내용을 연구서에 담았는데, 다른 곳에서는 거의 찾을 수 없다고 증언했다.[3] 그러므로 파브르가 원하는 대로 대학교수가 되지 못했던 것이 그에게는 불행이었을지라도 적어도 파브르의 천재성을 위해서는 다행이었다. 대학에서라면 파브르도 자신의 성과에 알맞은 무대를 찾았을 것이고, 그 무대에서 비교할 데 없는 교육적 재능을 보여주었을 것이다. 어쩌면 모래톱의 물에 갇히게 됐을지도 모른다. 도시의 공식적인 분위기에서 파브르의 놀라운 관찰력은 거의 쓸모가 없었을 것이다.

파브르가 자신의 재능을 마음껏 발휘할 수 있었던 것은 온전히 스스로에게 속했기 때문이다. 파브르 같은 학자, 탐구자, 야외 관찰자에게 자유와 여가 생활은 필수적인 것 이상의 의미였으므로 그것들이 없다면 자신의 과업을 절대 완수할 수 없었을 것이다. 얼마나 많은 사람이 충분한 여가 생활을 누리지 못해서 삶을 헛되이 보내고 그토록 많은 정신이 홀연히 사라졌는지! 토양에 뿌리 내린 학자, 한시가 급한 치료에 녹아든 의사가 얼마나 많은지! 어쩌면 하고 싶은 말이 있었을 이들은 계획을 세우고 늘 사라지는 기적적인 내일로 원하는 바를 미루는 것만 성공했을지도 모른다!

하지만 우리는 환상에 빠지지 말아야 한다. 얼마나 많은 사람이 파브르를 따라하려는 유혹에 휩싸였을까! 알려지지 않은 재능이 깨어나거나 발전하기를 바랐지만, 아무것도 만들어내지 못하고, 극복할 수 없고 척박한 권태 속에서 스스로 사로잡히기만 할 뿐이라는 걸 발견할지도 모른다. 홀로 새로운 길을 발견하고 고립돼 살아가려면 자신의 본성이 풍요롭고 의지와 능력이 충분해야 한다. 사람들 대부분이 시골의 고요함보다 도시의 소란스러움과 웅성거림을 선호하는 데는 이유가 있다.

예를 들어 대도시의 분위기는 일하는 데 매우 도움이 된다. 거장이 비추는 빛 안에, 그러니까 닿을 수 있는 거리에 실험실과 커다란 도서관이 있는 지역에 쭉 살면 길을 잃을 확률이 줄어든다. 우리는 다른 사람들과 접촉하면서 자극을 받고, 다른 사람들의 조언과 경험을 통해 이윤을 얻으며, 아이디어가 고갈되었을 때 쉽게 빌릴 수 있다. 그 과정에서 자존심과 경쟁의식이 발전하고 다른 사람들과 구별되고 빛이 나며 관심을 끌고 흥미롭고 질투의 대상과 결정권자가 되고자 하는 열망이라는 자극제가 생겨난다. 이런 자극제가 없다면 많은 사람은 그저 존재하기만 했을 뿐, 결코 지금의 모습이 될 수 없었을 것이다.

다른 한편으로 사람들은 방사능물질처럼 자신만의 독특한 매력과 진정한 재능이 필요하다. 게다가 아주 예외적인 환경이 도움이 되기도 한다. 명예가 다가와 잘 알려지지 않은 세리냥이나 유명하지 않은 마이얀의 외딴곳과 손을 잡는 데 동의한다면 말이다. 파브르의 사례에서 봤듯이 오랜 인생의 마지막에야 이런 순간이 찾아오기도 한다.

파브르는 본성에 내재한 일종의 치명적인 운명 때문에 루소의 표현에 따르면 "스스로를 제한하는 것"을 좋아했다고 한다. 그리고 다른 것보다 파브르는 완전히 혼자 있는 것이 유익하다고 생각했다. 늘 그래왔듯이 파브르는 스물세 살에 동생에게 쓴 편지에서도 시골을 좋아하는 자신의 성향에 대해 말하곤 했다.

> 열정적인 식물학자에게 여기는 정말 마음에 드는 곳이야. 한 달, 두 달, 석 달, 심지어 1년도 혼자서 지낼 수 있을 것 같아. 참나무에서 수다를 떠는 까마귀와 어치 말고는 그 어떤 동반자도 없이 말이야. 잠시도 심심할 틈이 없어. 이끼 사이에 주황색, 장밋빛, 하얀색의 아름다운 균류가 넘쳐나고 정원에는 꽃이 가득해.[4]

파브르의 노력은 결국 결실을 맺어 삶의 주인이 된 기쁨을 누릴 수 있었다. 그는 얼마 안 되는 돈으로 다 허물어지는 집과 황량한 정원을 사들였다. "그 누구도 순무 씨앗 한 줌조차 털어놓지 않은 저주받은" 구주개밀, 엉겅퀴, 나무딸기로 뒤덮인 척박한 땅이었다. 집 앞에 있던 조그마한 연못은 근방의 모든 두꺼비를 끌어모았다. 플라타너스 꼭대기에서 우는 올빼미를 비롯해 사람의 존재를 더는 신경 쓰지 않는 다양한 새들은 라일락과 사이프러스에 둥지를 틀었다. 오랫동안 버려졌던 그 집에는 수많은 곤충이 서식하고 있었다.

파브르는 집을 사람이 살 수 있는 곳으로 복구했고, 혼돈의 규모를 어느 정도 줄이고 질서를 잡았다. 경작된 적 없고 자갈이 가득한 초원에 파브르는 수천 종의 식물을 심고 자기 모습을 잘 감추기 위해 벽을 세워 스스로를 가뒀다.

파브르는 왜 세리냥의 이 마을에 끌린 걸까? 다른 곳에 피난처를 구할 수 있는지 물어보지도 가보지도 않았지만 카르팡트라 공동묘지가 그를 유혹했기 때문일 것이다. 특히 파브르를 유혹하고 관심을 끈 부분은 코르시카의 관목지대를 떠오르게 하는 지중해 식물 군상이 펼쳐진 산이 근방에 있다는 점이었다. 아름다운 균류와 다양한 곤충이 가득한 곳, 그러니까 타는 듯한 태양 아래의 납작한 돌멩이 밑은 지네가 굴을 파고 전갈이 잠을 자며 특별한 곤충상(흥미로운 소똥구리, 풍뎅이, 뿔소똥구리, 미노타우로스딱정벌레 등)이 풍부했다. 하지만 여기서 조금만 북쪽으로 이동해도 개체수가 급격히 줄어들다가 완전히 찾아볼 수 없었다.

마침내 파브르는 항구에 도착했고 자신만의 “에덴”을 찾았다.

파브르는 “40년간의 필사적인 투쟁 끝에” 자신의 욕망 중 가장 소중하고 열정적이며 오랫동안 간직한 것이 무엇인지 깨달았다. 파브르는 한가롭게 “푸른 하늘 아래에서 매미의 음악 소리에 맞춰 매일, 모든 시간마다” 사랑하는 곤충을 관찰할 수 있었다. 파브르는 그저 눈을 떠 바라보고 귀를 기울여 듣고 마음의 여유라는 큰 축복을 누리기만 하면 됐다.

교사의 프록코트를 벗고 소작농의 웃옷을 입었으며, 신사의 모자에 바질 한 뿌리를 심고, 결국에는 이를 산산조각 내며 파브르는 자신의 과거를 단호하게 거부했다.

마침내 자유로워진 파브르는 자신을 짜증스럽게 하거나 방해하는 것 또는 의존적으로 만드는 것들로부터 거리를 두고, 얼마 안 되는 벌이에 만족하며, 자신이 쓴 소박한 책들의 계속되는 인기에 안심하고, 자기 몸과 마음을 온전히 소유하게 되었으며, 자신이 좋아하는 주제에 스스로를 아낌없이 헌신할 수 있게 됐다.

그래서 파브르는 자연과 자신 앞에 놓인 무궁무진한 책과 함께 완전히 새로운 삶을 시작했다.

하지만 인간 본성의 근간이 되는 친밀한 감정이 지지와 위안을 주지 않았다면 이런 삶이 가능했을까? 사람들은 이런 감정을 거의 통제하지 못하며, 합리적이든 그렇지 않든 자주 회자되며 모든 인간에게 중요한 문제가 된다.

파브르는 새로운 슬픔을 겪은 후에 이 섬세한 문제를 해결해야 했다. 파브르가 아내를 잃었을 때는 이 깊은 평화가 선사하는 혜택을 누리기 시작한 지 얼마 안 된 무렵이었다. 당시 파브르의 자녀들은 이미 다 컸고, 몇몇은 결혼했고, 몇몇은 독립할 준비가 돼 있었다. 그리고 파브르 근처로 이

사 온 나이 든 아버지를 오래 부양할 수 있을 것 같지 않았다. 파브르의 아버지는 노년인데도 세리냥의 모든 길을 따라 비가 오나 눈이 오나 노쇠한 사지를 끌고 돌아다니곤 했다.[5] 게다가 아들은 아버지에게서 실제로 삶을 살아가는 데 방해되는 깊은 부적응을 물려받았기에 자신의 자산과 집안 경제를 관리할 능력이 없었다. 그래서 아내와 사별한 지 2년이 흘러 이미 환갑을 넘겼지만 신체는 꽤 젊었던 파브르는 재혼했다. 파브르는 자신의 마음을 사로잡은 것에만 복종하고 언제나 정확히 본능의 직관만 따르며 다른 의견에 상관하지 않았기에 자신을 반대하는 것이 그들의 의무라고 생각하는 사람들을 무시하고 보아스Boaz와 룻Ruth이 결혼한 것처럼* 젊고 부지런하며 생기 넘치는 여성과 결혼했다. 이 여성은 이미 파브르를 돌보는 데 완전히 헌신적이었고, 그 무엇보다 필수적인 질서와 평화, 고요함과 도덕적 평온을 향한 파브르의 갈망을 충족시키는 데 매우 적합했다.

게다가 파브르의 새로운 동반자는 모든 면에서 자신의 임무에 충실했고, 곧 알게 되겠지만 파브르가 오랫동안 미뤄왔던 연구를 진행할 수 있었던 것은 아내 덕이었다.

아들과 두 딸이 연이어 태어났고, 첫 번째 부인에게서

* 《구약성경》의 〈룻기〉에 등장하는 부부로, 보아스와 룻은 약 20년의 나이 차이가 있다.

태어난 딸이 아직 결혼하지 않은 터라 가족의 수가 늘어나게 됐다. 어린아이 같은 관심을 가졌고, "홍미로움으로 볼이 발그레해지며" 파브르를 자주 도왔던 딸 아글라에Aglaé는 신중한 모습, 헌신과 복종으로 가득한 영혼, 용감무쌍하면서도 부드러운 모습으로 파브르의 유명한 관찰 중 하나에 도움을 주었다.[6] 세상으로 공허한 여행을 떠났던 아글라에는 그토록 존경하고 동경했던 아버지와 헤어지지 못한 채 그렇게 사랑했던 세리냥의 지붕 아래로 돌아왔다.

후에 노화의 그림자가 점점 짙어지고 무거워지자 유명한 시인이자 곤충학자의 젊은 아내와 어린 자녀들도 그의 연구에 일부 참여했다. 이들은 파브르의 손과 발, 눈과 귀가 되어 실질적인 도움을 줬다. 파브르는 그 가운데서 아이디어를 잉태하고 추론하고 해석하고 지시하는 두뇌 역할을 맡았다.

이때부터 파브르의 전기는 단순해졌고 내면의 삶에 대한 진술로 남았다. 30년 동안 파브르는 산의 지평과 조약돌의 정원에서 나오지 않았다. 가족을 향한 애정과 박물학자의 임무에만 완전히 몰두해 살았다. 그래도 파브르는 선생으로서 자신의 사명을 계속 이어갔다. 순수 과학이나 시만으로 정신을 풍요롭게 하기에는 부족했기에 비록 교육에만 전념한 것은 아니었지만 여전히 교육자로서 지치지 않고 교육프로그램을 밀어붙였다.

이 긴 활동기는 파브르의 인생에서 가장 조용한 시기이기도 했다. 비록 단 한 시간도, 단 일 분도 비어 있지 않았지만 말이다.

새로운 집에서 첫 몇 달 동안 파브르는 연구를 다시 찬양하기 시작했다. 파브르는 아들 에밀Émile에게 보내는 편지에 이렇게 썼다.

> 네 차례가 되면 알게 될 거야. 일하느라 잠시도 쉴 수 없을 때가 가장 기쁘다는 걸 배우길 바란단다. 무언가 일한다는 것이 곧 살아 있다는 거야.[7]

파브르는 혼자 있는 시간을 확보하기 위해 가장 가깝거나 가장 친밀한 친구의 초대를 포함해서 모든 초대를 피했다. 파브르는 단 몇 시간도 집을 떠나기 싫어했으며, 특유의 유쾌한 환경에 젖어 집 안에서 사람들의 존재를 즐기는 것을 선호했다. 파브르에게는 미개척지의 모든 것이 새로웠다. 아비뇽에서 산책할 때마다 파브르를 따랐던 충실한 친구이자 제자였던 드빌라리오가 이따금 파브르를 다른 곳으로 불러내기 위해, 심지어 파브르가 사랑했던 카르팡트라로 불러내기 위해 얼마나 노력했을까? 드빌라리오는 치안판사이자 수집가이자 고생물학자였다. 드빌라리오의 소박한 취향, 폭넓은 교양, 자연사에 대한 열정은 파브르가 그의 초대를 받아들이기로 결심하게 했겠지만, 파브르는 스스로 쾌락을 금기로 여겼다.

> 나를 환영하기 위해 차린 갈비 요리가 너의 식탁에서 차갑게 식어가지 않을까 두려웠어. 작업할 것이 턱 끝까지 차 있었단다.[8]
>
> ……
>
> 하지만 네가 법정을 벗어날 수만 있다면 언제든 우리는 몇 시간이고 함께 보내며 늘 그랬듯이 철학적 주제를 무작위로 토론할 거야. 네가 그 유혹에 이끌려 카르팡트라에 오게 될지는 의문이군. 테바이드의 은둔자도 마을에 있는 나보다 부지런하지는 않았을 거야.[9]

7장

자연의 해석

파브르의 주변과 그의 발밑에 있는 모든 것이 그를 사로잡기에는 충분하지 않았을까?

깊고 햇살이 가득한 정원에는 수천 마리의 곤충이 날아다니고 살살 기어다니고 윙윙거리며 저마다 자신의 역사를 파브르에게 전해준다. 금색딱정벌레가 길을 따라 기어가고 잔꽃무지는 윙윙거리는 소리를 내며 사방으로 날아다니면서 금색과 에메랄드빛의 겉날개를 반짝인다. 가끔 이 중 하나가 잠시 엉겅퀴의 꽃 머리에 내려앉기도 했다. 파브르는 긴장한 가느다란 손가락 끝으로 잔꽃무지를 조심스레 잡아 사랑으로 쓰다듬고 이야기를 건넨 후 자유롭게 풀어줬다.

말벌은 수레국화의 꿀을 훔치고 있었다. 캐모마일 꽃 위 남가뢰 애벌레는 털보줄벌이 둥지로 데려가기를 기다리고 있었고, 그 주변에는 초록색 몸에 "맨드라미 같은 점이 박힌" 길앞잡이가 돌아다녔다. 벽 아래쪽에는 "온몸을 작은 나뭇가지로 덮은 쌀쌀맞은 나방이 천천히 기어갔다." 라일락의 죽은 나뭇가지에서는 어두운색의 어리호박벌이 굴을 파느라 바빠 보였다. 자신에게 드리우는 그림자 아래에서 사마귀는 하늘거리는 길고 부드러운 녹색 날개를 바스락거리며 "가슴께에 팔을 접어 기도하는 모습을 하고는 예민하게 주위를 경계"하고 그 자리에 두려움으로 굳어버린 커다란 회색 메뚜기를 마비시켰다.

이곳의 그 어떤 것도 사소하지 않았다. 세상이 비웃거나 조롱하는 것도 현자에게는 사색과 성찰의 양식이 될 수 있다. "자연의 커다란 문제에서 사소한 것은 없다. 실험실의 수족관은 비가 웅덩이를 가득 채우고 생명체가 그곳을 경이로움으로 가득 채웠을 때 노새의 발굽이 진흙에 남긴 자국보다도 가치가 없다." 그리고 완전히 짓밟힌 길에서 우연히 발견한 작은 사실 하나가 밤하늘의 별만큼이나 광활한 가능성을 열어줄 수 있다.

자연의 모든 것은 난해한 암호의 표본 같은 상징이며, 모든 문자는 어떤 의미를 숨기고 있음을 기억하자. 하지만 우리가 이런 살아 숨 쉬는 텍스트를 해독하는 데 성공하고 비유를 파악했을 때, 상징 옆에서 해석을 찾게 될 때, 지구의 가장 황량한 구석이 예상치 못한 예술 걸작으로 가득한 박물관이 되어 고독한 구도자에게 나타난다. 파브르는 이 놀라운 박물관의 문을 여는 황금열쇠를 우리 손에 쥐어준다.

테레빈나무의 이를 떠올려보자. 그저 노란 진드기일 뿐

인 이를 말이다. 이의 계보학적 역사는 "생명의 전달 방식을 지배하는 보편적인 법칙이 어떻게 열정과 다양성에 관한 놀라운 연구로 진화됐는지를 가르쳤다. 이에는 수컷이 없을 뿐 아니라 알을 낳지도 않는다. 모든 이는 암컷이며 새끼도 자기 어미처럼 태어날 때부터 완전히 제 기능을 할 수 있다." 그 때문에 "모체를 구성하는 거의 모든 물질이 난자를 만들기 위해 무너지고 재생되고 둥글게 뭉친다. …… 이의 몸 전체가 알이 되는데, 작은 생명체의 건조한 피부는 껍질이 된다. 현미경은 이렇게 만들어지는 세계를 전체적으로 보여준다. …… 새로운 생명체가 탄생하는 달걀흰자의 불분명한 모습은 하늘의 성운이 응축된 태양 같다."[1]

봄철 초원의 잡초, 특히 줄기에 싹이 트기 시작하고 햇빛 속에서 칙칙한 꽃이 피어날 때 유포르비아에서 볼 수 있는 침 한 방울 같은 거품의 얼룩은 무엇일까? "이는 곤충의 작품이다. 말매미충이 알을 낳는 보호소인데, 이 얼마나 놀라운 화학자인지! 말매미충의 뾰족한 부분은 독성이 강한 식물 수액 속에 녹아 있는 농도가 진한 독을 분리해서 해롭지 않은 액체만 추출하는 최상의 기술을 가졌다. 식물 해부학자의 가장 정교한 기술도 뛰어넘는다."[2]

곤충은 모든 단계에서 우리에게 똑같이 다양한 문제를 제시한다. 곤충이 아닌 다른 생물들은 우리와 더 가깝고 여러 면에서 우리와 닮았다. 하지만 거의 최초의 생명체라 할 수 있는 곤충*은 그 작은 몸 안에 독자적인 세계를 만들고 유지한다. 르네 레오뮈르가 말했듯이 "거대한 동물보다 더 많은 부분을 지녔다." 자신만의 감각과 능력을 지닌 곤충은 현실에서 매우 단순해 보이는 행동을 하지만, 우리가 보기에는 화성에 사는 생명체들(만약 이 생명체들이 갑자기 우리 사이에서 모습을 드러낸다면 말이다)의 습성만큼이나 독특해 보일 수 있다. 우리는 곤충들이 어떻게 소리를 듣고 겹눈으로 사물을 보는지 알지 못하며, 이들의 감각을 대부분 모르는 탓에 종종 곤충의 행동을 해석하는 게 더 어려워진다.

작은 혹이 있는 노래기벌은 애벌레에게 먹이로 주는 바구미의 일종인 클레오나옵탈미카를 "한 번에 수백 마리씩" 한눈에 발견하는데, 사람의 눈으로는 몇 시간을 찾아도 거의 발견할 수 없다. 노래기벌의 눈은 돋보기이자 현미경 같아서 광활한 자연 속에서 인간의 시각으로 발견하기 어려운 물체도 순식간에 구별한다.[3]

나나니는 어떻게 잔디밭 위를 날아다니고 드넓은 지역을 맴돌며 회색 애벌레를 찾을 수 있을까? 토양 깊숙한 곳에 가만히 잠든 애벌레가 있는 정확한 지점을 어떻게 용케

* 최초의 생명체는 대략 40억 년 전쯤의 남조류로, 지구 역사상 최초로 광합성을 시작했다. 최초의 곤충은 약 4억 년 전인 데본기 암석에서 발견되었다. 최초의 포유류는 2억 2,500만 년 전으로 여겨진다.

알아차릴 수 있을까? "애벌레는 몇 센티미터 깊이의 굴에 갇혀 있기에 촉각이나 시각을 사용할 수 없고, 냄새가 전혀 나지 않기에 후각도 사용할 수 없으며, 낮 동안은 전혀 움직이지 않기에 청각도 사용할 수 없다."[4]

"매우 정교하게 습도를 감지하는 능력이 있는" 소나무의 행렬털애벌레는 물리학자보다 훨씬 정확한 지표다. "행렬털애벌레는 거의 반대편 반구의 아득히 먼 곳에서 준비 중인 폭풍우도 예견하고" 지평선에서 최소한의 징후가 나타나기 며칠 전부터 이를 알려준다.[5]

야생벌인 왕가위벌과 말벌인 노래기벌은 익숙한 목초지에서 몇 킬로미터 떨어진 어두운 곳으로 이동시켜 한 번도 본 적 없는 생소한 장소에 풀어놓아도 강한 확신을 지니고서 광활하고 처음 보는 공간을 가로질러 둥지로 되돌아간다. 심지어 오랫동안 자리를 비웠거나 맞바람이 불고 예상치 못한 장애물을 맞닥뜨린다고 해도 말이다. 이들을 안내하는 건 기억이 아니라 놀라운 결과를 보여주는 특별한 능력인데, 우리의 심리로는 완전히 이해할 수 없어 이를 설명하지 못한 채로 받아들여야 한다.[6] 하지만 여기 또 다른 예가 있다.

큰공작나방은 설명할 수 없는 상형문자가 그려진 날개로 둔한 날갯짓을 하며 어둠 속에서 언덕과 계곡을 가로지른다. 큰공작나방은 우리의 감각으로는 감지할 수 없는 냄새에 이끌려 "잠자는 숲속의 공주"를 찾으러 지평선의 가장 깊은 곳을 분주하게 오간다. 그사이 암컷은 앉아 있던 아몬드나무의 가지에 강력한 유혹을 일으키는 냄새가 스며들게 한다.[7]

이런 생물들을 떠올리면 인류의 모든 철학을 담은 것보다 더 많은 정보를 발견하게 될 것이다. …… 곤충들을 바라보는 방법만 안다면 말이다.

우리를 당황하게 하는 상상조차 할 수 없는 수많은 현상 속에 "우리와 유사한 것은 없기에" 우리는 가끔 여기저기서 몇 가지 순간을 포착할 수 있다. 이 순간들은 어두운 미로에 갑자기 눈에 띄는 빛을 비추는데, 우리를 놀라게 하는 아주 사소한 비밀조차 "어쩌면 가장 시급하고 면밀하게 연구된 우리 열정의 비밀보다 우리의 목적과 기원에 대한 심오한 수수께끼를 파고들게 된다."[8]

파브르는 최면을 통해 지금까지 제대로 해석되지 않았던 흥미로운 사실 중 하나를 설명했다. 갑작스레 특이한 상황이 벌어지면 곤충이 갑자기 땅에 떨어져 마치 벼락에 맞은 것처럼 팔다리를 모으고 웅크린 채로 있는 걸 볼 수 있다. 충격, 예상치 못한 냄새, 커다란 소음은 곤충을 한순간에 무기력하게 만들고, 이는 조금 오랫동안 지속된다. 곤충은 죽음을 흉내 내는 것이 아니라 실제로 이런 자기Magnetic 상태가 말 그대로 "죽음을 가장"한다.[9] 감탕벌, 도공벌, 수염줄벌 등 파브르가 수면 자세를 관찰한 모든 벌목은 "턱의 힘만으로 공중에 매달리고, 긴장한 몸을 뒤로 젖힌 채 지치거나 무너지지 않는다." 그리고 엠푸사 애벌레는 "약 10개월 동안 머리를 아래로 향하게 한 후 팔다리로 나뭇가지에 매달린다." 최면에 걸린 사람들도 매우 고통스러운 자세를 유지하고 정말 긴 시간 동안 독특한 자세, 예를 들어 팔 하나를 뻗거나 발 하나를 땅에서 뗀 상태로 조금도 피곤해지지 않고 끈기있게 흔들리지 않는 에너지를 유지하지 않던가?[10]

전직 교사였던 파브르가 이 새로운 세계에 그토록 깊게 침투하고 수많은 흥미로운 문제에 관심을 가질 수 있었던 것은 "창조의 모든 창을 통해 넓은 시야를 지녔기 때문"이기도 했다. 자신의 기본적인 능력, 자신이 몸담은 방대한 문화, 거의 백과사전에 가까운 지식, 커리큘럼에 따라 끊임없이 교재를 최신 상태로 보완한 경력 덕에 모든 지식을 활용할 수 있었다. 파브르는 자신의 전문 분야만 이해하고 자신의 분야와 특정한 연구 외에는 아무것도 모르며 자신이 자리 잡은 좁은 한계를 넘어서는 그 어떤 것도 이해하려 하지 않는 사람이 아니었다.

파브르는 모든 식물과 굉장히 친숙했기에 꽃을 마치 살아 있는 사람처럼 느꼈다. 심오한 식물학 지식이 없다면 누가 풍부하고 영구적이며 친밀한 식물과 곤충 사이의 관계를 파악할 수 있었을까?

파브르는 지층을 뒤집어 편암 퇴적층을 파헤쳤지만, 사라진 조직의 형태를 보존하는 그 기록보관소는 "타고난 능력의 기원에 대해서는 침묵을 지켰다." 철학자의 말을 빌리자면 파브르는 자신의 실험체를 들여다보며 새로운 발견을 찾고 있었다. 진실은 그 자신의 실험실 깊숙한 곳의 용광로 앞에 자리한 자연 속에 숨어 있었다. 물질의 형태가 왕소똥구리의 날개로까지 변하는 과정을 좇고, 생명체가 어떻게 유기체의 잔해가 가득한 도가니로 돌아가서 새로운 원소로서 결합하는지를 관찰했다. 예를 들어 아주 간단한 분자의 위치를 바꿈으로써 소변에서 얻은 물질로 "셀 수 없이 많은 색의 그림자를 만드는 눈부신 마법"을 끌어낼 수 있다. "금풍뎅이의 자줏빛, 잔꽃무지의 에메랄드빛, 청가뢰의 도금을 입힌 듯한 초록빛, 딱정벌레의 금속광택, 비단벌레와 소똥구리의 장관"까지 말이다.[11]

파브르의 책에는 현대물리학의 모든 발상이 담겨 있었다. 호랑거미의 거미줄을 놀라운 방식으로 설명하며 최고의 수학적 지식을 효과적으로 사용했다. 파브르는 "매우 과학적인" 조합으로 "그 속성이 매우 궁금한 기하학의 나선 로그"를 알아차렸다.[12] 벌집만큼이나 놀랍고 이해할 수 없는, 그보다 더 숭고한 걸작에 감탄하게 만드는 놀라운 관찰을 선보인다.

이것이 바로 파브르가 늘 자신은 곤충학자가 아니라고

적극적으로 부인하는 이유다. 그리고 실제로 곤충학자라는 단어는 종종 파브르를 잘못 설명하는 데 사용되기도 한다. 파브르는 자신을 박물학자라고 불렀다. 그러니까 생물학자 말이다. 생물학은 사전적 정의상 살아 있는 생명체를 모든 관점에서 전체적으로 고려하는 학문이다. 그리고 생명체에서 고립된 것은 아무것도 없으며, 모든 것은 서로 연결돼 있고, 모든 관계 속에서 각 부분은 관찰자의 시선에 무수히 많은 측면으로 비치기에 철학자가 되지 않고는 진정한 박물학자가 될 수 없다.

하지만 알고 관찰하는 것만으로는 충분하지 않다.

이 작은 생물이 만들어내는 장관을 받아들이고, 이들의 습성에 익숙해지고, 이들끼리 그리고 광활한 우주와 연결된 신비로운 맥락을 파악하는 데는 전문가의 냉정하고 신중한 관점만으로는 종종 충분하지 않다. 관찰의 기술과 재능은 늘 깨어 있는 지성의 진정한 기능이다. 이는 궁극적으로 진실에 닿을 때까지 지칠 줄 모르고 몰두하려는 열망에 사로잡혀 있다. “그 결과 우리는 이유를 찾지 않고는 아무것도 그냥 지나치지 않도록 모든 대답으로 계속해서 다른 질문을 따라가다 끝내 알 수 없는 화강암 벽에 다다른다.”

그 무엇보다 알퐁스 투스넬Alphonse Toussenel이 말했듯이 우리는 “이성이 아니라 감정으로 대상의 비밀에 더 파고들 수 있다.”라는 열정적이고 흥미로운 동조가 필요하다. 그리고 베르그송이 진심으로 덧붙였듯이 "생명체가 진정 무엇인지 알 수 있는 건 직관뿐이다."[13]

이제 파브르는 이 작은 생명체를 사랑하게 됐고, 이 작은 생명체를 사랑하게 만들 방법도 알았다. 파브르가 얼마나 친절하게 설명하는지! 얼마나 애정을 갖고 작은 생명체를 관찰하는지! 어린 개체의 성장 과정을 얼마나 사랑스럽게 지켜보는지! 파브르의 시험관 안에서 머리를 자유롭게 움직이지 못하는 채로 꿈틀거리는 애벌레는 행복했다. 그리고 파브르도 애벌레가 먹이를 잘 먹고 건강해져 반짝이는 모습을 보며 행복해했다. 파브르는 "거룩한 노동의 기쁨" 속에서 벌잡이벌의 침에 찔린 벌을 안타까워하기도 했다. 파브르는 이 작은 생명체의 고통과 고된 노동을 측은하게 여기기도 했다. 아이디어를 찾으려는 연구 중 파브르가 이들이 사는 둥지를 뒤엎어야 할 때면 모계의 보호 본능을 "그런 고난"에 처하게 한 것을 회개했다. 그리고 비밀을 알아내기 위해 이들에게 질문하고 괴롭혀야 할 때면 "이런 비극"을 불러온 것에 슬퍼했다![14] 이들의 욕구를 만족시키고 그들이 알려준 비밀에 만족하면 파브르는 이 생명체들에게 "자유의 기쁨"을 돌려주기 위해 그 어떤 후회도 하지 않고 쉬이 풀어줬다.

게다가 파브르는 우리와 지구를 공유하는 모든 생명체가 장엄하고 정해진 임무를 수행한다고 완전히 확신했다.

파브르는 집에 찾아오는 제비를 환영했는데, 심지어 자신의 노트와 책이 위태로워질 상황을 무릅쓰고 작업실을 내주기도 했다. 파브르는 두꺼비를 변호하고 두꺼비의 알려지지 않은 성향을 밝히는 데 온 힘을 다했다. 파브르는 사람에게 박해받고, 비난받고, 궁지에 몰리고, 돌을 맞고, 괴롭힘당한 박쥐, 고슴도치, 올빼미를 치료하기도 했다.[15]

곤충과 매우 친밀했던 파브르는 자신이 진심으로 그들의 동반자라 생각했고, 곤충을 이야기할 때 자신의 인생도 함께 풀어냈다. 파브르는 곤충의 기쁨과 슬픔 속에서 자신의 고난과 즐거움을 발견하며 즐거워했으며, 곤충의 연대기에 자신의 기억과 느낌을 섞어 넣었다. 파브르의 연구서에는 천진난만한 자서전의 행복한 단편들이 담겨 있고, 그의 고귀한 마음의 독창성이 모두 녹아든 감동적이고 기분 좋은 페이지는 매력적이고 완전히 비세속적인 자연의 생생함을 순수한 결정체를 통해 보여주는 것 같았다.

감정 없이, 분명한 열정 없이는 자연과 진정한 교감을 나눌 수 없다. 종종 유일하고 유능한 재능은 진정한 의미를 드러낸다. 취향도, 지성도, 논리도, 모든 과학도 그 자체만으로는 충분하지 않다. 더 멀리 보기 위해서는 관찰과 경험의 한계를 뛰어넘어 겉모습 아래에 숨은 생명체의 심오한 비밀을 예견하고 예측할 수 있는 통찰의 재능 같은 것이 필요하다. 뛰어난 재능을 지닌 사람이 진정한 빛으로 문제를 파악하기 위해서는 단지 눈을 뜨기만 하면 된다.

뛰어난 관찰자는 실제로 상상하고 창조하는 시인이다. 현미경, 돋보기, 메스는 마치 리라의 줄 같다. 클로드 베르나르의 말처럼 "과학적 발명을 구성하는 타당하고 생산적인 가설은 감정의 선물이다." 그리고 순수한 상상력의 작품에서 스스로를 증명함으로써 시작됐고, 결국 살아 있는 육체의 다양한 변형을 주제로 삼은 이 생리학계의 최고봉에 대해 "시詩라는 횃불을 손에 들고" 생명의 미로를 탐험했다고 말할 수 있지 않을까?

마찬가지로 파스퇴르의 놀라운 발견 모두를 관통하는 조화로운 일련의 사건이 우리에게 진실하고 거대한 시를 느낄 수 있게 하지 않았을까?

파브르는 참을성 있는 관찰을 지속하는 자신의 열정이 진정한 창의성인 것 같다고도 했다. 파브르의 "심장은 감동으로 뛰고 이마에서 흐른 땀이 땅에 떨어져 흙으로 회반죽을 만들었다." 파브르는 먹고 마시는 것을 잊었고 "배움의 즐거움 속에서 망각의 시간을 보냈다." 나는 파브르가 실험실에서 검정파리의 산란을 연구하는 모습을 옆에서 본 적이 있다. 나는 부패하기 시작한 살무사와 고깃덩어리에서 피어오르는 끔찍한 악취를 견디기 어려웠지만, 파브르는 이 끔찍한 냄새를 잊었고 얼굴에는 기쁨의 미소가 흘러넘쳤다.

그렇다면 여기서 지성이란 감정과 직관의 하인일 것이

다. 그러니까 파브르 같은 위대한 박물학자, 쥘 미슐레Jules Michelet 같은 위대한 역사가, 헤르만 부르하버Herman Boerhaave와 피에르 브르토노Pierre Bretonneau 같은 위대한 의사가 홀로 만들어내는 신비롭고 직관적인 일종의 원시적 능력이다.

이들이 가장 학구적이거나 학력이 높거나 참을성이 많은 건 아니었지만, 적절하게 시적으로 말하는 아주 특별한 관점과 재능을 가진 사람들이다. 이는 한눈에 속속들이 모든 것을 파악하고 이를 확신할 수 있는 냉정한 시야로도 알려져 있다.

파브르는 이에 딱 알맞은 마음을 가졌다. 그리고 우연히 여러 주변 상황이 파브르가 의학에 관심을 보이게 했다. 차고 넘칠 정도로 공급되는 진실이 기반이기는 하지만, 상식과 일종의 예언은 여전히 더 넓은 범위를 다룬다. 파브르가 이 새로운 분야에서 빛나는 별이 될 수 있었을 것이라는 데는 의심의 여지가 없었다.

파브르는 또 다른 저명한 보클뤼즈 출신이자 파스퇴르와 현대 의학의 모든 개념을 예견한 의학 천재인 프랑수아 라스파유François Raspail를 진심으로 존경했다.[16] 파브르는 그에게서 자신과 닮은 성격, 사물을 바라보고 표현하는 자신의 방식과 같은 것을 발견한 것 같았다. 파브르는 스스로와 가족을 위해 지나치게 생각지 않고 아직 증명되지 않은 예술의 복잡한 방식과 교활한 해결책을 불신하면서 이성과 현명한 상식이 가득한 라스파유의 책과 처방전을 사랑했다. 카르팡트라에서 태어난 첫째 아이 에밀이 삶과 죽음 사이를 맴돌고, 에밀의 상태를 보러 온 의사가 "이미 할 수 있는 방법을 다 해본 후였기에" 더는 할 것이 없다고 말하고는 에밀이 이튿날까지 버티지 못하리라고 생각하며 찾아오지 않았을 때, 파브르는 라스파유의 연구로 향했다.

> 에밀의 병명이 무엇인지 알아내기 위해 열심히 찾아다녔고, 그 방법에 따라 밤낮으로 치료했어. 이제 에밀은 회복됐고 식욕도 돌아왔지. 내가 에밀의 목숨을 구한 것 같아. 앙브루아즈 파레 Ambroise Paré처럼 '나는 에밀을 간호했고 하느님은 에밀을 치료하셨다.'라고 할 수 있겠지.[17]

아비뇽의 초등학교에서 화학 수업 중에 갑자기 증류기가 터져 "증류수에 들어 있는 황산이 사방으로 뿜어져 나오는 순간" 파브르의 반사적인 행동 덕에 동료 중 한 명의 시력을 구했다는 이야기는 그의 결단력과 침착함에 경의를 표하게 했다.[18]

"모든 의사는 그가 발견한 사실에 고개를 숙여야 한다."[19] 위생과 의학의 몇몇 문제에 곤충학은 직접 경이로움을 보여줬다. 파브르는 "만졌을 때 타는 듯한 느낌이 들게 하는" 특정 애벌레가 분비하는 염증 유발 독이 요산의 유도

체인 유기체의 배설물일 뿐임을 증명했다. 파브르는 자신의 이론에 대한 증거를 제공하기 위해 스스로에게 고통스러운 실험을 하는 것도 주저하지 않았다. 그리고 누에를 키우는 사람에게서 종종 찾아볼 수 있는 독특한 피부염 사례를 이런 식으로 설명했다.[20] 파브르는 고기가 오염되지 않도록 보호하려고 사용했던 철망이 얼마나 무용지물인지, 평범한 종이봉투가 고기에 파리가 꼬이지 않게 해줄 뿐 아니라 옷좀나방으로부터 옷을 보호하기도 한다는 것을 보여주며 그 효능을 증명했다.[21] 파브르는 미심쩍은 버섯을 먹기 전 소금물에 한 번 데치는 기이한 프로방스 요리법을 추천했다. 마지막으로 의료계 종사자들에게 이 위험한 채소에서 훌륭한 치료법을 끌어낼 수 있다고 제안하기도 했다.[22]

파브르는 그동안 너무나도 부족했던 기한 없이 여유로운 시간이 필요했다. 순간을 살아가는 생명이 제공하는 사건들은 가늠할 수 없는 시간에, 예상치 못한 순간에 발생했으며, 아주 짧은 기간만 유지됐기 때문이다.

그래서 파브르는 아주 작은 움직임에도 주의를 기울이며 날이 밝자마자, 그러니까 붉은 새벽에 생명체들을 관찰하러 나갔다. 벌이 "다락 창문 밖으로 고개를 내밀어 날씨를 확인"하고 덤불에 있던 거미가 나선형 그물 아래에서 납작 엎드려 기다릴 때 말이다. 이때가 되면 "햇빛을 받아 반짝이는 마법 같은 장신구인 밤의 눈물이 이슬의 화관으로 변하게" 만드는 거미줄은 이미 나방과 각다귀를 끌어들였다.

돋보기로 무장한 파브르는 테레빈나무 가지 앞에 앉은 채 몇 시간 동안이나 테레빈나무 이의 느린 움직임을 뒤쫓았다. 테레빈나무 이는 긴 주둥이로 "내부에서 애벌레가 긴 잠을 잘 수 있는 독특한 형태의 무시무시하고 거대한 충영, 그러니까 이파리 일부가 부풀어 생긴 엄청난 종양을 만드는 독을 교묘하게 주입한다."

파브르는 밤에 랜턴의 희미한 불빛 아래에서 왕지네의 행동을 따라가며 왕지네 알의 비밀을 파헤치려 했다.[23] 유령멍게가 창자의 막처럼 얇은 주머니를 만드는 과정이나 행렬털애벌레가 윤이 나는 흔적을 따라 꼬리에 꼬리를 물고 이동하는 모습을 관찰하다 눈꺼풀이 닫히기 직전이 되어서야 촛불을 끄고 잠에 들었다. 파브르는 누에나방의 요정 같은 부활을 목격하기 위해 일찍 일어났다.[24] "애벌레가 기저귀를 벗고 나오는 순간" 또는 싸개에서 메뚜기의 날개가 나오고 "싹이 트기 시작"할 때 역시 놓치지 않기 위해서였다. 세상에서 가장 놀라운 장관은 "이 이상한 해부학이 형성되는 과정"일 것이다. 이런 "조직 덩어리들이 정교하게 자리 잡아 되도록 작은 크기로 줄어들며" 소박한 날개 흔적으로 변했다가 천천히 "거대한 돛"이 펼치는데, 마치 동화 속 "공주가 입은 리넨 옷처럼" 보잘것없는 대마씨 하나에 담겨 있던

것이 펼쳐진다.[25]

아르마스에서 파브르는 미지의 세계를 발견하는 이방인처럼, "시리우스에서 온 친절한 거인처럼 돋보기를 눈에 대고 자신이 관찰하는 소인국을 날려버리지 않도록 숨을 참았다."

언제 어디서나 생명의 스핑크스를 추궁하려는 파브르의 열정은 한 해의 끝에서 그다음 해 끝까지 그의 하루를 채우기에 충분했다. 타는 듯한 더위가 찾아오는 날에도 자신의 관심사가 아니었던 주제가 흥미를 끌 때면 "사과 하나와 빵 한 조각을 점심으로 주머니에 넣고" 반려견인 바스코Vasco, 톰Tom, 래빗Rabbit과 함께 따갑게 내리쬐는 햇볕 아래에 앉아 있었다. 유일하게 무서운 건 어떤 무례한 제3자가 자연과 자신 사이에 끼어드는 것뿐이었다.

파브르는 정원을 걸을 때면 그 어떤 것도 놓치지 않으려 했다. 일식과 그 현상이 동물의 삶 전반에 미치는 영향을 목격해 기록하기도 했다.

자녀들이 불투명하게 만든 유리판을 들고 태양을 가리는 달의 움직임을 추적하는 동안 파브르는 시골에서 일어나는 일을 주의 깊게 관찰했다.

> 네 시가 됐다. 날이 어두워지고 기온은 더 차가워졌다. 예상보다 빠르게 찾아온 황혼에 놀란 수탉이 울었다. 개 몇 마리가 으

르렁거렸다. …… 이전에 그렇게 많던 제비는 모두 사라졌다. …… 한 쌍은 내 서재로 피신했다. 창문 하나가 열려 있었다. …… 햇볕이 다시 평소처럼 돌아온다면 이 제비는 다시 야외로 나갈 것이다. …… 쉴 새 없이 노래하며 오랫동안 나를 성가시게 하던 나이팅게일이 드디어 조용해졌다.[26] 끊임없이 재잘대던 검은머리꾀꼬리도 갑자기 조용해졌다. …… 지붕 기와 아래에 있던 어린 집참새만이 슬프게 지저귀고 있었다. …… 평화롭고 고요한 가운데 해는 절반 이상 사라졌다. …… 아르마스에서 더는 날아다니는 곤충을 볼 수 없었다. 로즈메리 꿀을 훔치는 벌 한 마리를 제외하고는 모든 생명체가 사라졌다.

파브르가 우리 안에 넣고 관찰하던 "바구미만 아무 일도 없는 것처럼 조금의 감정 변화도 없이 한 걸음 한 걸음 사랑이 담긴 놀이를 계속했다. …… 나이팅게일과 꾀꼬리는 두려움에 억눌려 침묵하고 벌은 다시 벌집으로 들어갈 만했다. 하지만 해가 지는 것 때문에 바구미가 화를 낼까?"[27]

파브르는 다시 떠오르는 태양에도 호기심이 많았기에 방투산으로 여행을 갈 때마다 이 장관을 놓치지 않기 위해 조심했다. 이른 시각에 산기슭에서 출발해 암석이 가득한 산꼭대기에서 밝아오는 새벽을 관찰하려 했다. 그러면 태양은 아침의 바람 속에서 갑자기 떠오르며 조금씩 조금씩 도피네Dauphiné의 알프스와 콩타Comtat의 언덕에 불을 질렀다. 그리고 저 아래 은실처럼 가느다란 론강에도 말이다.

파브르는 자연이 선사할 수 있는 가장 인상적인 장관 중 하나로 여겨지는 천둥 번개가 만들어내는 강렬한 공포를 마음껏 즐기는 데서 무한한 즐거움을 얻었다. 유리창 너머로 관찰하는 데 만족하지 못한 파브르는 밤이면 대기의 인광, 불타는 구름, 폭발적인 천둥, 스스로를 분명히 드러내며 대기 중 오염물을 정화*하는 이 거대한 현상을 더 잘 즐기기 위해 창문을 열어두었다.

하지만 파브르의 전임자인 레오뮈르와 위베가 수행했던 순수한 관찰은 종종 불충분하거나 "문제를 잠시 보여주기만 할 뿐이었다."

그렇기에 파브르는 실험이라고 알려진 인위적인 관찰에 의지했다. 어쩌면 파브르가 동물의 마음을 연구하는 데 실험적인 방법을 사용한 최초의 인물이라고 할 수 있다.

따라서 관찰 현장 근처는 박물학자의 작업실, 그러니까 "동물 실험실"이었다. "타임과 라벤더 한가운데서 자유를 찾아 떠도는" 곤충들의 행동과 움직임이 실험의 대상이 될 수 있음을 보여주었다. 파브르의 실험실은 크고 조용하고 고립된 방으로, 정원이 있는 남쪽을 향한 두 개의 창문이 밝

* 뇌우는 대기 중의 오존 및 기타 오염물질을 분해하는 데 도움을 주고, 습도와 온도를 낮춰 상쾌한 느낌이 들게 한다.

게 빛나고 있었다. 그중 적어도 하나는 곤충이 자유롭게 드나들 수 있도록 항상 열려 있었다.

회반죽을 바른 벽과 거의 비슷한 높이의 전나무 진열장에는 남프랑스의 모든 곤충군과 지중해의 조개껍데기 등 파브르가 인내심을 갖고 수집한 소장품이 세심하게 배열돼 있었다. 희귀한 것의 종류도 다양했다. 세리냥 근방의 수많은 공동 매장지에서는 화폐학 분야의 보물과 도자기 조각, 그 밖의 선사시대 문서 등 수많은 표본을 발견할 수 있었다.

맨 꼭대기에는 거대한 프리즈처럼 진열장의 박공을 장식하는 어마어마하고 커다란 식물 표본집이 있었다. 첫 번째 표본집에는 주인의 어린 시절까지 거슬러 올라가 중부와 북부의 모든 식물군, 평원과 산맥에 서식하는 식물군, 민물과 바닷물에 서식하는 모든 조류가 전시돼 있었다.

비록 이 수집품을 모으려면 대단한 노력이 필요해 보이긴 해도 파브르가 여기에 엄청난 가치를 부여했다고 생각할 수는 없다. 파브르에게 이는 한가한 호기심을 충족시키려는 수단이 아니라 자신의 지식을 정리하고 정렬하는 방법이자 교육의 수단이었다. 껍데기만 남은 것들을 즐기는 오락거리가 아니었다. 조사해야 할 표본과 처음 마주했을 때 한눈에 구분하기 위해서는 가장 먼저 관찰하고 철저히 파헤치는 방법과 각각의 개체마다 독특한 색상과 형태를 눈으로 익히는 방법을 배워야 한다.

예를 들어 레오뮈르의 지식이 불완전하고 불확실하다고 불평하는 사람이 꽤 될지도 모른다. 그가 묘사하는 종의 습성을 독자들이 정확히 이해할 수 없는 경우가 너무 많았기 때문이다. 파브르도 지나치게 분류하는 것을 유머러스하게 비판하면서 같은 잘못을 범하지 않도록 했다. 그렇다고 파브르가 종의 체계에 관한 연구를 소홀히 한 것은 아니었다. 그러지 않기 위해 파브르는 세심한 주의를 기울였다. 파브르의 《보클뤼즈의 식물상Flore du Vaucluse》과 파브르가 재출판하길 꺼리지 않은 아비뇽의 세심한 도감을 참고하자.[28] "만약 우리가 식물들의 이름을 모른다면, 대상에 대한 우리의 이해나 지식이 불완전하다."[29]라는 위대한 칼 폰 린네Carl von Linné의 진리를 파브르는 정확히 인지하고 있었다.

방 한가운데에는 호두나무로 만든 커다란 탁자가 놓여 있었고, 그 위에는 병, 시험관, 오래된 정어리 통이 있었다. 파브르는 1,000여 개의 이름이 없거나 미심쩍은 알과 애벌레의 활동을 관찰하고 번데기가 만들어지고 그 안에서 성체가 깨어나고 "참나무를 만들어내는 도토리보다 더 놀라운 발아 후" 탈바꿈하는 작은 기적을 보기 위해 이곳을 사용했다.

모래가 가득 담긴 토기 받침 위에 놓인 철망 덮개, 몇몇 카보이carboy*와 화분 또는 사각 유리병 형태의 뚜껑이 닫힌

* 위험한 액체를 담는 대형 유리병으로, 보통 나무 상자 안에 들어 있다.

사탕 병 등은 "이 살아 있는 작은 기계"의 성장 과정과 행동을 관찰하거나 실험할 수 있는 우리 역할을 했다.

파브르는 자신을 경쟁 상대가 없는 심리학자이자 어렵고 섬세한 실험 기술에 뛰어난 실력을 보이는 사람이라 부르곤 했다. 곤충이 말할 수 있게 만들고 질문을 던지고 그 비밀을 털어놓도록 만드는 기술 말이다. 이런 실험이 "본능의 본질을 밝힐 수 있는 유일한 방법"이라고 했다.

파브르의 자원은 빈약하고 생각은 독창적이었기에 그는 자기 장비의 빈곤함을 기발하게 보완했고, 실험을 수행하는 데 비용이 덜 들고 덜 복잡한 방법을 발견했다. 그는 "농민이 만든 사소한 물건"의 어설픈 조합에서 최소한의 진실을 뽑아내는 비결을 알고 있었다.

파브르는 소박한 실험실에서 위대한 생물학자들이 엄격하게 설계한 실험과 조사 규칙을 적용하는 데 성공했다. 자신의 아름다운 관찰 결과를 논란의 여지가 없는 방법으로 확립할 수 있었기에 파브르의 뒤를 이어 같은 주제를 연구하려는 사람도 같은 결과에 다다르고, 그의 연구에서 영감을 받을 수도 있었다.

현상의 모든 세부 사항을 주의 깊게 기록하는 것은 나중에 다른 사람들이 참고해 이를 활용할 수 있도록 해주는 첫 번째 중요한 요소다. 까다로운 부분은 상황, 이유, 결과, 그리고 이를 연결하는 고리를 해석하고 번역하는 것이다.

하지만 길가에서 우연히 관찰한 사실, 다른 사람의 관심은 끌지도 못할 하나의 사실은 이 면밀한 이해에서 즉각적으로 빛을 발할 것이다. 이는 예상치 못한 질문을 제시하고 기대로 인한 선입견과 갑작스러운 직관을 깨어내 실험의 필요성을 알려줄 것이다.

예를 들어 얄따란 말벌인 벌잡이벌은 왜 애벌레에게 먹이를 주기 위해 꽃에 내려앉는 꿀벌을 사냥할까? 먹이를 애벌레에게 전해주기 전에 왜 꿀벌이 지닌 꿀을 빼내기 위해 쥐어짜면서 "죽은 곤충에 화내는 걸까?" 마치 기쁜 것처럼, 아니, 정말 기쁜 건 아닐까?

> 이 도둑은 죽은 곤충의 길고 달콤한 혀를 탐욕스럽게 집어삼키고 목과 흉곽을 한 번 더 누르고 꿀이 들어찬 주머니가 있는 꿀벌의 복부를 짓누른다. 그리고 꿀이 흘러나오면 곧바로 핥아먹는다. 그 결과 벌은 천천히 사체 안의 내용물을 강제로 쏟아내게 된다. 이 끔찍한 식사는 꿀이 한 방울도 남지 않을 때까지 지속돼 30분 이상 걸리는 경우가 많다.

자세한 답변은 실험을 통해 얻을 수 있었는데, 이 "끔찍한 잔치"의 이유가 단순한 모성애라는 사실을 완벽히 설명해줬다. 벌잡이벌은 본능적으로, 배우지 않아도, 평소 주로 먹던 꿀이 매우 독특하게도 애벌레에게는 독이 된다는 "반

전"을 알고 있었다.[30]

뛰어난 생리학자인 파브르는 다양한 실험을 수행했다. 그는 자신의 우리 창살 뒤에서 전갈의 끔찍한 독이 다양한 종에 미치는 영향을 시험하기 위해 전갈이 곤충을 사로잡아 움직이는 상황을 만들어냈다. 그 결과 파브르는 애벌레의 이상한 면역력을 발견했다. "뛰어난 화학 시약인 바이러스는 성체와 애벌레에 다르게 영향을 미쳐 애벌레에는 무해하지만 성체에는 치명적일 수 있다." 이는 "탈바꿈이 개체의 가장 은밀한 특성을 변화시킬 정도로 유기체의 본질을 개조한다."라는 새로운 증거였다.[31]

어쩌면 여러분은 이를 통해 파브르가 충실하게 서술한 연구 대상의 역사를 꿰뚫고 있다고 판단할지도 모른다. 파브르는 곤충의 삶에서 가장 소소한 사건도 알고 있었다. 곤충의 출생 시기를 꿰고 있었으며, 이들의 연대와 세대를 기록하고, 곤충이 움직이는 방식을 기록하고, 식단을 실험하고 무엇을 먹었는지 기록했다. 파브르는 독특한 선택이 일어난 동기를 알아냈다. 예를 들어 노래기벌이 그것의 수많은 희생양 중 비단벌레와 바구미를 제외하면 그 어떤 것도 건드리지 않은 이유에 대해 말이다. 파브르는 곤충들 사이의 전쟁 전술과 물리적 충돌 방식에 대해서도 잘 알았다.

파브르는 외딴 구석에 숨겨져 있는 서식지까지 들여다보았다. 꼬마꽃벌은 이곳에서 "알을 낳을 동그란 알집을 만들고, 알집을 하나하나 윤을 냈다." 고치 안에는 잠자는 다른 애벌레를 걸신들린 듯 집어삼키는 살인적인 애벌레가 있었다. 심지어 깊은 토양 속에서조차 파브르의 눈을 피할 수 없었다. 꼬마꽃벌의 계략 덕에 파브르는 미노타우로스의 놀라운 비밀을 발견했다.

파브르는 모든 의심스러운 이야기, 추측에 바탕을 둔 습관에 관한 일화, 비논리적이거나 잘못 관찰하거나 잘못 해석된 모든 것, 책 제작자들의 손에서 손으로 전달되는 모든 진부한 설명을 샅샅이 살폈다. 파브르는 같은 것을 반복하는 대신 우리에게 법칙, 일정한 사실, 고정된 규칙을 선사했다. 파브르는 비교할 수 없는 실력으로 레오뮈르의 오래된 실험을 반복해서 수행했다. 이래즈머스 다윈Erasmus Darwin이 틀렸다는 걸 보여주는 데 만족하지 않고 어떻게 오류에 빠졌는지를 지적했다.[32]

옛이야기의 의미를 해독하고 대개 부정확하거나 심지어 거짓된 진술 아래에 숨은 작은 진실의 꾸러미를 능숙하게 풀어냈다. 파브르는 장 드 라퐁텐Jean de La Fontaine을 비판하고 호루스 아폴로Horus Apollo와 대 플리니우스Plinius의 진술에 의문을 제기한다. 소화되지 않은 지식의 덩어리로 파브르는 레오뮈르의 활력을 담은 첫 숨결을 불어넣은 곤충학이라는 살아 숨 쉬는 과학을 만들어냈다. 그런 방식으로 각각의 개체가 가진 특성과 태도에 대한 정확한 표현과 절대적인 진실이 파브르의 작품에 표현됐다. 숲과 농작물을 주식으로 삼고 바위 틈새에서 사는 들판의 거주민들 또는 땅 위를 기어다니는 잘 알려지지 않은 일꾼들, 이 모든 생명체는 밝혀질 비밀이 있거나 우리에게 무언가를 알려주려 한다. 매미도 우화에 나오는 것과 매우 다른 곤충이다. 그리고 무엇보다 그때까지 가장 환상적인 전설 중 하나에서 등장하는 이름을 딴 딱정벌레이자 무덤에서 자주 마주할 수 있는 왕소똥구리는 비록 연대순으로 따지자면 상대적으로 최근의 놀라운 관찰과 관련이 있지만, 파브르는 자신의 서사시에 기꺼운 프롤로그로서 맨 앞에 배치하는 것을 선호했다.

파브르가 모험을 감행할 때에는 얼마나 온건한지! 파브르의 끈질긴 인내심이 "알 수 없는 접근하기 어려운 벽"에 부딪혔을 때 얼마나 조심스러운지! 그 후 그는 존경할 만한 솔직하고 평온하고 진실한 태도로 다른 사람들과 달리 그저 "자신은 모른다."라고 인정했다. 단편적인 시각에 만족하고 사실보다 너무 앞서서 무한한 착각과 오류를 조장할 뿐인 무비판적인 마음을 지닌 다른 사람들과 달리 말이다.

학력이 높고 지식이 많은 사람 중에서도 관찰에 진정한 적성을 지닌 사람은 정말 몇 안 되며, 우리 지식의 불일치와 약점에 관한 내용을 담은 매우 유익한 책이 탄생했다는 사실은 정말 놀랍다. 이들이 가혹한 검사를 받는다면 자연과 세계에 존재하고 해결된 것으로 여기는 많은 문제가 얼마나 식상해 보일지!

예를 들어 그자비에 라스파유Xavier Raspail의 시대까지 수도 없이 반복돼 우리에게 너무나도 친숙한 뻐꾸기를 둘러싼 뿌리 깊은 이야기를 파괴하기까지 얼마나 오래 걸렸을까! 그 역사를 설명하고 진실의 빛을 비추기까지 말이다![33]

이런 관찰 결과를 기반으로 과학이 탄생했으며, 이론은 쇠퇴하고 잘 관찰된 사실만 불변의 진리로 남는다. 위대한 장인이 다듬은 이런 돌을 통해 미래의 구조물이 만들어지고, 어쩌면 언젠가 우리 자신의 과학도 새롭게 개조될 것이다.

이런 이유로 파브르의 책은 관찰에 전념하려는 모든 사람을 위한 안내서라 할 수 있다. 정신훈련 안내서이자 모든 박물학자가 읽어야 할 진정한 "방법에 관한 글"이며, 지금까지 알려진 것 중 가장 흥미롭고 유익하며 친숙하고 유쾌한 훈련 과정이다.

이 섬세한 작업에 얼마나 많은 노동이 필요한지, 파브르가 티끌 같은 금 한 알을 추출하고 자기 글의 기반이 될 분명한 사실, 긍정적인 문서를 수집하고 한데 합치는 과정에 얼마나 고통스러운 인내심이 필요했는지를 떠올리는 건 불가능하다. 우리는 매혹되고, 매료되고, 놀라워했다. 아무것도 보이지 않는 상태에서 손으로 더듬으며 앞으로 나아가고 점검하면서 엄청난 노동과 인내가 필요했다. 우리는 오랜 기다림과 망설임, 절망적일 만큼 많은 질문을 의심하지 않는다. 예를 들어 말벌과 대모꽃등에 사이의 흥미로운 관계를 규명하기 위해 얼마나 오랫동안 필요한 실험을 반복해야 했을지! 매일매일 자신이 보는 모든 것을 기록하는 파브르의 노트가 그 증거다. 호랑거미가 사냥용 그물을 만드는 원리를 해독하기 위해서는 매년 라일락이 늘어선 골목길에서 무엇을 관찰해야 할까! 남가뢰의 엄청난 탈바꿈처럼 몇몇 이야기는 25년간의 끈질긴 탐구의 결과로 겨우 완성되었으며, 왕소똥구리의 이야기를 완성하는 데는 40년이 걸렸다. 파브르의 관찰이 항상 불완전했기 때문이었는데, 이 작은 생명체는 볼 수 있지만 사람은 볼 수 없는 것을 예측하는 건 거의 불가능했기 때문이다. 그리고 일반적으로 그 틈을 채우기 위해서는 같은 지점으로 반복해서 돌아와야 했다.

파브르가 연구한 곤충은 대부분 거의 무리를 짓지 않고 드넓은 지역에 흩어져 홀로 생활하므로 한 마리씩만 마주할 수 있는 개체였다. 몇몇은 특정한 지역에서만 찾아볼 수 있었다. 예를 들어 그 유명한 노래기벌이나 노란날개조롱박벌처럼 카르팡트라 시골 지역을 벗어나면 흔적조차 찾을 수 없는 곤충도 있다.

관찰에 가장 적절한 계절도 따로 있다. 어떤 경우는 최적의 기회를 낚아채기 위해 매번 준비해야 한다. 협곡 바닥을 끝도 없이 감시하거나 타는 듯한 태양 아래에서 몇 시간이고 경계 태세를 유지해야 하기도 한다. 종종 기회가 지나가 버리거나 거짓으로 판명된 흔적을 쫓다 계절이 끝나버려 또다시 봄이 오기를 기다리기도 한다. 관찰자의 업무는 대부분 고통스럽게 자기가 만든 경단을 거칠고 돌멩이가 가득한 길을 따라 굴리는 꼬마소똥구리의 진이 빠질 것 같은 노동과 닮았다. 그러다 순간순간 무리가 멈춰 휘청거리는 바람에 짐이 굴러떨어져서 모든 일을 다시 시작해야 하는 상황과 비슷하다.

이제 우리는 파브르의 명성이 시작됨을 알린 불멸의 연구를 여유롭게 회상해볼 수 있다. 파브르는 은퇴하고 나서 자신의 발견을 더 일반화하고 넓힐 수 있었기에 더 큰 관심을 받고 덕을 볼 수 있었다.[34]

먼저 뒤푸르가 노래기벌 둥지를 관찰한 내용이 어떻게 달라졌는지, 여기서 어떤 발전을 끌어냈는지를 주목해보자.

파브르에 의해 분명히 밝혀진 후 이 흥미로운 사실은 유명해졌다. 이 사실들은 어쩌면 경이로움이 가득한 곤충학의 장관을 선사했을지도 모른다.

말벌은 꽃의 꿀로만 양분을 섭취하지만, 이런 상상조차 할 수 없는 말벌의 애벌레는 살아 숨 쉬는 신선하고 즙이 많은 고기를 섭취해야 한다.

말벌은 땅속에 굴을 파고 알을 낳은 후 귀뚜라미, 거미, 애벌레, 딱정벌레 등 엄선한 먹이를 내부에 충분히 공급한 후 입구를 닫아 아무것도 나오지 못하게 한다.

거의 모든 곤충처럼 어린 말벌은 애벌레 상태로 태어나 부화하는 순간부터 성장이 끝날 때(그러니까 며칠 동안 말이다)까지 그 안에 갇혀 그 어떤 도움도 기대할 수 없다.

여기에 흥미로운 문제가 있다. 어미가 가져온 희생양이 죽어 건조되거나 썩어서 애벌레에게 해를 끼치거나, 애벌레에게 필요한 대로 살아 있든가 둘 중 하나의 상황이 벌어진다. 하지만 그렇다면 "그 어떤 것도 파괴하지 못하는 이 연약한 생명체는 좁은 방 안에 갇혀서 몇 주 동안이나 길고 힘센 다리를 움직이는 딱정벌레들 사이에서 지낼 때, 혹은 괴물 같은 애벌레가 딱정벌레의 옆구리와 턱을 공격하면서 구불구불한 주름을 접었다 폈다 반복할 때 어떻게 될까?"

이런 황홀한 미스터리가 바로 파브르가 발견한 열쇠다.

상상조차 할 수 없는 독창성으로 말벌은 죽음이라는 위험을 수반하는 신체에 무작정 침을 찌르는 것이 아니라 생물의 다양한 움직임을 명령하는 신경 결정종을 지닌 자리에 정확히 침을 꽂았다.

이 미묘한 생채기를 입은 후 먹잇감이 된 희생양은 몸 전체가 마비되고 "마치 모든 용수철이 망가진 것처럼" 어긋나 보였으며, 실제로 더는 움직이지 않았다.

하지만 상처는 치명적이지 않다. 이 곤충은 목숨을 잃지 않을 뿐만 아니라 그 어떤 양분을 섭취하지 않고도 굉장히 오랫동안 살아갈 수 있는 이상한 특권을 얻었다. 마비로 인해 일종의 식물처럼 움직이지 않는 상태로 죽지 않는 환경을 만든 것이다.

때가 되면 배고픈 애벌레는 자신이 가장 좋아하는 고기가 마음에 드는 방식으로 준비된 모습을 발견할 것이다. 그리고 품위 있는 포식자는 무방비 상태의 먹잇감을 신중하게 사냥할 것이다. "정교한 기술로 희생자의 내장을 확실한 방법으로 조금씩 조금씩 뜯어 먹는다. 덜 중요한 부분을 가장 먼저 먹고, 생명체에게 꼭 필요한 부분은 마지막 순간을 위해 남겨둔다. 그리고 이해할 수 없는 광경이 벌어진다. 거의 2주 동안 살아 있는 채로 한 입씩 잡아먹히던 곤충은 점점 내부가 비워지며 마지막까지 육즙이 많고 신선한 상태를 유지한다."

사실 어미는 자신이 침을 쏴서 감각이 사라진 부위와 "항상 같은 위치"에 알을 낳으려 주의를 기울이기에 애벌레의 첫 한 입에는 별 저항을 하지 않는다. 하지만 애벌레가 점점 더 깊숙이 파고들면 "애벌레의 움직임에 반격하기 위해 귀뚜라미가 반사적으로 움직이기도 하지만, 그저 아래턱을 여닫거나 무의미하게 더듬이를 흔드는 게 전부다." 헛된 노력일 뿐이다. "이 탐욕스러운 곤충은 완전히 내부에 자리해 내장을 먹어버리고 무사히 그 속을 샅샅이 파헤칠 수 있다." 마비된 피해자의 작은 두뇌에 희미한 의식이라도 남았다면 이 얼마나 끔찍하고 긴 고통일까! 이 작은 들귀뚜라미에게 얼마나 악몽 같은 상황인지! 아늑한 은신처였던 햇볕이 내리쬐는 타임 줄기에서 멀리 떨어진 조롱박벌의 소굴로 갑자기 굴러떨어졌으니 말이다.

죽이지 않고 마비시키는 것, "기력은 없지만 살아 있는 먹이를 애벌레에게 가져다주는 것", 이 행동이 달성해야 할 목표이며, 그 방법은 사냥하는 곤충의 종과 먹잇감의 구조에 따라 다양하다. 그 결과 딱정벌레를 공격하는 노래기벌과 잔꽃무지 애벌레를 먹이로 삼는 배벌은 단번에 같은 자리에 침을 찌르는데, 운동신경절이 대부분 한 곳에 집중돼 있기 때문이다.

아주 힘센 타란툴라 같은 거미를 주로 먹이로 선택하는 대모벌은 타란툴라가 "각 다리와 끔찍한 송곳니를 각기 움직이는 신경중추 두 개를 갖고 있어 먹이를 두 번 찔러야 한다는 것"을 알고 있다."[35]

조롱박벌은 귀뚜라미의 가슴께에 송곳니를 세 번이나 박아 넣었다. 우리는 이해할 수 없지만 조롱박벌은 본능적으로 귀뚜라미의 신경이 넓게 퍼진 세 군데의 신경중추에 집중돼 있다는 걸 알았다.[36]

마지막으로 "본능의 논리가 가장 잘 드러나며 풍부한 지식으로 우리를 혼란스럽게 하는 나나니벌은 먹이로 선택한 애벌레의 몸을 아홉 군데나 찌른다. 애벌레의 신경이 일련의 고리처럼 끝에서 끝이 연결돼 있고 신경중추가 약간은 독립적으로 존재하기 때문이다."[37]

이게 끝이 아니다. 조롱박벌이 머리가 얼마나 좋은지는 예측할 수조차 없다. 두개골이 골절된 후 심각한 출혈이나 뼛조각으로 뇌가 압박받아 부상자가 혼수상태에 빠지는 상황을 들어본 적이 있을 것이다. 예를 들어 완전히 움직이지 않는 상태에서 동물 실험을 진행하고자 할 때 생리학자는 자연의 이런 과정을 모방하려 한다. 하지만 스펀지를 사용해 뇌에 일정한 수준까지 압력을 가하려면 두개골을 도려내야 한다는 생각을 처음으로 한 외과 의사는 곤충 세계에서 오랫동안 비슷한 과정을 사용하고 있었다는 걸 상상조차 했을까? 그리고 이 어설픈 방법이 곤충이 무의식적으로 하는 놀라운 업적에 비하면 아이들 장난에 불과하다는 사실을 알았을까?

흉부신경절에 송곳니를 찔러 넣는 것이 효과적이기는 하지만, 가끔은 이걸로 부족할 때가 있다. 비록 여섯 개의 팔다리가 마비된 피해자는 움직이지 못하지만, "가위처럼 뾰족하고 날카로우며 톱니 모양의 아래턱은 쌍을 이루고 있어 여전히 폭군에게 위협적인 존재였다. 이들은 적어도 주변의 풀을 움켜잡으면서 자신을 들고 나르려는 과정에 어느 정도 효과적으로 저항했다." 그렇기에 먹잇감을 옮기기 전에 숨통을 끊는 일을 마쳐야 한다. 그러니까 곤충은 피해자의 뇌를 압박하면서도 상처는 입히지 않도록 주의를 기울인다. 인사불성이 될 정도만, 무기력해지기만 할 정도로 말이다. 재주 많은 관찰자가 "이것은 놀랍도록 과학적"이라고 결론을 내리는 것이 타당하지 않을까?

파브르가 원래 주제로 삼았던 뒤푸르의 적나라한 설명과 기이할 정도로 다양한 이 방대한 생리학적 시 사이에는 얼마나 큰 차이가 있는지! 이 척박한 상황, 형체도 없는 그림을 우리가 얼마나 앞서나갔는지!

자기 고향인 랑드 깊은 곳으로 돌아가 은퇴한 또 다른 은둔자인 뒤푸르는 그 누구보다 자세한 설명을 늘어놓는 해부학자였으며, 노래기벌의 둥지 목록을 만드는 것으로 연구를 끝냈다. 뒤푸르가 보기에 비단벌레는 죽었고 벌목의 독이 특별한 역할을 한 덕에 이들의 보존 상태는 마치 방부처리를 한 것 같다고 짧게만 언급돼 있었다. 그러니까 이런 사실은 단순한 호기심으로 언급됐다.

파브르는 이 희생자가 다양한 자극제의 영향으로 몇몇 개체에서 수축을 자극하고 정해지지 않은 기간 동안 인위적으로 계속 숨이 붙어 있도록 만들면서 움직이는 것을 빼고는 모든 생명체의 속성을 지녔다는 것을 증명했다.

다른 한편으로 파브르는 말벌의 독이 비교적 무해하다는 것도 입증했다. 그중 일부, 그러니까 거대한 노래기벌이나 아름답고 위협적인 배벌 같은 말벌들은 엄청난 크기와 무시무시한 외모 때문에 놀라게 된다. 먹이를 보존하는 것은 어떤 초자연적인 특성, 액체 상태 독의 어느 정도 효과적인 살균 능력 때문이 아니라 단순히 정확한 위치에 기적 같은 실력으로 침을 박아 넣은 "외과의사" 덕분이다.

파브르는 곤충의 침이 마비된 신경계와 연결된 부분을 즉시 분리할 수 있다는 점을 지적했다. 전자를 보호하면서 다량의 교감신경 신경절이 있는 복부에 상처를 입히지 않도록 주의하면서 가슴의 아랫부분을 따라 어느 정도 집중된 후자를 완전히 파괴하면서 말이다.

파브르는 자신의 눈앞에 "치명적인 움직임으로 보이는 친밀하고 열정적인 드라마"를 일으켰을 뿐만 아니라 이 모든 놀라운 현상을 실험적으로 재현함으로써 매우 인상적인 묘사를 완성했다. 이 메커니즘과 다양한 변형을 논리적으로 설명하고 명료하게 감탄할 만한 관찰을 부상시키고 과학 분야에서 가장 아름다운 것으로 유명한 숙련도와 현명함을 자세히 설명했다. 생리학 분야에서 역사가 가장 긴 발견을 높은 수준까지 끌어올리기 위해 말이다. 분명 클로드 베르나르조차 자신의 유명한 실험으로 이보다 더 위대하고 더 진실한 천재성을 보여주지 못했을 것이다.

8장

본능의 기적

"성령은 뜻이 있는 곳에 불어온다."*

그토록 놀라운 결과를 만들어내는 곤충의 본능은 무엇일까? 단순히 지능의 수준인 걸까? 아니면 완전히 다른 형태의 활동일까?

동물의 습성을 연구하면서 파브르는 우리 자신의 본성을 더 깊이 들여다볼 수 있는 원초적인 행동의 샘을 발견했을까?

파브르는 우리에게 조롱박벌, 그러니까 "마비시키는 능력이 뛰어난 생명체"를 소개했다. 어쩌면 조롱박벌의 기억력뿐만 아니라 아이디어를 연결하는 능력, 판단력, 놀라울 정도로 조직화한 행동에 대한 일련의 추론 능력까지 인정해야 하지 않을까?

* 요한복음 3장 8절을 간접 인용한 듯하다.

상황을 통제하는 생명체의 악의에 관한 질문을 받은 "탁월한" 해부학자는 단순한 일에도 걸려 넘어지고 약간의 독창성에도 혼란스러워했다.

평범한 일상에서 벗어난 "조롱박벌은 얼마나 어리석은 행동을 하는지!" 조롱박벌은 저 멀리 날아가며 이해하기를 거부했다. "두 앞발로 눈을 닦고 먼저 입 주변에 앞발을 가져다 댔다. 몽환적이고 깊은 생각에 빠진 분위기를 나타내는 것 같았다." 무엇을 곰곰이 생각하는 걸까? 겹눈으로 바라본 일상생활에 갑자기 등장한 낯선 문제는 어떤 형태의 생각, 오해, 신기루로 나타날까?[1]

이걸 어떻게 알 수 있을까? 우리는 직관을 통해서만 우리 자신을 잘 파악할 수 있다. 우리가 동료 인간의 머릿속에 무엇이 들었는지 추측할 방법은 오직 우리의 자아에 관한 생각뿐이다. 곤충과 우리 사이는 이해할 수 없기에 곤충의 조직과 우리의 조직 사이의 유사점을 유추하는 건 불가능하다. 우리는 곤충의 의식 상태와 실질적인 행동의 동기에 관해 입증되지 않은 가설만 세울 수 있다.

곤충들의 활동과 노동에서 보이는 미지의 신비한 에너지를 그 자체로만 생각하고, 우선 우리가 이해하는 바에 따라 우리의 지능과 비교하는 데 만족하자.

별 의미 없이 닮은 점을 찾는 것보다 다른 점의 진가를 알아볼 때 우리는 더 많은 것을 얻을 수 있을 것이다. 사실

우리는 곤충과 그것의 엄청난 본능 이면에 있는 광활하고 먼 지평선, 그러니까 지성의 영역보다 더 심오하고 광범위하고 풍성한 결실을 얻을 수 있는 영역을 발견하게 될 것이다. 그리고 만약 파브르가 "세상에서 가장 어려운 책, 우리 자신에 관한 책" 몇 페이지를 해독하는 데 도움을 줄 수 있다면, 그건 한 철학자가 파브르에게 말했듯이 정확히 말하자면 "인간이 지적인 존재가 되는 과정에 본능이 남겨졌기 때문이다."[2]

이런 관점에서 파브르의 연구는 관찰과 실험의 귀중한 보고이며, 이 매혹적인 문제에 대한 지금까지의 연구 중 가장 큰 공헌을 했다.

> 지능은 돌아보고 판단하는 역할을 한다. 그러니까 결과를 원인과 연결하고 그 '이유'에 '왜'라는 의문을 덧붙이고 우연한 사고를 해결하고 새로운 행동 양식을 새로운 상황에 적응시키는 역할을 말이다.

파브르는 이처럼 인간의 지능에 관한 진화론자의 의견을 고려했다. 고대부터 내려온 행동 양식에 따라 신경의 특성이 잘 조정돼 결국 충동적이고 무의식적이며 정확히 말하자면 타고난 것이 되었다고 한다. 파브르는 우리가 경탄해야 할 수많은 증거와 논증의 힘을 통해 우리가 본능이라 부르는 모든 현상, 심지어 가장 기이한 현상을 결정하는 맹목적인 메커니즘, 심장과 폐의 리듬처럼 유전이 변하지 않는 일종의 자동화에 고정돼 있음을 입증했다.[3]

그러니 이 풍부한 자료에서, 시사하는 바가 많은 예시 중에서 가장 인상적인 입증, 그러니까 전형적인 몇 가지를 선택해보자.

파브르는 정의하기 어렵다는 이유로 본능을 정의하려 하지 않았고, 속을 알 수 없는 자연의 본질을 탐구하려 하지도 않았다. 하지만 자연의 질서를 인지하는 일은 깨부술 수 없는 뼈를 깨뜨리려고 노력하거나 풀리지 않는 수수께끼를 곰곰이 생각하느라 시간을 낭비하지 않아도 그 자체로 충분히 매혹적인 연구다. 중요한 점은 상상을 끌어들이지 않고 관찰과 실험의 결과를 넘어서고 사실을 우리만의 추론으로 대체하고 놀라운 것을 부풀려 현실을 앞지르는 것을 주의해야 한다는 것이다.

박식한 철학자의 논문과 추측보다 4,000페이지에 걸쳐 흩어져 있는 이 꼼꼼한 분석을 들어보자. 우리에게 더 많은 본능과 수많은 변형을 고려하도록 가르치는 분석을 말이다.

본능의 탄생과 성장의 장관만큼 관찰자의 마음을 복잡하게 만드는 건 세상에 없다.

정확한 순간에, 이미 정해진 상황으로 실패나 재앙이 예견된 것처럼 보일 때 파브르는 저항할 수 없는 힘으로 갑작스레 억압당한 곤충을 소개했다.

곤충은 "적절한 순간에" 일종의 신비롭고 완강한 규칙에 무조건 복종했다. 도제식 교육 없이도 곤충은 필요한 행동을 하고 맹목적으로 자신의 운명을 완수한다.

그리고 그 순간이 지나면 본능은 "사라지고 다시는 깨어나지 않는다. 며칠이 지나면 재능은 약간 달라지고, 종종 어린 곤충이 알던 것을 성충은 잊는다."[4]

늑대거미 중 몇몇은 "탈출하는 순간에 갑작스러운 본능이 발현되고 몇 시간 후 다시는 그 본능이 돌아오지 않는다. 성체 거미는 모르는 등반 본능이며, 땅 위를 돌아다닐 운명에서 해방된 어린 거미들은 곧 본능을 잊어버린다. 하지만 어미의 집을 떠나 여행하려는 어린 늑대거미는 갑자기 열렬한 등반가이자 비행사가 되어 길고 가벼운 실을 낙하산으로 사용한다. 여행이 끝나면 이런 독창성의 흔적은 남지 않는다. 갑자기 생겨난 등반 본능은 갑자기 사라진다."[5]

본능의 위대한 역사학자는 뿔가위벌이 둥지를 만드는 과정이 일련의 다양한 단계로 쪼개질 수 없다는 것을 아름다운 실험을 통해 놀라운 빛으로 비추었다. 선형적 연쇄작용, 전체 시스템을 구성하는 각각의 신경 분비물을 주도하는 필연적인 순서, 정확히 말하자면 행동 양식을 말이다.

뿔가위벌은 이미 완성된 둥지 위에 계속 집을 짓는다. 당연한 말이지만 뿔가위벌은 애벌레에게 필요한 양의 꿀이 이미 채워진 벌집을 완강히 고집했는데, 다른 사례처럼 이 경우에도 먹이를 공급하거나 둥지를 만들려는 충동이 아직 살아 있었기 때문이다.

하지만 벌집 안에 가득하던 꿀을 비워버리면 뿔가위벌은 다시 노동을 시작하지 않았다. "먹이를 제공하는 과정이 끝나면 꿀을 모으도록 부추기던 비밀스러운 자극이 더는 활성화되지 않는다. 따라서 꿀을 저장하던 행동을 멈추고 벌집의 빈방에 알을 낳아 미래에 깨어날 새끼에게 영양분을 공급하지 않은 채로 놔뒀다."[6]

나나니벌의 경우, 파브르는 상상할 수 있는 가장 유익한 생리학적 장관 가운데 하나에 우리의 관심을 집중시켰다.

뿔가위벌은 벌집의 방이 비워진 것을 알아차리지 못했지만, 나나니벌은 실험자의 속임수로 애벌레가 사라진 것을 감지할 수 없었다. 나나니벌은 "더는 존재하지 않는 애벌레를 위해 계속 거미를 쌓아두었다. 마치 애벌레의 미래가 걸린 것처럼 쓸모없는 사냥을 지칠 줄 모르고 계속했고, 인내심을 갖고 누구도 먹지 않을 먹이를 모았다. 더 나아가 실험자들이 벌집을 떼 버렸을 때도 벌집이 있던 자리에 밀랍 반죽을 더 가져오는 일탈까지 감행했다. 상상 속의 건물에 마지막 흙손질*을 하고 허공에 자신의 표식을 남겼다."[7]

* 흙을 바르고 반반하게 마무리하는 일.

이에 못지않게 유명한 또 다른 사실은 "곤충이 일상적이고 습관적인 노동에서 벗어나지 못한다."라는 것을 보여줬다. 파브르는 곤충의 지능이 부족하다는 수많은 증거를 끌어냈다.

긴호랑거미는 거미줄의 기하학적 구조에 있는 방사형 실이 하나라도 끊어지면 그것을 교체하지 못한다. 긴호랑거미는 매일 저녁이 되면 거미줄을 처음부터 다시 짜기 시작해서 마치 스스로도 즐거운 것처럼 아름다운 기술로 단숨에 엮어낸다.

큰공작나방 애벌레도 우리에게 같은 정보를 전한다. 고치를 짜는 데 집중할 때도 인위적인 힘으로 찢어진 부분을 수리하는 방법은 모른다. 애벌레의 죽음이 분명한, 아니, 미래의 나비가 분명히 죽을 상황인데도 큰공작나방 애벌레는 흠집이 난 부분을 메우기 위해 고군분투하지 않고 조용히 계속 실을 잣는다. 불필요한 업무에 전념하고 위험한 구멍을 무시하면서 번데기를 가장 먼저 발견하는 도둑의 자비로움에 자기 거주지를 맡긴다."[8]

따라서 "한 가지 행동을 막 마쳤다면 필연적으로 첫 번째 행동을 완수하기 위해 다른 행동도 수행할 수밖에 없다. 그리고 한 번 수행한 행동은 두 번 다시 반복하지 않는다. 언덕을 거슬러 수원지로 돌아갈 수 없는 수로처럼 곤충은 자신의 발자취를 되짚거나 행동을 반복하지 않는다. 변함없이 일련의 단계를 따라 일어나고, 예상한 대로 꼭 필요한 순서로 연결됐다. 마치 하나가 다음 하나를 깨우는 메아리처럼 말이다. …… 곤충은 자신의 놀라운 재능에 대해서는 잘 모른다. 마치 위장이 스스로의 영리한 화학 작용에 대해서는 아무것도 모르는 것처럼 말이다. 무기에서 독을 분비하고 애벌레의 실을 자아내고 벌집의 왁스를 만들고 거미줄의 실을 뽑아내면서 벽돌공처럼 건축하고 직물을 짜고 사냥하고 침으로 찌르고 마비시킨다. 그런데도 이 과정에서 방법과 목적은 조금도 모른다."[9]

따라서 본능은 지능과 별개의 문제이며, 파브르는 한 가지가 다른 것으로 전환될 수 없다고 생각했다.

하지만 이 다양한 활동이 파생되는 원천이 얼마나 심오하고 풍부하고 무한한지, 이는 동물계 전반에 분포돼 있다. 그리고 우리 본성의 가장 심오한 부분을 지배한다. 무의식적이거나 심지어 우리의 놀라운 지성의 정반대인 부분까지 지배해 종종 침묵하거나 완전히 압도하기도 한다.

비록 곤충의 아름다운 걸작을 완성하는 데 "성체의 가르침은 필요 없다."라고 하지만, 자연스럽게 단숨에 가장 높은 곳으로 떠오르는 천재의 포괄적인 개념이 늘 완전히 순수한 이성의 산물은 아니다.

흠잡을 데 없는 명령인 동물 모성의 숭고한 논리를 지능의 서툰 노력으로 대체하려는 인간 모성이 보여주는 망설임, 더듬거림, 불확실성, 오류와 비극적 실패를 비교해보자!

동물이 습관적으로 반복하는 행동을 제외하고 모든 부분에 어둠이 내려앉을 때면, 무의식의 분명한 지혜에 맞서 고된 방법으로 이를 소개하려 들 때면 이성은 얼마나 허약하고 주저하며 흔들리고 감당할 수 없는지!

사실, 우리가 이 무궁무진한 일련의 정교한 산업과 놀라운 기술에 빚을 지게 된 것은 이 연속적인 행동이 서로 밀접하게 연결되어 있기 때문이다. 파브르에게 이는 학습된 무의식이 만들어낸 셀 수 없이 많은 업적이다.

> 어미가 능숙하게 만들어낸 걸작인 둥지를 보자. 대부분 씨앗 대신 알이 들어 있는 세균으로 가득 찬 동물의 열매, 즉 배아 상자다.

긴호랑거미의 부드러운 알주머니는 "잘 익은 석류의 껍질처럼 태양의 부드러운 손길에 문을 연다."

유포르비아에 서식하는 진드기인 도롱이깍지벌레는 "신체 길이를 세 배로 늘려 뒷부분에 주머니쥐의 주머니와 비슷한 것을 만들어 그 안에 알을 낳고, 나중에 새끼들이 마음대로 부화할 수 있도록 남겨둔다."[10]

털가시나무의 깍지벌레는 "흑단의 성벽으로 굳어져 무수히 많은 해충이 자리를 바꾸지 않고 있다가 어느 날 갑자기 튀어나온다."

유령멍게의 애벌레가 갇혀 있는 얇은 막 같은 주머니가 열리는 순간 두 개의 반구로 쪼개진다. "그 규칙성이 너무 완벽해서 씨앗이 퍼지는 순간에 포자낭이 터지는 것을 정확히 기억할 정도였다."[11]

하지만 여기저기에서 우리는 "분명치 않은 구별"이라는 형태로 의식적인 이해의 기반을 엿볼 수 있다.

모든 식물은 선택적 친화와 변하지 않는 성향에 이끌린 자신만의 연인이 있다. 은주둥이벌을 위한 엉겅퀴, 큰멋쟁이나비를 위한 쐐기풀, 넉점박이큰가슴잎벌레를 위한 털가시나무, 아스파라가스잎벌레를 위한 백합이 그 예다. 콩바구미는 완두콩과 콩만 찾고, 금색바구미는 야생 자두만 찾고, 도토리바구미는 도토리나 개암만 찾는다.

하지만 양배추만 먹는 듯 보이는 흰나비도 종종 한련을 찾아오고, "산사나무덤불에 중독된" 금색잔꽃무지가 장미의 꿀에 집착하기도 한다.

나무줄기와 오래된 서까래 아래에 작은 굴을 파고 새끼를 기르는 어리호박벌은 "지루하지 않게 인공 통로를 활용한다."

왕가위벌은 "버려진 지 오래된 둥지의 경제적 이점도 알고 있다." 털보줄벌은 "가장 적은 비용으로" 가족을 꾸리고, 가끔 이전 세대가 파놓은 굴 덕을 보기도 한다. 털보줄

벌은 새로운 환경에 적응하며 굴을 직접 파는 대신 이미 만들어진 굴을 수리해 "힘을 절약"한다.[12]

그러니까 이 작은 곤충들의 행동은 경험을 통해 만들어지는 것처럼 보인다. 이들은 어떤 것이 "가장 적합한지"를 안다. 이들은 학습하고 비교한다. 어쩌면 곤충이 판단한다고도 할 수 있지 않을까?

"도로의 마른 먼지를 긁어 침과 함께 반죽해 단단한 시멘트로 바꾸는" 뿔가위벌은 진흙이 굳는다는 걸 예상하지 않았을까?

나나니벌은 마른 진흙으로 만든 둥지에서 몸을 피하기 위해 거주할 공간을 찾을 때 진흙이 비를 어느 정도까지 버틸 수 있는지 판단하지 않을까?

자두바구미는 공기가 통할 굴뚝을 만들어 애벌레가 숨을 쉴 수 있게 하는 효과를 모르는 채 만드는 걸까? 왕소똥구리가 애벌레가 숨을 쉴 수 있도록 배처럼 생긴 경단의 튀어나온 부분에 여과장치를 만드는 것도, 대륙풀거미가 맵시벌의 침으로부터 알을 보호하기 위해 흙을 단단하게 뭉쳐 성벽을 만드는 것도 모를 리가 없다.

우리는 어쩌면 문짝거미의 일종인 클로토거미의 집에서 고도의 논리를 지닌 걸작을 볼 수도 있지 않을까? "다리로 밀면 문이 열리고, 약간의 실크 덕에 문이 닫힐 때는 단단히 고정될 수 있는" 진짜 문을 말이다.[13]

"완전히 마비되지 않아 밑에서 꿈틀거리며 몸부림치는 애벌레 떼가 닿지 못하도록 아주 가벼운 숨에도 흔들리는 진자처럼 지붕에 실을 늘어뜨려 알을 달아놓은" 호리병벌의 놀라운 둥지도 정말 기적적인 발명이다! 나중에 알이 부화하면 "실은 애벌레가 기어 올라갈 수 있는 통로이자 은신처로 변한다. 호리병벌의 애벌레는 위험 징후를 조금이라도 느끼면 은신처로 다시 들어가 호리병벌이 먹잇감으로 놓아둔 애벌레 떼가 닿을 수 없는 천장으로 거슬러 올라간다."[14]

뿔소똥구리의 놀라운 이야기도 참고해보자. 우리는 용감한 소똥구리가 "우연한 사고를 피할" 능력(파브르는 이것을 지능의 독특한 특징 중 하나로 본다.)이 있음을 부정할 수 없다. 왜냐하면 우리가 주머니칼로 둥지의 뚜껑을 열고 알을 바깥으로 꺼내면 즉시 상황에 개입하기 때문이다. "칼 때문에 부서진 둥지의 조각들을 곧바로 한데 모으고, 피해의 흔적을 남기지 않기 위해 모든 것을 다시 한번 정리했다." 우리는 어미 뿔소똥구리가 어떤 놀라운 솜씨로 파브르가 이미 만들어놓은 소똥 덩어리를 활용했는지를 확인할 수 있다.[15]

하지만 곤충에서 발견할 수 있는 지능의 범위는 제한적이다. 파브르는 이를 충분히 설명했다. 송장벌레들은 놀라울 정도로 환경에 잘 적응해서 파브르의 실험 대상으로서의 어려움을 성공적으로 이겨내는 것처럼 보였지만, 송장벌레들은 익숙한 행위의 범위를 넘어서지 않고 여전히 무의식적

인 본능에 복종하는 것처럼 보였다.[16]

파브르는 뿔가위벌의 산란을 통해 본능을 둘러싼 직관적 지식에 예상치 못한 신선한 빛을 비추었다.

우리는 여전히 성별을 결정하는 요인들 사이에서 길을 더듬고 있다. 생물학은 이 주제를 산발적으로 조명했고, 우리는 대략적인 정보 몇몇만 가지고 있다. 그런데도 곤충사육사들은 여전히 이런 정보를 이용한다. 우리는 여전히 착각과 불완전한 예측의 영역 안에 머문다.

하지만 뿔가위벌은 우리가 모르는 것을 알았다. 뿔가위벌은 모든 생리적·해부학적 지식과 성별을 가리지 않고 새끼를 낳는 능력에 있어서는 완전히 정통했다.

나무딸기 그루터기의 빈 곳, 갈대의 빈 곳, 빈 달팽이 껍데기의 구불구불한 나선 안에 알을 낳는 "구릿빛 피부와 불그스름한 벨벳 털의" 이 예쁜 벌은 우리가 추측하기만 했던 고정적이고 불변의 유전 법칙을 알았고, 절대 실수하지 않았다.

뿔가위벌의 경이로운 특권은 벌집에서도 찾아볼 수 있다. 수컷과 암컷의 불균등한 발달로 인해 뿔가위벌의 애벌레에게는 똑같은 양분과 공간이 필요하지 않다. 몸집이 큰 암컷에게 벌집은 커야 하고 먹이는 풍부해야 한다. 별 볼 일 없는 수컷에게 벌집은 좁고 섭취하는 꽃가루와 꿀의 양은 적어야 한다.

뿔가위벌이 알을 낳기 위해 거주지를 찾아야 할 때는 종종 예기치 못한, 혹은 바꿀 수 없는 상황을 마주한다. 그리고 애벌레에게 필요한 공간을 선사하기 위해 "뿔가위벌은 공간의 환경에 따라 원하는 대로 암컷 또는 수컷이 태어나게 할 알을 낳는다."

노래기벌의 역사를 담은 이 놀라운 연구이자 실험곤충학의 최고 걸작에서 파브르는 벌목 곤충의 성별 분포와 연속성을 아우르는 흥미로운 법칙의 모든 세부 사항을 훌륭하게 확립했다. 파브르는 자연의 순리대로 암컷 혼자 벌집을 꾸려나가는 대신 유리로 만든 인공 벌통에 노래기벌을 강제로 입주시켜 수벌과 교미해서 알을 낳게 했다. 곤충들은 핵심적인 성별, 그러니까 종의 미래를 유지하는 데 특히 중요한 성별에 집중했다. 심지어 파브르는 일하는 책상, 책, 병, 기구 주변에서 윙윙거리던 벌들의 산란 순서를 완전히 바꾸도록 만들었다. 결국 파브르는 뿔가위벌 난자의 중심은 아직 성별이 결정되지 않았으며, 알이 난관에서 나오려는 바로 그 순간에 어미의 의지에 따라 신비하고 피할 수 없는 자국을 남긴다는 사실을 증명했다.

하지만 "이 보이지 않는 것에 대한 분명한 생각"은 어디서 왔을까? 여기서 다시 한번 파브르가 스스로 풀 수 없다고 선언한 자연의 수수께끼가 하나 등장했다.[17]

이게 다일까? 아니다. 우리는 우리를 안내해주는 존경

스러운 스승을 따라 이 기적적이고 비교할 수 없는 왕국을 아직 모두 둘러보지 못했다. 작고 보잘것없는 생명체 사이로 한 걸음 더 내려가 보자. 우리는 성향, 충동, 선호도, 노력, 의도, "마키아벨리즘 같은 계략과 듣도 보도 못한 책략"을 찾을 수 있다.

살아 숨 쉬는 반점처럼 생긴 끔찍한 검은색 애벌레로, 가뢰과 중 하나인 시타리스 딱정벌레의 애벌레는 독립적으로 생활하는 벌인 털보줄벌의 기생충이다. 이들은 양지바른 둑 경사면에 있는 굴 입구에서 아직 진흙으로 만든 굴 안에 갇혀 있는 어린 털보줄벌들이 부화할 봄이 오기만을 참고 기다린다. 수컷 털보줄벌은 암컷보다 조금 일찍 부화해 굴 입구에 모습을 드러낸다. 그러면 시타리스 딱정벌레의 어린 애벌레들은 강력한 발톱으로 무장하고 깨어나 이리저리 서둘러 수컷 털보줄벌의 털에 몸을 얹고 긴 여행에 동행한다. 하지만 이 살아 숨 쉬는 얼룩무늬는 곧 자신들의 문제를 알아챈다. 온종일 그 지역을 샅샅이 뒤지고 꽃을 약탈하느라 시간을 보내는 수컷은 외부에서만 생활했고, 이런 행동은 결코 애벌레들의 목적과 맞지 않다. 하지만 털보줄벌의 성비가 일정하게 유지되지 않는 순간이 오면 수컷 털보줄벌은 민첩하게 방향을 바꿔 굴로 돌아가고, 눈에 띄지 않는 이 애벌레들은 사랑이 가득한 만남으로 이득을 본다. "그러니까 이 작은 동물들은 사실에 기반한 경험을 담은 기억(이는 이들이 희미하게나마 지능을 지녔다는 주장에 유혹되는 이유를 보여준다!)을 지니고 있다." 이제 털보줄벌 암컷을 붙잡은 시타리스 애벌레는 암컷이 만든 요람이 있는 굴 끝까지 "모습을 숨기고 가만히 암컷에 실려간다." "그리고 알을 낳는 그 정확한 순간을 지켜보며 알 위에 정착했다가 꿀 표면에 떨어져 털보줄벌의 미래 자손을 대신해 집과 음식을 얻는다."[18]

또 다른 말로 표현하자면, "작은 젤리 같은 반점"이자 "생명체의 그림자"인 좀벌의 애벌레, 뿔가위벌의 기생충 중 하나인 밑드리벌은 벌집의 방 하나에는 한 마리만을 위한 음식이 있다는 걸 안다. 이 작은 거주지로 들어가는 경우는 거의 없었지만, 우리는 이 "이름 없는 형태"가 며칠 동안 "불안하게 방황하며 위, 아래, 앞, 뒤, 옆을 오가고" 정해진 구역을 맴돌며 마치 "어둠 속에서 무언가가 보이는 것처럼 떠는" 모습을 목격했다. 이 "생명력 넘치는 작은 방울"이 원하는 건 뭘까? 왜 이 작은 곤충이 흥분하는 걸까? 이는 지금까지 발견하지 못한 다른 애벌레, 경쟁자의 위치를 파악해 몰살하려는 움직임이다![19]

그렇다면 본질적으로 본능이란 무엇일까? 그리고 지능은 또 무엇일까?

우리는 어떻게 생명의 모든 징후에 대한 무궁무진한 목록을 작성하려고 하며, 왜 모든 종을 알려지지 않은 변종과 함께 좁은 분류 안에 넣으려 할까? "이 프로테우스Proteus*가 얼마나 영리하고 환상적인지 알아차렸을 때, 그리고 두 가지 삶의 방식만 있는 것이 아니라 서로 다른 수천 가지 방식이 있다는 것을 알아차렸음에도"[20] 생명체에는 본능과 지능이라는 두 가지 방식만 있다고 말하는 이유는 무엇일까? 어쩌면 오히려 이는 항상 일정하지 않고, 모든 곳에 존재하며 생명체에 영향을 미치고, 셀 수 없을 만큼의 형태와 변장을 통해 끝없는 영향을 받는 건 아닐까?

이것이 바로 본능이 "전문가의 메스"와 화학자의 기구를 사용하지 않는 이유다. 우리는 해부하고 돋보기의 도움을 받아 장기를 꼼꼼히 살펴보고 겉날개를 조사하고 날개의 신경과 다리의 관절 수를 세볼 수도 있다. 우리는 선 하나, 머리카락 하나도 잊지 않는 르네 레오뮈르처럼 모든 점을 예상할 수 있다. 어쩌면 입의 모든 부분을 비교하고 측정해 계급을 정의할 수도 있다. 하지만 이 모든 물리적 구조에서 곤충의 습성을 분명히 알려줄 수 있는 단 한 가지 지점도 찾지 못할 것이다. 약간의 차이가 뭐 그리 중요할까? 두 가지 종 사이에 존재하는 넘을 수 없는 경계선은 해부학적 차이보다 더 큰 정신적 차이다. 본능은 형태를 지배하고 도구가 장인을 만들지 않으며 잘 적응된 것처럼 보일지라도 "다

* 그리스 신화에 등장하는 바다의 신으로, 모습을 자유롭게 바꾸고 예언하는 능력을 지녔다.

양한 구조 중 그 어떤 것도 그 안에 이성이나 완결성을 지니고 있진 않다."

그렇기에 본능의 본질에 대해 우리가 어떤 의견을 갖고 있든 곤충의 재주와 습관은 정확히 말하자면 기관의 외형적이고 가시적인 형태와 연결되지 않으며, 반드시 알맞은 도구를 예상할 수 있는 것도 아니다.

우리는 대부분의 유기체, 특히 식물의 경우 물질적 환경이 거의 감지할 수 없을 만큼 변하더라도 종종 그 특성을 바꾸고 충분히 새로운 소질을 만들어낼 수 있다는 걸 알고 있다. 그래도 우리는 파브르처럼 궁금해할 수밖에 없다. 물리적 변형이 너무 미미해서 그 어떤 정교한 관찰도 피할 수 있지만 근본적으로 다른 능력의 등장을 결정하기에 충분했을지를 말이다. 설명할 수 없는 능력, 예기치 못한 습관, 뜻밖의 체력, 전례 없는 산업은 여기저기서 사실상 똑같은 기관을 통해 발휘된다. "같은 도구는 어떤 목적에도 똑같이 유용하다. 재능만 있다면 다양한 용도에 맞게 적용할 수 있다."

도공벌은 두 종류의 독특한 일을 한다. "발톱과 발달한 턱으로 잔털이 많은 부드러운 식물을 모아 모직을 만드는 일과 송진을 반죽하고 고운 자갈을 섞는 일이다."[21]

자두바구미는 "긴 주둥이를 경질석처럼 이용해 야생자두의 씨앗에 구멍을 뚫고, 포도나무와 포플러의 이파리를 말아 작은 시가와 비슷한 형태를 만든다."

장미꿀벌이라고도 부르는 가위벌의 도구는 결코 그 일에 적합하지 않다. "하지만 가위벌이 잘라낸 원형의 이파리는 절단기로 만든 것처럼 완벽하다."

같은 구조를 어리호박벌은 나무에 구멍을 내고 오래된 서까래에 긴 통로를 만드는 데 사용하지만 "다른 곤충들은 진흙과 자갈 일부를 떼어내기 위해 곡괭이처럼 사용한다. 작업자가 자신의 전문 분야를 고수하는 건 재능의 성질일 뿐이다."

게다가 더 뛰어난 동물도 같은 감각과 구조를 지니고 있지만 성향과 지능의 수준이라는 부분에 있어서는 커다란 격차가 있다!

습성은 해부학적 특성이 아니라 성향이나 노동의 종류에 따라 결정된다.

비슷한 구조의 하늘소 애벌레 두 마리는 완전히 다른 위장을 지녔는데, "하나는 참나무만, 다른 하나는 산사나무나 체리로렐만 섭취한다."

"사마귀라면 거의 똑같은 욕구, 본능, 습관을 보일 것 같지만, 엄청난 배고픔을 느껴 다른 사마귀를 잡아먹는 호전적인 성향을 보이는 일반적인 사마귀와 달리 엠푸사사마귀는 냉철하고 평온해 보이는 건 어디서 비롯된 걸까?"

같은 맥락에서 노란꼬리검은전갈은 같은 종족에 속하는 랑그도크흰전갈에서 관찰되는 흥미로운 특징이 전혀 관

찰되지 않는다.[22]

결론적으로 구조는 능력에 관해서는 아무것도 알려주지 않는다. 기관은 그 기능에 관해서 설명하지 않는다. 전문가들이 렌즈와 현미경에 정신을 빼앗기도록 내버려 두자. 어쩌면 이들은 한가하게 이것 또는 저것, 종, 속, 과, 목에 관한 어마어마한 세부 사항을 늘어놓을지도 모른다. 아니, 어쩌면 문제를 다 파악하지도 못한 채 감지하기 힘든 연구를 수행하고 미세한 변형을 자세히 설명하려고 무수히 많은 페이지를 쓸 수도 있다. 그러느라 무엇이 진짜 경이로운지 보지 못할 수도 있다.

작은 곤충이 마지막으로 발톱을 정돈했을 때 그 곤충이 지니고 있던 비밀도 함께 영원히 사라졌다. 곤충을 살아 숨쉬게 하고 생명을 불어넣어 준 감정과 함께 말이다. 죽음으로 결정화된 것은 생명이 무엇인지 설명할 수 없다. 천재의 특권인 직감을 자랑하는 프로방스 가수가 아름다운 가사로 이런 생각을 표현한 적이 있다.

> 오! 메스를 들고 있는 바보들
>
> 죽음을 찾아보며, 그들은 안다고 생각하지
>
> 벌의 미덕과 벌집의 비밀을![23]

9장

진화 또는 “생물변이설”

하찮은 애벌레는 어떻게 그 놀라운 지식을 얻었을까? "그들의 습관, 적성, 산업은 무한한 시간의 흐름 속 잇따른 경험을 통해 얻은 매우 작은 것들의 통합인 걸까?"

파브르는 이 말에서 진화의 문제를 제시했다.

지구상에서 끝없이 계승되며 새로워진 종족의 순서를 따라가는 것이 아무리 어려울지라도 세상이 시작된 이래 모든 생명체가 밀접하게 관련되어 있다는 건 확실하다. 그리고 멸종된 것이 어떻게 지금의 형태를 파생하게 됐는지를 찾는 진화에 대한 장대하고 풍요로운 가설은 적어도 완전히 이해할 수 없는 진실 대부분에 그럴듯한 이유를 준다는 엄청난 장점이 있다.

그렇지 않다면 우리는 그토록 다양하면서도 복잡하고 완벽한 본능이 어떻게 "우연의 항아리에서" 갑자기 튀어나왔는지 상상조차 할 수 없었을 것이다.

하지만 파브르는 그 어떤 것도 가정하지 않고 사실만

기록할 것이다. 가능성의 영역에서 방황하는 대신 스스로를 현실에 국한하고 나머지에 대해서는 "우리는 모른다."라고 단순히 답하는 걸 선호한다.

기하학과 정확한 과학을 양분으로 먹고 자란 긍정적이고 독립적이며 관찰력 있는 정신은 근사치와 확률에 만족하지 못하고 가설의 유혹을 불신할 수밖에 없었다.

파브르의 강력한 상식은 항상 성급한 결론의 방어 수단이었는데, 일반화에 빠지지 않게 "관찰과 실험이라는 험난한 길을 걸으며" 과학의 한계와 축적된 사실을 매우 분명하게 이해했다. 파브르는 삶에는 우리 정신이 파헤칠 수 없는 비밀이 있으며, "인간의 지식은 가장 작은 파리를 표현할 수 있는 핵심적인 말을 알기도 전에 세상의 기록 보관소에서 지워질 것"이라 생각했다.

이것이 그가 공인된 과학자 단체에서 "의심스러운 사람" 취급을 받은 이유다. 특히 진화론이 처음으로 참신함을 드러내며 모든 곳에서 환대받던 그 순간에 파브르는 그 이론에 반대한다는 이유로 거의 반역자 취급을 받았다.

그 누구도 관심 있는 대가의 말을 받아들이지 않은 이 겸손한 사상가의 미래를 예언하지 못했지만, 반동분자가 되는 것과 거리가 먼 파브르는 적어도 동물 심리학 분야에서 혁신가이자 선구자로 모습을 드러냈다.

게다가 파브르의 관찰은 항상 매우 직접적이고 개인적

이어서 종종 정신이 제안하는 마법의 공식으로 주장되거나 예측되는 것과 정반대의 사실을 밝혀냈다.

파브르는 진화론자가 고안해낸 기발한 메커니즘의 논거에 반대하는 게 아니라 적나라하며 부인할 수 없는 사실, 명백한 증언, 분명하고 논쟁의 여지가 없는 사례로 반대하는 것을 선호했다. 파브르는 이렇게 물었을 것이다.

> 어떤 애벌레가 부식성 물질을 몸에 바르는 게 과연 적을 물리치기 위한 것일까? 하지만 참나무의 행렬털애벌레를 잡아먹는 시코판타명주딱정벌레 애벌레는 이를 신경 쓰지 않는다. 소나무의 행렬털애벌레 내장을 파먹는 수시렁이도 마찬가지다.

그리고 모방을 떠올려보자. 진화론에 따르면 어떤 곤충은 스스로를 숨기기 위해 다른 곤충과 닮은 부분을 이용하고, 닮은 곤충의 집에 기생하기 위해 스스로를 끼워 넣는다. 갈색과 노란색 줄무늬가 있는 커다란 파리로, 말벌의 모습을 빼다 박은 대모꽃등에가 바로 이런 경우다. 대모꽃등에는 자신을 위해서뿐만 아니라 가족을 위해서도 말벌의 서식지에 기생해야 했기에 눈속임을 위해 희생자의 옷을 입었다. 그 결과 모방의 가장 흥미롭고 충격적인 사례를 볼 수 있다. 그리고 정보가 부족한 박물학자는 이를 진화의 위대한 승리 중 하나로 취급할 것이다.

대모꽃등에는 이제 어떤 행동을 취할까? 아무런 방해도 받지 않고 말벌의 둥지에 알을 낳을 수 있다. 그러나 엄격한 관찰자라면 알 수 있듯이, 이는 공동체의 적이 아니라 소중한 조력자다. 자신을 숨기거나 위장하는 것과는 거리가 먼 대모꽃등에의 애벌레들은 "모든 낯선 생명체를 그 즉시 학살하거나 쫓아내지만, 자신은 벌집 위를 대놓고 움직였다." 또 "이들은 죽은 자의 둥지를 청소하고 말벌 애벌레의 배설물을 치우면서 공중위생을 감시한다." 연달아 각 방에 몸을 밀어 넣으면서 "대모꽃등에의 애벌레들은 은신처에 갇힌 말벌 애벌레가 엄청나게 비축한 액체 배설물을 배출하도록 유도한다." 한마디로 대모꽃등에 애벌레는 가장 가까이에서 임무를 수행하는 "말벌 애벌레의 유모다."[1]

정말 놀라운 결론이다! "인기 있는 이론"에 대한 얼마나 당황스럽고 예상치 못한 대답인지!

그러나 시적 기질과 열정적인 상상력을 지닌 파브르는 모든 생명체가 연결된 광대한 관계망을 모두 파악할 수 있을 정도로 훌륭하게 준비된 듯 보였다. 모든 이론, 주의, 체계가 차례로 파브르의 증명과 논의에 의지해 이익을 얻을 수 있다는 점이 바로 파브르의 불멸의 작품이 견고하다는 사실을 증명한다.

비록 파브르는 그 어떤 주장도, 이론도, 체계도 제시하지 않았다고 자랑했지만, 스스로는 지배적인 학파의 제안에 조금도 양보하지 않았고, 창조의 진화적 과정에 주목할 만한 기여를 보여줬다는 점에서 종종 더 선구적이지 않았을까?

애초에 파브르는 환경적 요인의 무시할 수 없는 영향, 장 라마르크Jean Baptiste Pierre Antoine de Monet Lamarck* 가 그토록 강력히 주장했던 무수히 많은 외부 환경의 엄청난 역할을 논외로 두지 않았다. 하지만 파브르는 이런 요인들의 작용이 자연의 질서에서 완전히 부차적인 것일 뿐이라고 보았다. 그리고 어쨌든 진화와 아주 작은 부분까지 특징짓는 분명한 방향성과 초월적인 조화를 설명하는 것과는 거리가 멀었다.

과학을 대중화하고 가르치기 위한 자신의 훌륭한 교재 중 하나에서 파브르는 다윈이 이해한 대로 "숭고한 마술사"인 선택이 이루어낸 행복한 변화를 만족스럽게 나열했다. 파브르는 칠레 산맥 감자의 변화를 하찮은 독성 덩이줄기로, 바다를 향한 울퉁불퉁한 암벽에서 자라나는 양배추를 "줄기가 길고, 어수선하게 자란 칙칙한 초록색 잎은 없다시피 하며, 알싸한 맛에 강한 냄새"가 나는 잡초 같다고 상기했다. 또한 이전에 잘 알려지지 않았던 초라한 밀에 관해서도 이야기했다. 원시 배나무에 대해서는 "고약하고 떫은맛이 나는 열매에 다루기 힘든 가시가 가득한 끔찍한 덤불"이라 설명했다. 연못 근처에서 자란 야생 셀러리에 대해서는

* 프랑스의 생물학자이자 진화론자다.

"어디를 베어 물어도 초록빛으로 단단하고 끔찍한 맛이 나지만, 시간이 지날수록 점점 더 부드러워지고 달아지며 더 하얘지고 독성도 사라진다."라고 언급했다.

이 위대한 생물학자는 척박한 토양이 동물과 식물에 충분한 영양분을 공급하지 못할 때 크기가 얼마나 달라지는지, 그러니까 얼마만큼까지 왜소해지는지도 매우 정확하게 알았다.[2]

파브르는 같은 질문에 사로잡혀 있던 다른 과학자들과 아무런 소통도 하지 않았다. 그래서 다른 과학자들이 이미 작은 포유동물에게 나타나는 왜소증이 종종 생리적 빈곤 외에 다른 이유가 없다는 실험 결과를 얻었다는 사실을 전혀 알지 못한 채 곤충학적 관점에서 그들의 생각을 확인하고 확장했다.[3]

사실 파브르는 이 주제든 저 주제든 다른 사람들의 연구에서 영감을 받은 적이 거의 없었다. 파브르는 거의 아무것도 읽지 않았기에 자연만이 유일한 스승이었다. 파브르는 책에서 얻을 수 있는 지식이 현실에 비하면 한낱 증기에 불과하다고 생각했다. 오직 자신이 직접 떠올리는 것 또는 자연이 보여주는 사실에만 의존했다. 저술가든 노동자든 파브르가 다른 사람에게 얼마나 의지하지 않았는지를 확인하려면 파브르의 빈약한 도서관에 꽂힌 책 몇 권을 들여다보면 된다.

진정한 자연주의 철학자이자 심오한 관찰자인 파브르는 곤충의 세계에서는 일반적인 규칙의 예외처럼 보이는 특이한 변칙도 조명했다. 흥미로운 해부학적 문제를 제안하는 건 단지 곤충학자의 호기심과 재미를 위한 것뿐만 아니라 진화론자의 다윈주의적 지혜에 대한 것이기도 했다.

예를 들어 왕소똥구리는 어떻게 존재하게 됐으며, 어떻게 평생을 온전치 못한 상태로 살아남았을까? 다시 말해 어떻게 앞다리의 발가락이 모두 사라진 채로 살아남았을까?

> 만약 부속물의 형태가 습관이나 특별한 본능, 또는 생명의 조건 변화에 대한 징후일 뿐이라면, 진화론은 이 불완전함을 설명하기 위해 노력해야 한다. 다른 생명체들처럼 이 생명체도 같은 계획을 구축하고 완전히 같은 부속물을 지녀야 하니 말이다.

"성충 단계에서 완벽하게 발달한" 보라금풍뎅이의 뒷다리는 애벌레 상태에서는 위축돼 작은 얼룩처럼 보일 정도다.

이주와 변화를 담은 종의 일반적인 역사는 여기서는 일시적이고 저기서는 영구적인 이 이상한 질환을 언젠가는 분명히 조명할 것이다. 이것은 먼 나라에서 길을 잃은 미지의 표본과 예기치 않게 만나면서 설명될 수도 있다.[4]

이 포기할 줄 모르는 질문자가 밝혀낸 시타리스와 가뢰의 여러 단계에 걸친 엄청난 탈바꿈이 종의 진화를 다루는 곤충학자와 사학자에게 얼마나 귀중한 문서인지!

과학조사의 훌륭한 사례 중 하나는 과변태라는 문제를 예견에 가까운 수준으로 현명하게 추적한 25년에 걸친 연구다. 앞서 봤던 것처럼 털보줄벌의 벌집에서 악독한 교활함을 뽐냈던 딱정벌레 애벌레(8장을 참고하자)는 약충*이 되기까지 네 번 이상의 탈피를 겪는다.

외피만 바뀌고 내부 구조는 그대로 유지되는 딱정벌레 애벌레의 단순한 외적 변화는 환경과 식단의 변화에 상응한다. 이 유기체는 새로운 생존 방식에 매번 "성체처럼 완벽하게" 적응한다. 그리고 우리는 선명했던 시력이 멀고, 다리가 사라졌다가 후에 다시 등장하는 곤충을 본다. 날씬했던 몸은 배가 통통해지고 단단했다가 부드러워지고, 아래턱은 처음에는 강철 같았다가 숟가락같이 속이 빈 형태로 변한다. 각각의 형태 변화는 삶의 조건을 새롭게 바꿀 동기가 됐다.

네 가지 단계를 거치는 애벌레의 독특한 진화는 어떻게 설명할 수 있을까? 이전의 모습과 완전히 다른 형태와 매번 다른 기능을 수행하는 기관이 연속적으로 등장하는 현상을 어떻게 설명할까?

이 눈에 보이는 변화, 생명체를 둘러싼 표피가 여러 번 변하는 과정이 일어나는 이유, 의도, 상위 규칙은 무엇일까?

* 불완전 변태를 하는 동물의 애벌레를 말한다.

시타리스는 과거의 어떤 적응 과정을 통해 이렇게 다양하고 특별한 생의 단계를 연속적으로 겪을까? 이는 어쩌면 각각 해당하는 시기에 관한 멀고 오래된 유전적 계보를 나타내는 것일까?[5]

파브르의 책에서 얼마나 많은 진화론의 주장이 파생될 수 있으며, 그가 무의식중에 다윈주의 철학에 얼마나 많은 예시를 제공했는지! 심지어 "생명체의 교활함과 속임수는 다음 세대로 전달된다."라는 주장조차 파브르에게서 나온 게 아닐까? 파브르는 날도래가 "연못의 해적"인 물방개의 박해 속에서 필요할 때면 방패를 개조하는 능력이 어디서 시작됐는지 확인했다. 날도래는 도둑의 공격을 피하려고 서둘러 외피를 벗고 바닥에 가라앉아 곧바로 자기 모습을 지웠다. 필요는 발명의 어머니다.[6]

파브르가 우리의 조직에서, 심지어 우리 중 가장 완벽한 조직에서 발견해 놀라움을 자아냈던 결점으로 돌아가 보면, 그건 근본적으로 정말 실재하는 걸까? 파브르가 설명하는 데 큰 공을 들인 열등한 종의 경우, 만약 우리가 정말 창조의 궁극적 목표이자 끝이라면 왜 우리는 이 신비하고 비밀스러운 감각을 물려받지 못했느냐고 파브르는 묻는다.

하지만 베르그송이 우리에게 권유하는 것처럼 직관을 기르는 과정에서 우리 깊은 내면에서 잠자는 이 이상한 능력을 다시 깨우는 것은 불가능할까? 붉은개미, 모래말벌,

노래기벌, 대모벌, 왕가위벌 등 수많은 동물이 "스스로의 위치를 파악"하고 틀림없는 확신과 믿을 수 없는 정확성으로 방향을 잡는 설명하기 힘든 기억은 무엇일까? 여행자들에 따르면, 자연과 가까이하고 외딴곳에서부터 거대한 침묵의 사막에 귀를 기울이는 데 익숙한 사람들에게서 찾을 수 있을지도 모른다고 한다.

마지막으로 "상상 속에서 세계를 재구성"하고 이웃 종과의 관계에서 혈통이나 기원의 증거와 전체적인 이상을 찾는 진화론자는 자신의 연구 전반에 걸쳐 제대로 판단하지 못한 상태에서 먹잇감 곳곳에 침을 놓는 노래기벌 사촌인 호리병벌과 감탕벌의 기본적인 행동이 사실 수많은 고립된 시도가 아니라 그보다 불완전한 발명의 과정이자 진실한 형태를 잡아가는 과정의 시행착오라는 점을 알아차리는 데 실패하지 않을 것이다. 한마디로 그 환상적인 본능의 탄생은 조롱박벌과 나나니벌의 놀라운 기술로 끝난다.

비록 이들이 엄청난 기교를 익혔지만, 사실 마비의 달인이 항상 완벽하지는 않다. 조롱박벌도 가끔 실수하고 더듬거리며 "어색하게 행동"한다. 그 결과 귀뚜라미가 다시 살아나 발을 딛고 일어나 빙빙 맴돌다가 걸으려 하기도 한다. 나는 파브르에게 이렇게 물었다. 자신에게 유리한 우연한 행위로 이익을 얻은 이들은 나이 든 개체와 접촉해 "사례를 모방한 덕에" 스스로를 완성할 수 있었고, 그 결과 해당

종의 후손에게 유전적으로 전달된 경험이 결정화한 건 아닐까?[7]

그렇게 된다면 얼마나 좋을까! 이들의 삶이 얼마나 더 이해하기 쉽고 흥미로워질까!

하지만 "벌목이 고치를 깨고 나왔을 때 스승은 어디에 있을까? 이들을 가르쳐줄 전임자들은 이미 오래전에 사라졌다. 그렇다면 어떻게 사례를 통해 교육받을 수 있을까?"

"기분에 따라 세상을 만들어가는" 당신은 이렇게 답할지도 모른다. "당연히 지금은 스승이 없지만 고대 로마의 시인 루크레티우스Lucretius가 수려하게 설명했듯이, 새로운 세상이 막 탄생했을 때 혹독한 추위나 과도한 더위를 몰랐고[8] 영원한 샘물이 대지를 적셔 곤충이 죽지 않았으며 오늘날처럼 첫서리가 내려도 두 세대가 나란히 생존해 젊은 세대는 선배의 사례에서 배운 교훈으로 여유롭게 이익을 얻을 수 있었던 초기 지구로 돌아가 보자."[9]

다시 파브르의 실험실로 돌아가서 겨울이 다가왔을 때 촘촘한 철망 뚜껑으로 덮인 말벌 도시의 생존자들이 어떻게 되는지 살펴보자.

말벌을 관찰하는 온화하고 편안한 은신처에서도 이들은 죽음을 맞이할 수밖에 없다. 비록 이들의 건강을 위해 모든 면에서 정성 들여 보살펴도 "냉혹한 시간"이 닥치면 이미 오래전에 이들에게 주어진 듯 보이는 바로 그 생명의 자원이 고갈되면 말이다. 분명한 원인도 모르는 채로 우리는 죽음이 이들 사이를 바쁘게 오가는 것을 목격하게 된다. "갑자기 말벌은 벼락을 맞은 것처럼 땅에 떨어지고 얼마간 복부가 떨리고 다리를 내두르다가 결국 마지막 태엽까지 풀린 시계처럼 움직이지 않는다." 이 규칙은 일반적이다. "온전한 생애를 누렸던 소똥구리와 사회적인 곤충을 제외하고는 보통 곤충은 엄마와 아빠 없이 홀로 태어난다."[10]

게다가 자기 행동의 동기를 완벽하게 알 수 없는 곤충은 경험의 교훈을 이용하거나 습관을 개선함으로써 이익을 얻으려는 시도가 매우 제한적인 수준을 넘어서지 못한다는 것을 파브르는 지치지 않고 증명했다. "수습생이 없다면 숙련자도 없다." 이 세계에서 모든 개체는 각자 "내면의 소리"에 순응하고 각자 자신의 임무를 수행하려고 노력하는데, 이웃이 무엇을 하든 고민하지 않을 뿐만 아니라 자신이 무엇을 하는지도 깊이 생각하지 않고 자기 임무를 완수한다. 호랑거미의 경우, 자기 일에 무관심하지만 거미줄 짜기는 "잘 짜인 메커니즘 덕에 저절로 작동할 것이다." 만약 호랑거미가 운 나쁘게도 거미줄 짜기에 대해 생각한다면 실패할 것이다.

다윈은 파브르의 엄청난 업적의 10분의 1도 알지 못했다. 다윈은 먼저 《자연과학의 연대기》에서 파브르가 쓴 노래기벌의 습성과 가뢰의 놀라운 역사를 읽었다. 결국 《파브르 곤충기》 1권이 출간되는 것을 목격하고 뿔가위벌의 위치 감각과 방향감각에 관한 아름다운 연구에 큰 관심을 보였다.

이는 이미 다윈의 호기심을 자극하기에 충분했고, 다윈의 모든 철학이 이 장애물에 걸려 넘어지지 않을까 궁금하게 만들기 충분했다.

종의 기원과 동물 형태의 전반적인 연속성을 명백하게 (그리고 그토록 고상한 견해로) 성공적으로 설명한 후에도 본능의 근원이 영원히 이해할 수 없는 상태로 남았다면, 마치 과업을 하던 중간에 멈춘 것과 같지 않을까?

파브르가 아직 오랑주에 있을 때 시작된 그와 다윈의 흥미로운 편지 교환은 파브르가 세리냥에 머문 지 거의 2년 가까이 될 때까지 지속되었다. 이는 이 위대한 진화론자가 프랑스인의 놀라운 관찰에 얼마나 열정적으로 관심을 가졌는지를 보여준다.

파브르는 다윈의 편지에서 더없는 성실성과 진실에 닿으려는 명백한 열망을 느꼈고, 자신의 연구에 대한 열렬한 관심에 기반한 토론에 특별한 관심을 보였다. 파브르는 다윈에게 진정한 애정을 품고 그를 더 잘 이해하고 질문에 더 정확하게 답하기 위해 영어를 배우기 시작했다. 그리고 분명 적군이지만 서로에 대한 무한한 존경심을 품은 두 지성인 사이의 토론은 유난히 흥미로웠다.

불행하게도 죽음이 곧 이를 끝냈고, 1882년에 다윈이 세상을 떠났을 때 세리냥의 은둔자는 진심으로 그의 위대한 그림자에 경의를 표했다. 그 후로도 이 위대한 기억에 경의를 표하는 걸 정말 셀 수도 없이 많이 들었다!

하지만 그 흔적은 이미 남았다. 이후 파브르는 "광활하게 빛나는 생물변이설(진화)의 포괄적 개념을 비우고, 이것이 무의미하다는 것을 보여주기 위해" 성가신 일을 멈추지 않았다.[11] 파브르의 작품에서 가장 독창적인 특징은 변증법의 놀라운 힘과 때때로 활기찬 농담의 어조를 담은 최소한의 열정적이고 예리한 논쟁으로 "근본적인 본질을 탐구할 용기가 없는 사람들에게서 이 편안한 베개"를 빼앗으려 노력했다는 것이다. 파브르는 이런 "뛰어나고 아마도 철학적인 추론으로 이루어진 흥미진진한 통합"을 온 힘을 다해 공격했다. 파브르는 스스로 자신의 발견이 절대적으로 확실하다는 흔들리지 않는 믿음이 있었다. 신물이 날 정도로 대상을 관찰하고 또 관찰한 후에야 그 실체를 주장했기 때문이었다.

이게 바로 파브르가 자신의 연구를 둘러싸고 벌어지는 논쟁에 거의 관여하지 않은 이유다. 파브르는 논쟁을 신경쓰지 않았고, 비판과 논쟁을 피했으며, 자신을 둘러싼 공격에 절대 답하지 않았다. 그보다는 연구가 충분히 무르익고 발표될 준비가 됐다고 느낄 때까지 침묵을 지키고 스스로를 고립시켰다.

다윈이 사망한 직후 파브르는 친한 친구인 드빌라리오에게 편지를 보냈다.

> 호의적이든 그렇지 않든 내 글이 불러온 반응에 절대 반응하지 않는 것을 철칙으로 삼고 있어. 나는 나만의 걸음걸이로 나아갈 거야. 사람들이 갈채를 보내든 야유를 보내든 아랑곳하지 않고 말이야. 진실을 추구하는 일만이 내 유일한 관심사지. 내 관찰 결과에 불만을 품는 사람이 있다면 (그리고 이들이 애착을 갖는 이론이 손상됐다면) 그 사람들이 직접 연구해서 진실이 다른 이야기를 들려주는지 확인하도록 두어야 해. 내 문제는 논쟁으로 해결할 수 없고, 인내심을 갖고 연구하는 것만이 이 문제를 조금이라도 밝혀낼 방법일 거야.[12]

파브르는 17년 후 동생에게 보낸 편지에 이렇게 썼다.

> 신문 기사가 나에 대해 뭐라 떠들든 나는 정말 관심이 없어. 내가 내 연구에 꽤 만족했다면 그걸로 충분해.[13]

파브르는 자신이 받은 편지를 모두 형식적으로만 읽었다. 자신을 칭찬하거나 축하하는 사람에게 감사를 보내는 것을 게을리했고, 그 무엇보다 목표나 이익 없이 인생을 낭비하는 모든 한가한 편지에서 도망쳤다.

> 내게 칭찬을 담은 인쇄물이나 원고를 보내는 그저 그런 사람들에게 답을 보내기 위해 아침 시간을 쪼개야 할 때면 나는 씩씩대며 욕설을 뱉었다. 만약 내가 주의를 기울이지 않았다면 훨씬 더 중요한 일을 할 시간이 남지 않았을 것이다.

파브르가 사랑했던 "가장 친한 친구"인 동생도 종종 그다지 나은 대우를 받지 못했고, 카르팡트라와 아작시오에서 몇 년을 보내는 동안에도 자주 편지를 보내지 못하는 부분에 대한 변명으로 파브르는 같은 이유를 들 수밖에 없었다. 파브르의 엄청난 노동, 그를 기진맥진하게 만드는 노동이 "나를 압도했고, 종종 나의 배짱이 아니라 나의 시간과 힘을 넘어섰다."라는 식의 이유였다.[14]

기원에 관한 질문을 회피하면서도 파브르는 자신의 혜안으로 진화의 과정을 통해 새로운 종이 탄생한다는 것을 "일련의 사실 사이에서 읽어냈다." 그리고 파브르의 관찰은 갑작스레 등장하는 돌연변이 이론에 독특한 빛을 비추었다.

소똥풍뎅이 애벌레는 "유기체가 열정의 순간에 만들어 낸 뿔과 박차로 이루어진 이상한 도구(성체가 되면 사라질 화려한 갑옷)"를 드러냈다.

소똥구리속 애벌레도 "성충이 되면 사라질 뿔을 잠시 달고 있었다."

그리고 "소똥구리는 생물의 일반적인 연대기에서 비교

적 최근에 등장한 생물이자 가장 늦게 도착한 생물이고, 지층은 이에 침묵하고 있었기에 완성되기 전에 항상 사라지는 이 뿔 같은 과정은 회상이 아니라 가능성, 새로운 기관의 점진적 정교화, 몇 세기에 걸쳐 완벽한 갑옷을 단단하게 만들려는 작은 시도일지도 모른다. **그리고 만약 이것이 사실이라면 현재는 미래를 알려줄 것이다.**"[15]

여기 우연하고 맹목적인 침묵, 미래에 이루어지는 구체화에 들어맞는 몇 가지 유리한 환경이 올 때까지 자연이 만들어내는 무수히 많은 시도 중 하나로, 단지 위험의 문제일 뿐인 특수한 변화이자 진정한 창조가 있다.

따라서 초기 세포인 축소판 물질 속에서 대략 수백만 개의 가늠할 수 없는 생명체가 끊임없이 만들어졌다. 파브르는 바로 여기서 진화 법칙의 진정한 비밀을 발견했다.

파브르는 다윈이 유려하게 받아들인 라이프니츠의 위대한 원칙을 반박했다. 변화는 일련의 적응 결과로 서서히, "미묘한 그림자"로, 느린 변화로 일어나며, 자연에는 목적지가 없다는 원칙 말이다. 반대로 생명체는 종종 갑작스럽고 변덕스러운 도약으로, 불규칙적이고 어수선한 단계를 거쳐 갑자기 한 형태에서 다른 형태로 바뀐다. 그리고 파브르가 본 이 신비하고 자발적인 변이의 첫 특징은 알에 있었다.

따라서 동물 종은 각자 같은 기간에, **그러니까 같은 순간에** "각자의 특징과 독특한 점, 잊을 수 없으며 선천적인 능력과 성향을 지닌 새로운 유기체로 탄생한다." 마치 "제각기 다른 거푸집으로 만들어진 수많은 메달과 같고, 조금씩 갉아먹는 시간이라는 이빨이 조만간 전멸시키기 위해 공격한다."

그러나 파브르는 진보의 연속성을 단언했다. 더 조화롭고 덜 잔인한 규범에 지배되는 더 낫고 덜 잔인한 미래, 더 완벽한 인류애를 믿었다.

양분을 전혀 비축하지 않은 채 몇 주 또는 몇 달 동안 아무것도 먹지 않으면서도 생존할 수 있는 늑대거미 애벌레를 관찰[16]하며 미래가 어떻게 될지 추측하는 그에게 얼마나 풍부한 지성과 관대한 열정이 필요하겠는가!

우리는 음식에서 나오는 에너지 말고는 다른 에너지가 없다는 사실을 안다. 식물은 토양과 대기에서 양분을 얻으며, 햇빛은 식물이 탄소를 고정할 수 있게 하는 유일한 매개체일 뿐이다. 동물 종은 식물 세계에서 생존에 꼭 필요한 원소를 빌리거나 다른 동물의 살과 혈관을 살점과 피로 다시 채워 넣는다.

그런데 어린 늑대거미는 "어미의 등 위에서 움직이지 않는다. 어미의 등줄기에서 떨어지면 재빨리 어미의 다리를 기어올라 무게 균형을 유지해야 한다. 실제로 이들은 완전한 휴식 같은 걸 모른다. 그렇다면 작은 늑대거미가 움직일 수 있는 에너지 원천은 무엇일까? 활동하며 소비되는 열은 어디서 나올까?"

파브르는 '태양' 외에 다른 원천을 찾지 못했다.

날씨가 맑다면 매일 새끼 거미를 가득 업은 늑대거미는 구덩이 가장자리를 기어 오랜 시간 동안 햇볕을 쬐며 머문다. 어미의 등 위에서 새끼들은 기지개를 켜고 햇볕을 온전히 느끼며 운동 에너지를 충전하고 모든 생명의 중심인 태양에서 쏟아지는 방사선의 열량을 직접 운동으로 전환했다.

전갈도 영양분 없이 몇 달 동안 살 수 있으며, "세상의 영혼인 태양에서 뿜어져 나오는 에너지나 다른 주변 에너지(열, 전기, 빛)"를 움직임의 형태로 복원할 수 있다.

어쩌면 우주의 무수한 세계 중 어딘가, 고정된 위치에 있는 별을 중심으로 중력의 영향권에 있고 "햇빛이 눈먼 자의 배고픔을 채워주는", 우리에게는 보이지 않는 행성이 있을지도 모른다.

독창적인 몽상가의 온화한 철학은 위대하고 고귀한 정신의 "이성적인 생명체나 심지어 부드러운 과육도 공격하지 않을 것"이라는 인류애적인 안목으로 편안함을 찾았다. "햇빛으로 영양분을 공급받는다면 생명체가 더는 서로를 잡아먹지 않을 것이다. 충돌 없이, 전쟁 없이, 노동 없이, 모든 걱정에서 벗어나고 모든 필요가 반드시 충족될 것이다!"

이처럼 파브르는 가장 놀라운 관점으로 가장 소박한 생

명체를 바라봤다. 아주 하찮은 곤충의 몸이 갑자기 초월적인 비밀이 되어 인간 영혼의 심연을 밝히거나 별을 엿보게 했다.

비록 파브르의 연구는 진화론자의 이론과 모순되지만, 모든 창조물은 점진적인 진보를 향해 쉬지 않고 천천히 움직인다는 똑같은 교훈적 결론으로 끝난다.

10장

동물의 마음

정교한 해부학자는 이제 성공적으로 동물 지성의 모든 원천을 차례로 발가벗겼다. 파브르는 다양한 행동이 어떻게 서로 연결됐는지를 보여주었다. 하지만 이제껏 우리는 동물의 작은 정신적 단면만 봤을 뿐이다. 이제 다른 면, 그러니까 감정의 영역인 도덕적인 면을 들여다보자. 본능의 문제와 혼동되는 그 문제는 의심할 여지 없이 근본적으로 같은 힘의 또 다른 측면일 뿐이다.

곤충들의 싸움이 끝나면 즐거움이 드러난다. 가끔 그 승리에 크게 기뻐하는 듯 보였다. "방금 침에 쏘여 바닥에서 몸부림치는 애벌레 옆에서" 나나니벌은 기쁨에 취해 승리의 소리를 내며 "쿵쿵거리고 몸짓과 날갯짓을 하고" 뛰어다녔다.

뿔가위벌은 소유권을 중요하게 생각했다. 이들에게는 힘보다 정의가 우선이며, "침입자는 늘 결국 쫓겨났다."[1]

하지만 우리가 헌신, 애착, 애정이라고 부르는 감정을 곤충에게서 찾을 수 있을까? 이 질문에 긍정적인 답을 주는 사실이 몇 가지 있다.

다시 파브르의 정원으로 돌아가 모성의 기능에 몰두하는 게거미를 감상해보자.

> 둥지에 누워 있는 작은 거미는 더는 삶을 누리지 못하고 쇠약해지면서도 마지막 한 입으로 가족에게 생명의 문을 열어주기 위해 자신의 폐허 같은 삶을 버텨내고 있었다. 비단으로 짠 지붕 아래에서 참을성 없이 발을 굴러대는 새끼들을 느끼지만, 새끼들은 스스로 자유를 찾을 힘이 없다는 사실을 알기에 거미는 주머니에 구멍을 뚫어 햇빛이 들도록 했다. 이 임무를 완수하고도 마지막까지 둥지에 매달린 채 조용히 죽음을 맞이한다.

일종의 무의식적 필요성에 지배된 나방도 "자기 몸으로 새끼들을 보호하고, 한계점에 뿌리를 내리고 죽음을 불사하며, 죽은 후에도 가족을 위해 헌신한다."

하지만 파브르는 우리에게 이런 모든 선견지명과 다정한 모성애의 사례는 원칙적으로 곤충이 본능이라는 운명적인 길을 따르도록 밀어붙이는 맹목적인 충동과 쾌락 외에는 다른 동기가 없음을 빈틈없는 논리로 보여줬다.

많은 동물 종에서 모성이라는 구체적인 사실은 가장 단순한 표현으로 압축할 수 있다.

흰나비는 "새끼들이 스스로 먹이와 은신처를 찾도록" 양배추 잎에 알을 낳는 것으로 자신의 역할을 제한했다.

> 넉점박이큰가슴잎벌레는 수레국화의 꽃송이 꼭대기에서 아무렇게나 알을 하나씩 여기저기에 떨어뜨리는데, 이런 행동에는 조심성이 조금도 없다.
>
> 메뚜기는 알을 씨앗처럼 땅에 심어 곡식처럼 발아하게 한다.

하지만 이미 파브르가 묘사한 모성애의 아름다운 본보기인 늑대거미의 사례에 멈춰보자. "늑대거미는 불안한 마음으로 알을 품는다. 뒷다리로 구멍 가장자리에 매달린 채 알이 자라나면서 부풀어 오른 하얀 주머니를 들고 있다. 몇 주에 걸쳐 거미는 날마다 반나절 동안 햇볕을 쬈다. 알집이 골고루 햇볕을 받을 수 있도록 배를 부드럽게 이리저리 돌렸다. 새는 알을 부화시키기 위해 가슴 솜털을 이용하고, 살아 숨 쉬는 난방장치인 가슴으로 누른다. 늑대거미는 하늘에 떠 있는 불, 그러니까 태양 아래에서 알을 돌려가며 부화시킨다.[2] 이보다 더 완벽한 희생이 있을 수 있을까? 스스로를 헌신하고 욕망을 버렸다는 것에 이보다 더 큰 증거가 있을까?"

하지만 겉모습은 의미가 없다. 사랑스러운 알집을 다른 물체로 바꾸면 거미는 "같은 사랑으로 마치 그게 자기 알집이라도 되는 양 코르크 조각, 바늘겨레, 또는 종이 뭉치를 대할 것이다." 마치 이 터무니없는 속임수의 또 다른 희생자인 암탉이 자신이 품은 도자기 알을 부화시키기 위해 온 힘을 다하고 몇 주 동안 먹이를 먹는 것도 잊는 것과 같다.

새끼가 부화하면 거미는 새끼를 등에 업고 사냥에 나선다. 거미는 위험에 처했을 때 새끼를 보호하지만, 자기 새끼를 알아보거나 다른 새끼와 구분하지는 못한다. 뿔소똥구리와 전갈도 자신의 새끼를 구분하지 못하는데, "이들의 부드러운 모성애는 씨앗을 예민하게 보살피지만 애정이나 도덕성과는 거리가 먼 식물의 수준을 벗어나지 못한다."

게다가 곤충들이 일하도록 자극하는 요인은 무의식적인 쾌락일 뿐이다. 나나니벌이 "은신처에 먹이를 모아두었을 때"나 노래기벌이 미래의 자손을 위해 만든 굴을 봉인했을 때 그 누구도 "겹눈으로는 절대 볼 수 없는 미래의 자손"을 예견하지 못했을 것이다. 곤충이 일하는 목적 자체가 불가사의다.

모두가 그러하듯이 곤충들에게도 도덕적 삶은 영원한 환상일 수밖에 없다.

그러나 《파브르 곤충기》라는 놀라운 걸작은 우리가 상상할 수 있는 이상적인 아름다움을 뛰어넘는 습관을 지닌 미노타우로스딱정벌레의 눈부신 이야기를 완벽하게 담아냈다.

깊은 굴 밑바닥 지하실에 두 마리 소똥구리가 일하고

있었다. 미노타우로스딱정벌레는 일단 한 쌍이 되면 서로를 알아본다. 떨어지더라도 서로를 알아차릴 수 있지만 자발적으로 헤어지지는 않는다. "동반자 관계의 도덕적 아름다움"과 "응집력 있는 가족의 유대감이라는 개념"을 깨닫게 해준다. 수컷은 동반자와 함께 굴 안에 은둔하며 암컷을 충실히 도와 "미래를 위한 보물을 저장한다. 등반이라는 어려운 일에 결단코 낙담하지 않고 암컷에게는 더 가벼운 노동만 남겨두고 가장 극한의 노동, 깊고 거의 수직으로 파인 좁은 굴로 무거운 짐을 날라야 하는 노동은 자신이 맡는다. 수컷은 자신을 잊고 봄의 취할 듯한 즐거움도 아랑곳하지 않고 먹이를 구하기 위해 길을 떠난다. 비록 주변을 이리저리 구경하고, 동료들과 함께 잔치를 즐기고, 이웃을 성가시게 구는 게 즐겁더라도 말이다. 미노타우로스딱정벌레는 앞으로 태어날 새끼들을 살찌울 먹이를 모으고 보금자리에 모든 게 준비돼 새끼들의 생활이 보장되면, 비용을 따지지 않고 자신을 헌신한다. 그동안의 노력으로 지치고 기력이 다했음을 느낀 미노타우로스딱정벌레는 자신의 사체로 집을 더럽히지 않기 위해 죽음을 맞이하러 떠난다."

어미는 자신의 곁에서 가족이 흩어지지 않게 하고, 새끼들이 스스로 원하는 대로 갈 수 있게 되어서야 땅 위로 올라온다. 그리하여 더는 할 일이 없어진 이 헌신적인 생물은 자기 차례가 된 죽음을 맞이한다.[3]

빈둥빈둥 한가롭게 돌아다니며 만족하는 왕소똥구리나 심지어 기특한 꼬마소똥구리와 비교해도 미노타우로스딱정벌레는 무한히 높은 차원에서 움직이는 것 같지 않은가?

이보다 더 고귀한 것을 우리의 내면 깊은 곳에서 찾을 수 있을까? 가족에 대한 의무와 책임을 이보다 더 잘 이해한 아버지가 있었을까? 이보다 더 흠잡을 데가 없고 온당한 모범이 어디 있겠는가?

생명은 인간의 몸 안에서든 소똥구리의 몸 안에서든 똑같지 않을까? 그러니 곤충에게 생명에 대해 질문하는 것은 우리 자신에게 질문하는 것과 같다.

미노타우로스딱정벌레는 어디서 이런 특별한 품위를 얻었을까? 순수한 본능의 날개를 달고 어떻게 그리 높은 경지까지 오를 수 있었을까? 만약 우리가 "자연은 어디에서나 수수께끼의 시일 뿐이며, 마치 우리의 추측을 불러일으키기 위해 베일에 싸인 어두운 그림처럼 한없이 다양한 거짓된 빛으로 희미하게 빛난다."라는 사실을 충분히 알지 못한다면 그처럼 숭고하고 드문 예를 어떻게 설명할 수 있을까?[4]

그럼에도 대다수 곤충이 본능의 흐름을 따르고 "이들의 절제되지 않은 욕망"에 순응하는 것 말고는 다른 원칙이 없다는 건 사실이다. 맹목적으로 작용하는 자연의 작은 힘, 잔인한 방법, 서로를 잡아먹는 풍습 등 우리가 인간 세계 밖에서 인간의 공식을 적용했다면, 파브르만큼 이들의 비도덕성을 잘 설명한 사람도 없었을 것이다.

> 딱정벌레는 누군가가 몸이 불편해지더라도 같은 종족 중 그 누구도 멈추거나 한 자리에 오래 머무르며 도우려 하지 않는다. 가끔 그 옆을 지나가던 곤충들이 몸이 불편한 곤충에게 달려들어 잡아먹으려 한다.

말벌 공화국에서 "불치병에 걸린 애벌레는 그 자리에서 무자비하게 찢겨 둥지 밖으로 끌려 나간다. 병든 자에게 화가 미칠지니! 병든 자들은 무력하게 한꺼번에 추방당했다." 겨울이 오면 거의 모든 애벌레가 학살당하고 말벌 도시 전체는 끔찍한 비극으로 물든다.

하지만 삶은 서로 연결돼 있어서 모든 행동은 목적을 실현하고 결과에 맞게 조정된 선한 것이다. 만약 벌집에 "영혼"이 있다면 곤충도 도덕성이 있고 말벌의 둥지에도 그만의 "법칙"이 있을 것이며, 파브르에게는 끔찍해 보일지라도 벌집에 서식하는 생명체들의 행동은 의심할 여지 없이 "동정심이라고는 눈곱만큼도 없는 야만적인 보모"인 자연의 보편적인 법칙이라는 어떤 급박한 사태에 굴복하는 것일 뿐이다.

이런 잔인함은 특히 자연에서 곤충의 기능 중 하나가

최소한의 "생명의 자취"를 없애고 궁극적인 탈바꿈을 관장하는 것이라는 점을 보여준다.

모든 곤충은 각각 고유한 위생 기능도 지녔다.

"들판의 작은 청소부로 둘째가라면 서러운" 송장벌레는 후손을 기르기 위해 땅에 사체를 묻는다. 두더지, 물쥐, 또는 살무사 같은 거대한 동물도 몇 시간 만에 완전히 땅속으로 사라져 버린다.

소똥풍뎅이는 "땅의 오염물을 제거하기 위해 오물을 작은 부스러기로 쪼개며" 토양을 정화한다. 작은 딱정벌레인 송장풍뎅이는 여우가 소화하지 못한 토끼의 털을 땅속으로 끌고 들어가야 하는 막중한 임무를 맡았다.[5]

여기서 신체 구조는 그 기능을 알려준다.

잔꽃무지 애벌레의 창자는 "식물성 물질을 곰팡이로 만드는 진정한 분쇄기다. 한 달 만에 애벌레는 처음 크기의 수천 배나 되는 물질을 소화한다." 풍뎅이의 장은 "수많은 회로의 마지막 원자까지 배출"하기 위해 엄청난 길이로 연결돼 있다. 양이 식물성 물질을 잘게 쪼개면, 그 무엇과도 비교할 수 없는 분쇄기를 지닌 애벌레는 이를 더 작은 입자로 만들어서 섬유질을 볼 수 있는 돋보기로 관찰해도 한 조각도 남아 있지 않다.

자신의 위생 임무를 수행하기 위해 적절한 시기에 도착

해 군단을 증식하는 곤충도 있다.

> 집파리는 옆구리에 알 2만 개를 지녔다. 2만 마리 구더기는 부화하자마자 자기 일에 착수하기에 린네는 파리 세 마리면 말이나 사자 사체도 집어삼킬 수 있다고 말했다.

밀만 먹는 바구미인 곡물바구미는 1만 개의 알을 낳고, 그 알에서 깨어난 수많은 애벌레도 밀을 먹어 치운다.

모든 종에서 출생 숫자는 지나칠 정도로 많다. 이 모든 모호하고 이름조차 없는 파괴적인 우리의 해충과 소중한 조력자의 삶도 전반적인 계획에서 나름의 유용성과 역할이 있기에 영원히 계속될 이유가 있다. 이는 해충의 행동이 성가시거나 우리에게 해가 되는 것과는 관계가 없다.

포도나무에는 애벌레와 딱정벌레와 나비가 있고, 토끼풀과 나방과 진드기 등 각각의 개체는 해당하는 계급이 있고, 꽃은 꽃대로, 뿌리는 뿌리대로, 잎은 잎대로 각자의 역할이 정해져 있다.[6]

사람들은 통제할 수 없는 상황을 견뎌야 하는 스스로를 발견하고 종종 이에 맞서 무의미한 전쟁을 벌이려고 헛된 노력을 기울이기도 한다. 가뭄, 비, 혹독한 추위, 그 어떤 것도 이들에게 영향을 미칠 수 없는 것처럼 보이며, 몹시 연약한 애벌레와 알은 종종 성충보다 끈질긴 생명력을 지니기도 한다. 파브르는 이 문제를 증명했다. 기온이 갑자기 12도나 떨어지더라도 금풍뎅이 알과 떡갈잎풍뎅이나 잔꽃무지의 애벌레는 이런 급격한 온도 변화에 영향을 받지 않는다. 작은 얼음덩어리로 줄어들고 굳어버려도 파괴되지 않았고, 분선충이나 윤형동물, 또는 완보동물처럼 봄이 되면 되살아났다. 조직이 매우 복잡한 이 작은 생명체가 얼어붙은 채로 여전히 생명을 유지한다는 사실이 믿기지 않을 것이다.

그러다 갑자기 해충들이 사라졌다. 그 누구도 어떻게 왜 그런 일이 벌어지는지 모른다. 구원은 가까운 곳에 있었다. 그렇게 개체수를 조절할 수 없다면 세상은 과연 어떻게 됐을까?

다시 말하지만, 각각의 종은 넘치는 개체수를 조절하기 위해 적절한 시기에 시련을 겪는다. 파브르는 이런 억제가 어떤 끔찍한 장치로 적용되는지 엄중한 철학을 가지고 설명했다.

모든 생명체는 짝지어진 포식자가 있어서 그 대상 또는 그 대상의 자손을 잡아먹으며 삶을 유지한다. 그리고 그 포식자는 또다시 작은 생물의 먹이가 된다. "죽은 자들의 왕"인 구더기 자체에도 기생충이 있다. 구더기가 부패하기 시작한 살의 진액 속을 헤엄치는 동안 좀벌은 "감지할 수 없을 만큼 작은 상처로 피부에 구멍을 뚫어 끔찍한 알을 낳는다. 그리고 이 알은 언젠가 오늘의 포식자를 삼킬 내일의 애벌레를 탄생"시킬 것이다.

모든 생명체는 다른 생명체에게 해를 끼치며 살아간다. 어디에서나, 심지어 아주 작은 것에도 "잔인한 움직임, 교활한 도둑질", 광활한 무의식이 지배하는 야만적인 학살이 존재했는데, 그것의 최종 목표는 균형의 회복이다.[7]

우리는 서로에 대한 이런 적대감을 통해서만 이런저런 해충이 사라지는 것을 보게 되리라는 희망을 찾을 수 있다. 거의 눈에 보이지 않을 만큼 작은 벌목인 배추나비고치벌은 배추벌레를 말살하는 역할을 맡았다. 무당벌레는 진딧물이 절멸할 때까지 전쟁을 벌인다. 나나니벌은 종종 사탕무 재배 지역에 재앙을 일으키는 밤나방의 숙명적 살인자다. 감탕벌이 본능적으로 타고난 임무는 알팔파바구미의 지나친 번식을 막는 것이다. 그들이 새끼를 기르려면 알팔파바구미의 애벌레가 24마리 이상 필요하고, 모래말벌 한 마리를 기르려면 거의 60마리의 등에를 희생해야 한다.

자연은 어느 곳에서든 무력을 이기기 위해 교활한 계략을 준비한다. 각 둥지 주변에는 기생충이 "요람 속 아이의 목숨을 앗으러 온 끔찍한 암살자처럼 다른 생명체를 희생해 자기 가족을 꾸릴 기회를 엿보며 문 앞을 지키고 있었다. 포식자는 가장 접근하기 어려운 요새에 침투하는데, 요새마다 끔찍한 기술로 고안된 전쟁 전술을 지니고 있었다. 침입자는 희생자의 둥지와 고치에서 자신의 둥지와 고치를 만들고, 다음 해에는 집주인 대신 지하에서 나타나 주변의 동물을 집어삼키는 노상강도가 될 것이다."

매미가 알을 낳는 데 몰두하는 동안 하찮은 파리 한 마리는 이를 파괴하려고 고군분투한다. 거인의 발톱 바로 아래에서 여러 마리가 짓밟힐 수도 있는 위험을 무릅쓰고 한 걸음씩 거인의 뒤를 바짝 쫓는 이 작은 생명체의 침착한 대담함을 어떻게 표현할 수 있을까? 만약 매미가 이 생명체들을 존중하지 않았다면 이들은 오래전에 이미 사라졌을 것이다.[8]

이렇게 파브르는 파스퇴르의 말에 동의했다. 파스퇴르는 무한히 작은 것의 세계에서 우리와 똑같은 적개심, 필수적인 경쟁심, 세력의 흥망성쇠를 보여주는 끝없는 움직임, 다시 나타나기 위해 한 보 물러섰던 생명의 소용돌이를 보여주었다. 그 세계는 끊임없이 파괴되면서도 균형을 향해 늘 앞으로 나아가는 경향이 있으며, 이러한 변화 덕분에 생명체들은 어디에서나 늘 거의 똑같이 유지될 수 있다.

11장

조화와 부조화

자연의 섭리는 씨실과 날실로 구성된 놀라운 조화와 비밀스러운 관계로 이루어져 있다. 흐트러진 끝은 없으며 모든 것은 연속되고 질서정연하다. 숨겨진 조화들이 만나 서로 어우러진다.

테레빈나무 이는 "개체수가 어느 정도 많아지면 충영* 도 함께 무르익는데, 마치 관목과 동물의 일정표가 일치하는 것과 비슷하다." 꼬마꽃벌의 숙적인 봄철의 해로운 각다귀는 벌이 굴을 만들 장소를 찾아 방황하기 시작하는 바로 그때쯤 부화한다.

안트락스파리 애벌레의 환상적인 이야기는 우리에게 이런 이상한 우연의 일치를 가장 도발적으로 보여주는 사례 중 하나다.[1]

* 식물 곳곳에서 발견되는 혹 모양의 팽대한 부분. 곤충이 식물에 알을 낳거나 기생하면서 이상 발육하게 된 부분이다.

안트락스파리는 검은색 파리로, 뿔가위벌 둥지 곁에 알을 낳는다. 그 둥지 안에는 뿔가위벌 애벌레가 비단 고치에서 휴식을 취하고 있다.

> 안트락스파리 애벌레는 햇빛의 손길로 생명을 얻어 모습을 드러냈다. 애벌레의 요람은 표면이 매우 거칠다. 말 그대로 돌멩이가 많은 혹독한 환경에서 세상으로 나온다. …… 둥지의 틈새와 구멍을 집요하게 탐색하고 그 위를 미끄러지고 앞으로 기어갔다가 돌아와 다시 시작하곤 했다. 발아하는 씨앗의 작은 뿌리는 인내심이 강하지 않으며 시원하고 축축한 땅으로 내려가려는 의지도 강인하지 않다. 어떤 영감으로 이를 밀고 나갈 수 있을까? 어떤 나침반이 이를 인도할까? 토양의 비옥함에 대해 뿌리는 어떤 정보를 알고 있을까? …… 안트락스파리의 후손인 젖먹이는 돋보기로도 거의 보이지 않을 정도로 작다. 표피까지 뚫는 괴물 같은 위탁모에 비하면 한낱 작은 입자에 불과하다. 송곳니도 턱도 없는 안트락스파리의 입은 최소한의 상처도 내기 어려우며 먹는 대신 빨아들이고 입맞춤으로 공격한다.

요컨대 안트락스파리는 가장 눈부신 기술, 즉 "신선한 고기를 저장하기 위해 식사가 끝날 때까지 희생자를 죽이지 않고 먹어 치우는 놀라운 기술을 또 다른 형태로 보여준다.

안트락스파리에게 영양공급이 계속되는 15일 동안 뿔가위벌 애벌레는 제 모습을 유지한다. 모든 물질이 문자 그대로 일종의 증산작용으로 안트락스파리 젖먹이의 몸으로 옮겨질 때까지, 희생자의 몸이 천천히 쇠약해져 마지막 한 방울마저 배출될 때까지 말이다. 마지막까지 분해되지 않을 정도로 목숨만 유지한 희생양은 거의 표피만 남게 되지만, 어디로도 빠져나갈 구멍이 없는 피부 안에 갇힌 공기 때문에 정확한 애벌레의 형태로 다시 부풀어 올라 존재한다."

이제 안트락스파리 애벌레는 "왕가위벌 애벌레가 탈바꿈하기 전 나타나는 무기력증으로 무감각해지는 바로 그 순간 나타난다. 그리고 벌로 변하려는 애벌레의 물질은 분해돼 액체 상태로 융해되기 시작한다. 모든 애벌레는 완벽한 곤충이 되기 전 액체화하는 과정을 거치기 때문이다."[2]

여기서 다시 한번 일정표가 들어맞는다.

하지만 파브르가 경이롭고 이해하기 어려운 무의식의 지혜에 찬사를 보내라고 절실히 요구한 사례는 아마도 그 유명한 시타리스 애벌레의 기나긴 여정일 것이다.

시타리스라는 하찮은 생명체가 살아가는 데 필요한 아주 놀라운 일련의 사건, 떼려야 뗄 수 없는 복잡한 환경을 다시 한번 떠올려 보자.

가장 먼저, 이 작은 생명체에게는 발톱이 필요하다. 발톱이 없다면 일정 시간 동안 기생해야 하는 털보줄벌의 털에 어떻게 달라붙어 버틸 수 있을까?

그다음 털보줄벌이 밖을 떠도는 동안 수벌에서 암벌로 옮겨가야 하는데, 그러지 않으면 시타리스의 운명이 더 짧아질 수도 있다.

그리고 알을 낳을 적절한 시기를 놓치지 말아야 한다.

마지막으로 알의 크기는 탈바꿈 첫 단계 기간과 정확히 비례하는 먹이의 양과 맞아야 한다. 게다가 벌이 축적한 꿀의 양은 애벌레가 남은 생애를 살아가는 데 충분해야 한다.

이 사슬 고리 중 하나라도 끊어지면 시타리스라는 종이 더는 존재할 수 없게 된다.

모든 종에게 고유의 규칙이 있다면, 금풍뎅이가 썩은 나뭇잎을 잘 분해할 수 있다는 것은 이미 실험을 통해 증명했지만 더불어 오물도 착실히 분해하고, 비록 애벌레들은 다양한 먹이를 무던하게 받아들이지만 포식자(노래기벌, 조롱박벌, 나나니벌)는 애벌레에게 주는 먹이를 단 한 종의 사냥감에만 의지한다는 것이다.

모든 것은 영원한 필연으로 말미암아 만들어지고 서로 맞물려 있다. 연결은 다른 연결에 관여하고, 생명체는 본질적으로 서로 연결되었으며, 조화를 이룬다는 조건으로 단결된 힘의 집합체일 뿐이다. 그리고 위대한 박물학자의 연구를 통해 생명체의 전체적인 체계는 인간 신체의 세포처럼 모든 부분이 상호 의존적이고 긴밀하게 제어되는 일종의 생리적 장치인 거대한 유기체로 우리 앞에 모습을 드러낸다.

파브르는 언뜻 보기에도 매우 부도덕해 보이는 사실을 계속해서 보여주었다. 여기서 내가 말하는 건 곤충들 사이의 특정한 사랑 형태, 거미와 노래기, 메뚜기의 끔찍한 결혼식을 둘러싼 무시무시한 사실의 폭로다.

여치는 사랑을 미끼 삼은 단 한 번의 착취에 굴복한다. "이상한 발생"의 희생자로, 포옹 한 번으로 완전히 지치고 공허하고 힘이 빠지고 야위어서 몸을 전혀 움직이지 못하고 완전히 지쳐 나가떨어져 빠르게 굴복한다. "너무 사랑해서 상대를 삼켜버린" 괴물 같은 존재의 저주받은 연인처럼 망가진 꼭두각시일 뿐이다.[3]

암컷 전갈은 수컷을 잡아먹고 "꼬리만 남겼다!"

암컷 거미는 연인의 살을 맛보며 즐거워한다.

귀뚜라미 또한 "명랑한" 추종자의 작은 부분까지 먹어치운다.

에피피게라메뚜기는 "동료의 뱃속을 파헤치고 집어삼킨다."

하지만 이런 결혼을 둘러싼 비극에 대한 공포는 사마귀의 만족할 줄 모르는 욕망, 괴물 같은 교합, 짐승 같은 쾌락으로 억제된다. "암컷에게 옆구리를 내어주는 바로 그 순간 배우자의 뇌를 씹어 먹는 맹렬한 공포"를 말이다.[4]

이 이상한 불협화음, 무서운 식욕은 어디에서 온 걸까?

파브르는 우리를 먼 과거의 시대, 지질학적 깊은 밤으로 안내하며 이런 잔인함을 오래전부터 이어지는 "격세유전의 잔재"라고 주저 없이 판단하고는 심오하고 그럴듯하게 설명했다.

메뚜기, 귀뚜라미, 왕지네는 아주 오래된 세계, 멸종된 동물군, 원시 생명체의 탄생을 대표하는 마지막 동물로, 비뚤어지고 억제되지 않은 본능을 자유롭게 발산했다. 창조의 윤곽이 희미하게 드러났을 때도 "여전히 그 조직력의 첫 시도는 진행 중이었다." 원시 메뚜기목인 "오늘날 메뚜기의 잘 알려지지 않은 선조들"은 본능을 충실히 따라 중생대의 거대한 숲에서 성욕을 마음껏 표출했다. 악어가 가득한 원시 습지와 거대한 호수와 야자수와 이상한 양치류, 거대한 석송강의 그늘이 드리워졌고 아직 새의 소리로 생기를 얻지 않은 프로방스 고생대 습지의 가장자리를 따라 말이다.

자신만의 길을 만들어가던 이 크고 흉물스러운 괴물은 단 한 가지 신체적 필요성을 충족해야 했다. 암컷은 이 과정에 홀로 군림했고, 이 시기에 수컷은 아직 존재하지 않았거나 꼭 필요한 부분을 돕는 데만 사용됐다. 하지만 이 생명체는 덜 명백한 목적을 위해서도 봉사했다. 이 생명체의 물질 또는 적어도 그 물질의 일부는 번식 행위에 꼭 필요한 성분이었으며, 난소를 자극하는 데 필요한 물질인 이 "끔찍한 음식"은 번식이라는 위대한 임무를 완성했다. 파브르의 눈에는 이런 가혹한 법칙의 고압적인 생리학적 이유가 여기에 있는 듯했다. 이것이 바로 수컷의 사랑이 거의 자살행위나 다름없는 이유다. 암컷의 공격을 받은 딱정벌레는 도망치려 하지만, 그렇다고 스스로를 방어하진 않는다. “이는 마치 아무도 꺾을 수 없는 반감 때문에 포식자를 잡아먹거나 물리치지 못하는 것과 같다.” 같은 방식으로 수컷 전갈은 “침을 사용하지 않은 채 동료에게 잡아먹히고”, 사마귀의 연인은 “그 어떤 반항도 하지 않고 자신을 갉아먹는 것을 허용한다.”

이상한 도덕성이지만 그 기초가 되는 유기적 특성보다 더 이상하진 않았다. 이상한 세계지만 어쩌면 저 먼 우주의 태양은 비슷한 사례를 비추고 있을지도 모른다.

이 끔찍한 생명체는 파브르가 충격을 받은 이유였다. 만물이 근본적인 이성에서 탄생한다면, 만물의 신성한 조화가 모든 생명체의 독립적인 논리를 증언한다면, 어떻게 이런 사례에서 그 우수성과 독립적인 지혜의 증거를 찾을 수 있을까?

파브르는 우주의 질서에서 완벽함이 비롯된다고 추정하거나 레프 톨스토이Lev Nikolayevich Tolstoy처럼 자연이 “아름다움과 선함의 가장 직접적인 표현”[5]이라고 여기는 것과는 거리가 멀다. 오히려 그는 자연 안에 숨어 있지만 가까이 있으며, 피조물의 마음속에 영원히 존재하는 신이 시험하고 형상화하려는 대략적인 윤곽만 보았다.

"비록 우리의 불완전한 감각에 가려져 있지만"[6] 모든 수풀과 나무에서 볼 수 있는 신의 몇 가지 경이로운 비밀에 시선을 고정하면 별 볼 일 없는 곤충의 작은 행동에서 보편적 지성의 일부를 볼 수 있었다.

한 걸음 떨어져서 바라보면 정말 놀랍다! 하지만 그 반대를 생각해보자. 이 얼마나 이율배반적이고 노골적인 모순인지! 얼마나 불쌍하고 비도덕적인지! 그리고 파브르는 자신의 솔직한 믿음에도 생리적인 욕구조차 신의 계획에 있으며, 무의식적인 기쁨을 위해서는 끔찍한 행동이 필요하다는 사실에 놀랐다. 왜 은밀한 비극, 느린 암살이 일어나는 걸까? 덜 폭력적인 방법으로 생명을 보호할 순 없었을까? 왜 악은, "선의 독"[7]은 영원한 기생충처럼 생명의 근원까지 이곳저곳에 몰래 스며들었을까?

잡아먹으려는 자와 먹히는 자, 착취하는 자와 착취당하는 자가 영원히 춤을 추는 이 치명적인 순환 속에서 우리는 한 줄기 빛을 감지할 수 없을까?

우리가 보는 건 대체 무엇일까?

피해자는 단지 박해자와 운명으로 연결된 희생자가 아니다. 이들은 투쟁하거나 도망치거나 불가피한 상황을 회피할 방법을 찾지 않았다. 누군가는 어느 정도 자포자기하며 자신을 온전히 제물로 바친다고 할지도 모른다!

어떤 거부할 수 없는 운명으로 벌은 일생의 중반쯤에서 끔찍한 적을 만난다! 자신의 은신처에 무모하게 전쟁을 일으키는 대모벌을 쉽게 이겨낼 수 있는 타란툴라는 동요하지 않고 독니를 사용할 생각도 하지 않는다. 폭군 같은 구멍벌 못지않은 사마귀 앞에서 메뚜기가 굴복하는 것은 그다지 드문 일이 아니다.

마찬가지로 자신보다 새끼의 안전을 걱정하는 생명체들은 자신을 지켜보는 적을 피하려는 노력을 전혀 하지 않는다. 저항할 수 있는 충분한 힘을 지녔는데도 가위벌은 "항상 그 자리에서 범죄를 계획하는 노상강도인" 보잘것없는 각다귀의 존재에 무관심하다. 기생파리에 맞서는 모래말벌은 공포를 주체하지는 못하지만, 겁에 질려 빽빽거리면서도 물러서지 않는다.

모든 피조물이 우주를 구축한 뛰어난 장인의 계획에 꼭 필요한 부분으로 존재한다면, 왜 어떤 생명체는 다른 생명체의 생사를 좌지우지할 수 있는 권리를 갖고, 어떤 생명체는 참혹한 죽음을 맞이해야 할 의무를 지는 걸까?

대학살이라는 우울한 법칙이 아니라 일종의 절대적이고 강렬한 희생, 우월하고 집단적인 이익에 굴복하는 일종의 무의식적인 생각에 순종하는 게 아닐까?

언젠가 지적으로 뛰어난 친구가 파브르에게 제안한 이

런 가설은 파브르를 매료시키고 그의 흥미를 불러일으켰다. 나는 파브르가 평소보다 더 세심하게 가설에 주의를 기울이는 것을 느꼈고, 갑자기 안도하고 평온해진 파브르를 알아차렸다. 그에게 이는 마치 뚫을 수 없고 고통스러운 문제들 사이에 갑작스레 떨어진 희미한 한 줄기 빛 같았다.

파브르에게는 이것이 어디에서나 흔하게 마주치는 우리 눈앞의 수많은 고통의 광경을 보여줌으로써, 독립적인 지성이 가장 소박한 피조물도 외면하지 않으며 진정으로 우리 자신을 탐구하고 더 큰 사랑과 연민, 체념의 마음가짐을 갖도록 유도하는 것처럼 보였다.

파브르의 모든 작품은 공공연하고 본질적으로 종교적이다. 그리고 우리에게 자연을 맛보여주면서도 자크 보쉬에Jacques Bénigne Bossuet의 표현대로 "신의 맛" 또는 적어도 성스러운 감각을 맛보게 하려고 노력하지 않았던가? 동물의 세계를 세포의 단순한 본질로 축소하려는 진화론에 반대하고, 인간의 이해를 벗어나는 것처럼 보이는 이 모든 경이로움을 보여줬다. 그리고 결국 우리의 기원에 대한 알 수 없는 문제를 어느 때보다 더 중요하게 언급하면서 파브르는 신비의 문을, 계속해서 발전해야만 하는 인류의 종교에 등장하는 미지의 성스러운 존재로 향하는 그 문을 다시 열었다.

우주에 대한 영적인 개념을 어떤 특정한 주제에 국한시키려 한다면 우리는 그 생각을 경시하고 그 인물 자체를 왜

소화해야 한다.

파브르는 물질현상으로 모든 곳에 흔적을 남긴 위대하고 절대적인 힘을 자연 속에서만 알아보고 숭배했다.

이런 이유로 파브르는 평생 모든 미신에서 벗어났고, 과학에 무지할 뿐만 아니라 신성한 지성을 완전히 오해하는 교리와 기적에 철저히 무관심했다. 파브르는 땅이나 잔디밭에 무릎을 꿇어 모든 질서의 근원인 그 힘을 가까이에서 숭배했다. 모든 창조물, 심지어 아주 작은 동물의 요지부동인 마음속에도 내재한 직관적인 지식은 장엄하고 값진 선물일 뿐이다. 파브르가 열심히 이해하려 했던 임무는 "넝마를 입고도 고귀한 씨를 뿌리는 사람, 허름한 옷차림을 하고도 영광스러운 부활절의 주교보다 더 위엄 있게 땅을 축복하는" 사람이 드리는 강력하고 엄숙한 미사다.[8]

여기서 파브르는 자신의 "이상"을 발견했다. "형태가 잘 잡힌 꽃과 금으로 만든 향로에서 부드럽게 뿜어져 나오는" 강렬한 향기 속에서, 모든 생명체의 마음속에서, "푸른머리되새와 검은머리방울새, 꾀꼬리와 황금방울새 같은 성가대"는 날카롭고 떨리는 소리를 내며 〈창세기〉 다섯 번째 날에 자신에게 목소리와 날개를 준 그에게 영광을 돌리며 "자신의 모테토*를 정교하게 연주"하고 있을 것이다. 파브

* 중세 르네상스 시대에 가장 성행했던 성악곡이자 종교음악.

르는 반려견과 반려묘, 길들인 거북, 심지어 "미끈거리고 몸을 부풀리는 두꺼비"[9], "별빛 아래에서" 정원을 거닐며 비밀을 파헤치길 좋아하는 흐리멍덩한 눈을 지닌 아르마스의 "철학자" 모두와 친밀하게 지냈다. 모든 피조물은 각자 제 역할을 하고 있으며, 그저 나뭇잎을 갉아 먹거나 모래 몇 알을 옮기는 보잘것없는 곤충부터 인간까지 모든 생명체는 같은 불멸의 성유*를 받았다고 확신했다.

파브르는 늘 그 어떤 것보다 배움의 기쁨을 우선했기에 죽은 다음에도 하늘로부터 자신의 수고와 노력으로 가득한 삶을 지속할 수 있다는 허락을 받는 것보다 더 큰 보상은 없다고 생각했다.

* 주로 종교적 예식에 사용되는 기름.

12장

자연의 이해

우리는 파브르의 정확하고 한결같은 시각이 지닌 근본적인 특징과 그의 작업을 기록한 문서의 가치에만 주목했지만, 그에 못지않게 저술가이자 관찰자이자 철학자인 파브르에게 주목할 가치가 있다.

객관적인 영역에서 사실을 수집하고 기록하고 조사한 결과를 간단한 문장으로 적는 것만으로는 늘 충분하지 않다. 당연한 말이지만 모든 중요한 발견은 그 자체만으로 설득력이 있다. 예를 들어 발명가가 자신을 예술가 수준으로 끌어올린다고 해서 무슨 이익을 얻겠는가?

> 명료한 이론만으로도 충분하다. 진실은 우물 바닥에서 적나라하게 드러난다.

그렇더라도 말하고 설명하고 묘사하는 방법이 진실을 자세히 설명하고 전달하는 방법의 문제가 되면 중요해진다.

진실을 모호하게 표현하는 일은 종종 진실과 타협하고 축소하고 심지어 배신하는 것이기도 하다. 이를 더 잘 설명하는 말이 있다.

> 말에는 생김새가 있다. 생명력을 잃은 말이 있는가 하면, 회색 배경의 그림에 빛 얼룩을 흩뿌리는 붓질처럼 색이 풍부한 단어도 있다.

대상을 더 적절하게 표현할 수 있는 특별한 용어가 있다. 그리고 저술가는 자신의 기억과 상상력과 마음을 통해 적절한 강조점을 찾아야 한다. 살아 있는 생명체를 완벽하게 묘사하려면 유연한 언어와 풍부한 단어가 필요하다. 그가 살아 있는 진리를 어루만지고 세상을 빛과 어둠으로 재현하고 상상력을 자극하고 대상에 스며들고 생각을 반영하는 신비로운 정신을 충실히 해석하려 한다면 말이다.

그런 다음 저술가는 흩어진 모든 파편을 조정하고 조립하고 생명력을 불어넣고 죽어 있던 진실을 되살리기 위해 앞으로 나아간다.

하지만 파브르의 작업 방식은 정말 기이했다. 작품을 만드는 방법이 얼마나 흥미로웠는지! 머릿속에 생각이 가득하더라도 다른 사람들처럼 한 장소에 머물러서 글을 쓰려고 하면 이를 표현하지 못했다. 가만히 앉아서 팔다리를 늘어놓고 손에 펜을 쥐고 앞에 있는 빈 종이를 보면 갑자기 모든 기능이 마비된 것처럼 보였다. 파브르는 먼저 움직여야 했다. 움직임은 그가 생각을 떠올릴 수 있도록 도왔다. 몸을 움직이며 열정을 회복하고 영감의 원천을 발견했다. 파브르는 열정 없이는 절대 관찰할 수 없었던 것처럼 열광 없이는 글을 쓸 수 없음을 깨달았고, 진실을 열렬히 사랑했기에 진실을 다양한 아름다움으로 보여줘야 한다는 강박을 느꼈다.

파브르는 실험실의 커다란 탁자 주위를 회전목마처럼 끈기 있게 빙글빙글 돌았다. 이렇게 30년 동안 쉬지 않고 동심원으로 움직인 파브르의 발걸음은 바닥에 지워지지 않는 기록을 남겼다.

실험실을 걸어 다니며 담배를 피우고 "머리를 한데 집중하자" 생각은 점점 더 분명해지고 활발해졌다.[1] 파브르는 이미 일하고 있었다. 파브르는 머릿속에서 자신의 미래를 "망치질"하며 만들고 있었다. 생각은 형식이 완성되고 흠잡을 데 없어지면서 더 분명해질 것이다. 파브르는 단어가 떨리고 고동치고 살아날 때까지 기다렸다. 표현이 더는 환상이나 유령, 현실에서 동떨어진 무엇이 아니라 대상의 근본적인 본질을 반영하는 충실한 메아리, 진실한 번역, 완성된 해석, 그러니까 자연과 유사한 예술 작품이 될 때까지 기다렸다.

그러고 나서야 파브르는 "잉크로 얼룩지고 칼에 베인 상처가 있는" 작은 호두나무 탁자 앞에 앉았다. 탁자는 "잉크병, 작은 유리병, 공책"을 올려놓을 수 있을 정도의 크기였다. 한때 그가 연구와 명상을 통해 첫 학위를 취득하기도 했던 그 작은 탁자다.

그러고 나서 파브르는 "펜을 잉크에만 담그지 않고" 마음의 잉크에도 담갔다.[2] 우선 표지를 검은색 천으로 감싼 평범한 공책에 매일 모든 순간을 관찰하며 실험한 결과를 깊은 생각과 함께 기록했다. 이런 문서들이 조금씩 조금씩 모여 서로를 설명하고 보완하고 마침내 책이 완성됐다. 이런 풍부한 기록이 담긴 공책은 규칙적인 글쓰기와 완벽에 가깝게 마무리된 초안으로 주목받았다. 비록 여기저기에 같은 내용을 여러 번 기록하고, 그때마다 펜을 힘차게 휘두르며 한 군데도 지워지지 않은 채 모든 페이지가 한데 모여 있는 것을 볼 수 있지만 말이다. 글씨가 너무 작아서(어떤 사람은 파리 발자국을 따라 그렸다고 생각할지도 모른다.) 나중에는 해독하기 위해 돋보기가 필요할 정도였다.

이는 최종 원고가 아니다. 곤충학자는 낱장의 종이에 새롭고 더 완벽한 원고를 쓰면서 초안을 만들고 또 만들었다. 끈기 있게 자신의 표현법을 개발하고 작품을 다듬었지만, 대부분 처음 쓴 그대로 수정하지 않고 실었다.

현대 문학의 위대한 마술사 중 하나이자 프랑스어의 모든 기교에 정통한 인물은 언젠가 파브르의 글에 관해 이야기하면서 정확히 말하자면 파브르는 예술가가 아니라고 주장했다. 파브르가 위대한 박물학자, 뛰어난 과학자, 천재 관찰자일 수는 있지만, 예술의 규범에 맞는 작가가 아니었고, 절대 그렇게 될 수 없다고 덧붙였다.

하지만 파브르처럼 당대에는 "언어적 측면에서 안타깝다"고 여겨지던 사람이 얼마나 많았는지! 오늘날 우리가 그들에게 매료되는 이유는 단지 그들의 상상력과 자기 작품에 생명력을 불어넣는 힘 덕분이다![3]

진실을 말하자면 파브르는 틀림없이 모든 문학적 절차를 전혀 신경 쓰지 않았고, 오로지 자신의 표현법을 자신의 생각과 조화시키는 데만 몰두했다. 파브르는 문학적 문구를 만들어내는 데는 별 관심이 없었다. 책을 쓰는 과정에서는 그 어떤 예술적 글쓰기의 흔적도 찾아볼 수 없었다. 오직 그의 감정과 표현하는 방식만이 그를 사랑스럽게 만든다.

그의 작품에서 우리에게 감동을 주는 건 말씨, 단순함, 운율, 상식, 모든 페이지 사이의 완벽한 균형이었다. 단순하고 종종 진부하며, 심지어 정확하지 않거나 사소하기도 하지만, 동시에 피가 흐르는 것처럼 생동감이 넘치고 인간적이다. 이것이 우리를 그에게 빠져들게 만드는 매력이었다. 장 드 라퐁텐 시대 이후 파브르의 작품과 비슷한 것은 본 적이 없을 정도였다.

파브르는 과학을 해방했다. 그는 "야만적인 전문용어" 뒤로 숨어든 전문가들, "유리로 왜곡된 세상을 담은 전문용어"를 비웃었다. 이들은 대수롭지 않은 세부 사항에 부여한 과장된 중요성, 좁은 분류 체계, 혼돈의 체계 뒤로 숨었다. 이 비논리적이고 동떨어져 있으며 접근하기 어려운 과학과는 반대로, 파브르는 과학을 유쾌하고 매력적인 것으로 만들려 노력했다.

이게 바로 위대한 과학자가 다른 사람들처럼 말하려고 노력한 이유다. 파브르는 "욕설처럼" 들리거나 "몇몇 과학 연구서를 횡설수설하는 것처럼 보이게 만드는 마법의 주문"보다 "순진무구하고 그림 같은 명칭, 친숙하고 소박한 이름, 곤충의 행동 양상을 정확하게 해석해주거나 지배적인 특성을 확실히 알려주거나 적어도 추측의 여지를 조금도 남기지 않는 살아 숨 쉬는 단어"를 선호했다.

파브르는 옛 프랑스어에서 빌려온 적절하고 중요한 표현들, 그 수많은 매력적인 표현을 버리는 것이 쓸모없을 뿐만 아니라 심지어 부자연스럽다고까지 생각했다. 이 점에서 파브르는 테오프라스토스Theophrastos와 베르길리우스와 린네가 풀과 나무에 붙이기에 적절하다고 생각한 오래되고 널리 알려진 이름들을 버리지 않도록 조심하면서 식물을 분류한 불멸의 드 쥐시외와 닮았다.

파브르가 프로방스어를 좋아하는 것도 같은 이유에서였다. 이 뛰어난 언어는 운율이 풍부하고 듣기 좋았으며 암시적이고 색채가 풍부해서 용어들 대부분이 말하고자 하는 바를 확실히 전했는데, 프랑스어에는 그에 상응하는 말이 없을 정도였다. 파브르는 그 언어를 배웠고, 그 언어로 된 책을 읽기도 했다. 비록 조제프 루마니유Joseph Roumanille의 쉽고 친숙한 방식을 프레데리크 미스트랄의 장엄한 웅변보다 더 좋아했지만, 파브르에게 열정을 불어넣는 운율의 힘을 지닌 카렌달Calendal도 좋아했다. 프랑스어만큼이나 일찍부터 익숙했을 이 고대 언어에서 파브르는 특정한 습관, 표현 기법, 신조어, 약간의 단순한 방식과 글의 운율을 빌려왔다.

파브르가 이런 경지에 오르기까지 어려움이 없었던 건 아니다. 파브르의 첫 번째와 마지막 책의 차이를 측정해보자. 첫 번째 책의 문체는 약간 힘이 없고 분명하지 않았다. 경력이 쌓여감에 따라 자기만의 방식을 얻게 되었으며, 자신의 이야기에서 완벽한 문학적 문체를 달성하게 됐다. 가장 충실하게 구성되고 여러 페이지에 걸쳐 자신의 행복을 담아낸 작품은 주로 노년에 쓰였다. 이들 작품에는 실패의 흔적이 전혀 없었을 뿐 아니라, 파브르가 가장 최근에 펴낸 《파브르 곤충기》가 풍부한 내용만큼이나 형식의 완성도가 높은 걸 보면 정말 놀랍다.

파브르의 세심한 기록은 마음의 눈을 얼마나 생생하게 감동시키는지, 기억 속에 얼마나 확고하게 자리 잡게 하는지!

나나니벌을 본 적이 없더라도 “말벌 같은 의상과 긴 실 끝에 매달린 둥그런 복부”라는 묘사에서 그 모습을 쉽게 떠올릴 수 있다. 나나니벌이 둥지를 짓기 위해 진흙 덩어리를 펴내는 데 몰두하는 순간이 담긴 이 짤막한 묘사는 얼마나 정확한가. "더러워지지 않도록 꼼꼼하게 옷을 접는 숙련된 가사 도우미처럼 날개를 떨고 팔다리는 단단하게 뻗고 검은 복부를 노란색 줄기 위에 잘 올려둔 채 아래턱 끝으로 진흙을 긁으며 반짝이는 표면을 훑었다."[4]

파브르는 자기 앞을 지나다니는 말의 피를 빨아먹으며 괴롭히는 등에를 다음과 같이 매력적으로 그렸다.

> 다양한 등에는 부드러운 천으로 만들어진 내 우산 아래를 피난처로 삼곤 했다. 팽팽하게 당겨진 천 아래에서 한 마리는 저기서, 다른 한 마리는 여기서 조용히 쉬곤 했다. 더위가 기승을 부릴 때면 나와 이들은 늘 함께였다. 몇 시간 동안 기다리며 나는 등에의 황금빛 눈을 바라보는 걸 좋아했는데, 이들의 눈은 내 쉼터의 아치형 천장에서 석류석처럼 빛났다. 나는 어느 지점에 열기가 모여 이들이 강제로 조금씩 움직이게 되었을 때 천천히 이들이 위치를 바꾸는 모습을 바라보는 걸 좋아했다.[5]

우리는 "드릴을 이용해 조금씩 일하는" 도토리바구미의 모든 움직임을 추적했다. 파브르는 이 과정에서 일꾼을 놀라게 한 사소한 일에 관심을 보였다. 그것은 도토리 깊은 곳에 주둥이를 밀어 넣은 상태에서 갑자기 발이 미끄러지는 사고였다. 몸을 자유롭게 할 수 없는 이 불행한 생물은 공중에 매달린 자신을 발견했다. 그 어떤 발판이나 안심할 만한 위치에서 동떨어진 채로 주둥이를 직각으로, 비정상적으로 긴 "치명적인 말뚝"을 극한으로 밀어 넣은 상태였다.[6]

포플러바구미의 경우, "가장 미묘한 평형상태를 유지하며 미끄러운 이파리 표면에 발톱으로 달라붙어" 간신히 움직이는 모습을 볼 수 있었다. 우리는 포플러바구미가 움직이는 방식을 자세히 관찰했다. 곤충이 구부러진 작은 잎자루에 송곳처럼 수직으로 주둥이를 꽂는 모습도 볼 수 있었다. "부분적으로 수액이 부족해지면서 이파리는 더 흐물흐물해지고 일부는 마비되고 반만 살아 있게 된다." 그리고 우리는 "결국 줄기에 상처를 입히고 구부려 수직으로 매달릴 수 있는 시가 형태로 돌돌 마는 작업자의 차분한 심사숙고"를 오랜 시간에 걸쳐 차례차례 따라갔다.[7]

진정한 예술가답게 파브르는 작고 연약한 곤충의 알을 설명하기 위해 반짝이는 작은 진주, 호박琥珀이나 니켈로 만든 멋진 상자, "요정의 찬장에서 훔친 것만 같은" 반투명의 설화석고로 만들어진 자그마한 화분 등 온갖 표현을 찾아냈다.

파브르는 "뚱뚱하고 동그란 인형" 같은 작은 벌레들이 잠든 마법의 침실을 열었다. 연약한 애벌레들은 어미가 부리에 먹이나 모이주머니에 가득 채운 꿀과 함께 집으로 돌아오면 "입을 떡 벌리고 앞뒤로 머리를 흔들었다."

끔찍한 봄철의 파리가 둥지를 파괴해 새끼를 뺏기고 버려져 당황하고 길을 잃은 어미 꼬마꽃벌을 묘사한 가슴 아픈 장면에서는 연민, 친절, 세심함이 얼마나 느껴지는지! 어미는 이미 털이 빠지고 수척해지고 허름하며 초췌한 모습으로 작은 회색 도마뱀에 쫓기고 있었다.[8]

겨울의 첫 추위가 다가올 때 벌어지는 말벌 둥지의 비극은 서사시의 마지막 조각이다. 처음에는 일종의 불안함, "도시를 뒤덮는 무관심과 불안함"이 있으며, 이미 다가오고 있는 불행과 재앙의 기운이 느껴졌다. 머지않아 야생의 광기가 뒤따랐다. 이해할 수 없는 광기에 갑작스레 사로잡힌 것처럼 어미는 "겁에 질리고 사나워지고 불안해하며" 새끼에 혐오감을 보였다. "성체들은 애벌레를 제거하고 둥지에서 끌어냈다." 그리고 이 파괴적 드라마는 "마지막 재앙"이라는 결말을 맞았다. "병약하고 죽어가는 지하 묘지의 애벌레들은 구더기와 쥐며느리와 지네에 의해 훼손되고 내장이 제거되고 해부됐다." 결국 나방이 등장한다. 나방의 애벌레가 "주거지 자체를 공격해서 모든 것이 한 줌의 먼지와 몇 조각의 회색 종이로 줄어들 때까지 서까래를 갉아 먹고 파괴한다."[9]

상징적인 특징을 드러냄으로써 곤충의 독특한 모습을 묘사하기 위해 파브르가 얼마나 생생한 표현을 사용했는지!

"7개월 동안 밤낮으로 새끼를 등에 업고 왔다 갔다 하는 방랑자"인 늑대거미는 황량한 곳에서 서식하며 거대한 검은색 배를 가진 타란툴라다.

오래된 참나무 내부를 갉아 먹으며 소화 과정에서 남은 찌꺼기를 "썩은 목재 형태로 남겨두는" 거대한 하늘소 애벌레는 "자기 갈 길을 따라 움직이며 먹어 치우는 내장 조각"이다.

"그 흉측한 녀석"이라고 불리는 전갈은 우리에게 형체 없는 머리, 머리 부분이 잘린 거미의 전형적인 모습을 보여 준다.

새끼들을 낳기 위해 스스로를 희생하면서까지 모래말벌이나 벌잡이벌을 찾아 해가 쨍쨍한 모래 위로 모여드는 "뻔뻔한" 기생파리는 "거친 모직물로 만든 옷을 입고 머리에는 붉은 두건을 두른 채 공격할 시간만 기다리는 산적"이다.

포도나무 잎 위에 납작 엎드린 랑그도크조롱박벌은 더위로 어지러워하면서도 단지 재미 삼아 뛰어다녔다. "발끝으로 휴식처를 빠르게 두드려 이파리에 비가 억수같이 내리는 것과 비슷한 북소리를 냈다."

파브르는 정확하고 생생하게 장면을 묘사하면서 큰 기쁨을 느꼈지만, 그렇다고 그가 세밀한 해부학에 필요한 자세한 묘사를 하지 못했다고 생각해서는 안 된다.

모든 과학이 그렇듯 곤충학도 깊이 파고들다 보면 별 재미가 없는 부분이 있다. 하지만 흥미와 명석함으로 파브르는 보잘것없는 시타리스 애벌레의 모호하고 복잡한 형태, 왕소똥구리의 기묘한 창자, 바구미 산란의 비밀, 여치와 매미의 악기가 작동하는 기발한 메커니즘을 자세히 설명하는 데 성공했다. 그리고 귀뚜라미가 어떻게 노래하는지, 어떻게 150개의 톱니가 달린 활로 네 개의 진동막을 떨리게 하는지, 가끔 어떤 방법으로 노랫소리를 줄이는지를 미묘한 기교로 설명했다.[10]

파브르가 묘사한 동물의 이미지 중 일부는 너무 아름다워서 예술가에게 영감을 주거나 에나멜, 보석 세공, 장신구 등의 예술에서 새로운 작품을 만드는 데 동기가 될 수도 있다.

고대의 것을 계속해서 모방하거나 생명력이 없는 텍스트에서 영감을 얻는 대신 우리 주변에 수없이 흩어져 있는 흥미로운 자극에 관심을 돌리고, 그 독창성이 한 번도 사용되지 않았다는 사실에 집중하는 건 어떨까? 자연 자체가 심오한 논리로 가득 찼고, 아직 검토되지 않은 살아 숨 쉬는 경이로움을 끝없이 제공하는데 왜 우리는 정신을 고문하며 어색하고 얼어붙고 가난에 찌든 더 고통스러운 정교함을 만들어내려는 걸까?

만약 벌이 육각 프리즘으로 공간과 물질의 경제 문제에서 모든 기하학을 예상했다면, 호랑거미와 연체동물이 대수적 나선과 초월적 특성을 발명했다면, 모든 생명체가 "아무도 벗어날 수 없는 미학에 영감을 받아 아름다움을 성취했다면"[11] 흉내 내거나 기억할 수밖에 없는 인간의 예술은 인지하지 못하는 사이 풍부하게 제공된 자연의 아름다움을 자신의 이익을 위해 이상적인 이미지로 변형하기만 하면 될 것이다.

특히 미묘한 일본 미술의 영향을 받은 현대 미술은 이미 이 길을 걷고 있다.

어떤 예술가가 길게 뻗은 팔다리로 태양을 향해 하얀 알집을 바치는 타란툴라의 멋진 모습보다 더 아름다운 주제를 희귀한 금속에 조각하거나 귀중한 물질로 형상을 만들어 낼 수 있을까? 또는 "마치 수정 덩어리로 오로크스처럼 넓은 주둥이와 거대한 뿔을 조각한 듯한" 뿔소똥구리의 투명한 애벌레는 어떤가?[12] 어쩌면 "하얀색 베일을 쓴 성찬 배수자처럼 반투명한 상앗빛, 가슴 위로 교차시킨 팔, 운명의 실현을 받아들이는 신비로운 체념의 생생한 상징" 같은 거의 무형의 우아함을 지닌 황소뿔소똥풍뎅이 애벌레[13]에서 이제껏 밝혀지지 않은 주제를 찾을지도 모른다. 또는 훨씬 더 신비로운 왕소똥구리 애벌레에서 찾을지도 모른다. 이 애벌레는 "반투명한 호박 속의 미라가 리넨 수의로 고정된 신관 같은 자세를 유지하지만, 곧 이 황옥색을 배경으로 머리와 다리와 가슴이 칙칙한 붉은색으로 물들고, 나머지 부분은 하얀색으로 남았다. 애벌레는 천천히 탈바꿈을 시작했다. 성직자가 입는 장백의의 하얀색과 추기경 망토의 빨간색이 결합한 모습"이다.

반면 자크 칼로Jacques Callot가 등에 화려한 혹을 지닌 오니티셀루스의 기괴한 애벌레보다 훨씬 이상한 모습이 있을 거라고 상상이나 했을까? 비늘이 뒤덮인 배를 드러내고 네 개의 긴 기둥에 올라탄 엠푸사사마귀의 환상적이고 놀라운 윤곽, 뾰족한 얼굴, 위로 향한 콧수염, 눈에 띄는 커다란 눈, 그리고 "놀라운 미트라*" 등 진화할 수 있는 창조물 중 가장 기괴하고 기상천외한 생명체를 말이다.[14]

* 가톨릭 최고위급 사제가 착용하는 모자.

13장

동물 삶의 서사시

파브르의 초상화나 그를 묘사한 글에서 파브르는 단순하고 정확하며 타고난 다정함으로 가득했다. 파브르는 자신이 관찰한 작은 생명체를 살아 움직이는 그림으로 재현할 수 있을 만큼 적절하게 말을 다뤘다. 작은 생명체들의 사랑과 싸움, 교활한 책략, 먹이를 쫓는 행동 등 그들을 움직이게 하는 감정을, 모든 곳에서 창조의 고통을 동반하는 그 어마어마한 드라마를 해석할 방법을 찾을 때 파브르의 표현법은 더 높은 수준에 닿아 색채를 띠고 상상력은 풍부해졌다.

특히 파브르는 과학이 시에 제공할 수 있는 심오하고 무궁무진한 자원이 무엇인지, 아직 탐험이 이루어지지 않은 심오한 지평이 무엇인지 보여준다.

알이나 번데기가 깨지는 일은 그 자체로도 감동적이다. 어떤 생명체든 "빛으로 다가가는 것은 정말 엄청난 수고"이기 때문이다.

봄의 시간이 다가왔다. 봄의 전령인 들귀뚜라미의 울음

소리에 애벌레나 번데기 속에 잠들었던 배아가 마법에서 깨어난다. 태생의 어둠에서 벗어나 포대기를 풀고, 비밀스러운 껍데기를 깨고, 밀랍으로 만들어진 벽을 부수고, 땅에 구멍을 뚫고, 비단의 감옥에서 탈출하려면 서두르는 것은 물론 기발한 재주도 필요하다!

근사한 알을 낳는 북방풀노린재는 태어날 때부터 갇혀 있던 상자를 열고 자유를 찾기 위해 어느 자물쇠 제조공의 기이한 작품 같은 신비로운 드릴을 발명한다.

메뚜기는 며칠 동안 "거친 흙에 머리를 박고 자갈과 실랑이를 벌였다. 미친 듯이 꿈틀거리며 땅속 아늑한 공간에서 벗어났으며, 낡은 겉옷을 벗어 모습을 바꾸고는 빛을 향해 눈을 뜨고 처음으로 뛰어오른다."

소나무에서 서식하는 솔나방은 "이마에 다이아몬드 점을 박고 날개를 펴고 바짝 세운 털을 부풀려 어둠 속에서만 날아다니며 그날 밤 짝짓기를 하고 다음 날 생을 마감한다."

"이 작은 파리가 땅에서 나올 수 있도록" 도와주는 이 얼마나 놀라운 발명이자 기계적이고 교묘한 수완인지!

안트락스파리는 시멘트 천장에 구멍을 뚫기 위해 각종 송곳과 칼, 작살과 그래프널grapnel*을 갖춘다. "그 후 생체 실험실의 체액에 젖어 아직은 축축한 애처로운 검은 파리가

* 갈고리가 여러 개 달린 작은 닻.

나타나 떨리는 다리로 안정을 취하고 날개를 말리고 갑옷을 벗고 날아간다."

모래 깊은 곳에 묻힌 검정파리는 "원통 형태의 관에 금이 가고" 가면을 쪼개 자신을 드러낸다. 머리는 두 개로 쪼개지고 그 사이로 괴물 같은 종양이 차례로 나타났다가 사라지고 자유롭게 오가고 부풀었다 쪼그라들고 두근거리고 애를 쓰며 달려들다가 생을 마감하는 모습을 볼 수 있다. 그러는 동안 압력을 받은 모래는 조금씩 부서지다가 지하 묘지 깊은 곳에서 새로운 파리가 등장한다.[1]

어떤 어린 거미는 스스로를 해방하고 하늘을 지배하고 세상 속으로 흩어지기 위해 독창적인 비행 시스템을 선택했다. 이들은 덤불의 가장 높은 지점에 올라가 실을 뽑아내 바람을 타고 멀리 날아간다. 이 거미들은 사이프러스 잎사귀를 배경으로 한 점의 빛처럼 반짝인다. 작은 나그네들은 끝없이 이동하는데, 햇볕의 손길 아래에서 흩어져 튀어 올랐다가 떨어지는 모습이 마치 원자 발사체나 불꽃놀이에서 불이 뿜어 나오는 분수 같았다. 이 얼마나 영광스러운 출발이자 세상에 입성하는 길인지! 하늘을 나는 실을 잡고 곤충은 높이 날아오른다![2]

하지만 만약 이 모든 것이 이미 밝혀졌다면 선택받지 못했을 것이다. "얼마나 많은 생명체가 거친 대지 아래에서, 충격에 충격이 계속되는 만물의 생명을 품은 그 혹독한 터

전 속에서 커다란 위험을 감수하며 움직일까? 그러다가 모래 알갱이에 붙잡혀 중간에 굴복할 수도 있지 않을까?"

축제를 위한 옷을 입고 창조의 기쁨을 함께 나누기 전, 탈바꿈의 속도가 느린 탓에 지하의 어둠 속에서 더 오랫동안 무위도식해야 하는 생명체도 있다.

그렇게 매미는 땅속에서 나오기까지 오랜 세월 우울한 어둠을 견뎌야 했다. 땅에서 나오는 순간 진흙으로 더럽혀진 애벌레는 "하수도 청소부를 닮았으며, 눈은 희고 흐릿하며 가는 데다가 앞이 보이지 않는 상태였다." 그리고 애벌레는 "나뭇가지에 달라붙어 등을 쪼개어 쪼그라든 양피지보다 더 건조한 껍질을 버리고 처음에는 옅은 연두색의 매미"가 됐다가 "기쁨에 반쯤 취해 쏟아지는 불꽃 속에서 축제를 벌인다."

그리고 온종일 부드러운 나무껍질의 설탕 수액을 마시고, 밤에는 빛과 열에 만족해서 침묵했다. 수확의 장엄한 교향곡에서 한 부분을 담당하는 매미의 노래는 그저 존재에 대한 기쁨을 알릴 뿐이다. 지하에서 여러 해를 보낸 매미가 쏟아지는 햇빛 아래의 세계에서 행복해하며 세상에 군림하는 건 한 달밖에 안 된다. 야생의 작은 심벌즈가 "이렇게 얻은 짧은 행복을 축하할 수 있을 만큼" 그렇게나 시끄러운지 판단해보자![3]

모두가 여름날의 평온함 속에서 저마다의 행복을 노래

한다. 이들은 들떠 있다. 각자가 기도하고 숭배하는 방식이며, "삶의 기쁨인 풍성한 수확과 등을 따뜻하게 하는 햇볕"을 표현하는 방식이다. 심지어 보잘것없는 메뚜기조차 자신의 행복을 표현하기 위해 옆구리를 문지르고 삐걱댈 때까지 날개를 정강이에 비볐고, "빛과 그늘의 움직임에 따라" 갑자기 시작하거나 끝내는 자신의 음악에 도취했다. 모든 곤충은 저마다의 리듬이 있다. 어떤 리듬은 강렬하고 어떤 리듬은 거의 알아차릴 수 없다. 그것은 태양이 어루만지는 덤불과 휴경지의 음악, 즐거운 삶의 물결 속에서 오르락내리락하는 음악이다.

곤충들은 즐겁게 지낸다. 시끌벅적한 축제를 일으키고 끝도 없이 짝짓기한다. 심지어 서로 친분을 쌓기도 전에 "동물의 유일한 즐거움이 사랑"이며 "사랑하는 것이 곧 죽는 것이나 마찬가지"이기에 맹렬하게 삶을 살아간다.

알에서 해방되는 고된 부화 과정을 거치고 먼지투성이인 "암컷 배벌은 눈을 씻을 시간조차 주지 않는 수컷에 붙잡힌다." 땅속에서 1년 넘게 잠을 자던 시타리스는 겨우 딱딱한 껍데기를 던져버리고 쏟아지는 햇볕 아래에서 몇 분 동안의 사랑을 맛본 후 자신이 태어난 바로 그 자리에서 생을 마감한다. 생명이 솟구치고, 불타고, 불꽃이 터지고, 반짝이고, "무한히 반복되는 조수처럼" 밀려오는데, 이는 이틀 밤사이 잠깐 빛나는 광채다.

수많은 요정의 세계가 바스락거리는 숲을 가득 채운다. 가시덤불의 뿌리 주변, 오래된 벽의 그늘, 푸석푸석한 흙이 쌓인 비탈길 또는 울창한 덤불 속에서 낮으로 밤으로 수천 가지의 놀라운 그림이 펼쳐진다.

"곤충은 결혼식을 위해 모습을 바꾸고, 각자 의식을 치르면서 자신의 열정이 잘 표출되기를 바란다." 파브르는 곤충 신랑과 신부의 결혼식에 관한 비망록을[4] 쓰려고 생각했다. 그러니까 그들의 축제와 사랑의 규칙에 관한《카마수트라》, 이 놀라운 주제를 솔직하면서도 절제된 예술로 여기저기에서 다뤘다! 그 어떤 진실도 빠뜨리지 않고, 그 어떤 것도 우리에게 충격을 주지 않는 기쁨의 정원에서 파브르는 대화 중에 자신을 드러냈다. 그는 주제가 음란한 방향으로 바뀌는 것을 피할 만큼 근본적으로 순수했고 극도로 절제했다.

바위 밑에서 암컷 나방은 "그 무엇과도 비교할 수 없을 만큼 부드럽고 폭신폭신한 이불 위에 누워서 쏟아지는 햇살을 받으며 안방의 발코니에 나타난다." 암컷은 결혼식을 위해 "솜털 같은 깃털과 검은 벨벳 외투를 차려입은" 배우자인 "온화한 누에나방"이 찾아오기를 기다린다. 만약 "수컷이 늦게 찾아오면 암컷은 점점 더 참을성이 없어져 직접 짝을 찾아 나선다."

그와 똑같은 관능적이고 압도적인 힘에 이끌린 귀뚜라미도 굴을 벗어나려 한다. 그는 "가장 훌륭한 옷"을 차려입었다.

> 새틴보다 더 아름다운 검은 재킷과
> 허벅지의 암적색 줄무늬

귀뚜라미는 먼 곳에 있는 사랑하는 연인의 거주지에 다다를 때까지 "황혼의 은은한 어스름을 따라" 야생의 목초지를 돌아다닐 것이다. 끝내 귀뚜라미는 "입구 앞에 모래가 깔린 산책로, 쿠르 도뇌르cour d'honneur*"에 도착한다. 하지만 이미 다른 열정적인 수컷이 그 자리를 차지해버렸다. 그 후 두 라이벌은 서로에게 덤벼들어 서로의 머리를 물어뜯다가 "약자가 물러날 때까지 기교가 뛰어난 노래로 상대방을 모욕한다." 행복한 승자는 자신이 잘생겼음을 아는 것처럼 우쭐대는 표정을 짓고는 하늘색 꽃으로 뒤덮인 아필란테스 다발 뒤에서 몸을 숨기고 있던 미인 앞에 나타난다. 귀뚜라미는 "앞다리를 움직이며 더듬이 하나를 턱 아래쪽으로 구부리고, 길게 뻗은 붉은 줄무늬 다리는 조바심을 내며 발을 질질 끌다가 공중에 발을 휘둘렀지만, 흥분한 나머지 아무 소리도 내지 못했다."[5]

물푸레나무의 잎사귀에서 수컷 청가뢰는 가능한 몸을

* 서양의 궁전이나 저택의 안마당에 자리한 천장이 있는 복도식 구조물.

웅크리고 가슴에 머리를 숨긴 연인과 싸웠다. 주먹을 난사하고 배를 내리치며 연인에게 "성적인 폭풍우를 쏟아붓는다." 그런 다음 팔짱을 끼고 잠시 움직이지 않고 떨었다. 결국 바라던 대로 연인의 더듬이 두 개를 모두 붙잡고 "마치 말 등에 올라앉아 고삐를 쥔 자처럼" 고개를 들도록 강요한다.

뿔가위벌은 "연인이 다가오면 턱을 딱딱 부딪치는 소리로 답했다. 스스로 더 용맹해 보이려고 흉포하게 아래턱을 찡그렸다. 허공에 턱을 놀리고 머리로 위협하는 움직임을 보이면서 서로를 잡아먹으려는 듯한 자세를 취한다." 프랑수아 라블레François Rabelais가 언급한 고대 혼인 풍습처럼 구혼자들은 수갑을 차고 조롱을 당하고 가슴을 때리겠다는 위협을 받으면서도 용맹함을 과시하면서 신부를 맞이했다.[6]

희미한 달빛이 폭풍의 먹구름 사이로 고개를 내밀어 후덥지근한 대기를 비추던 무미건조한 산비탈에는 한 치 앞밖에 못 보는 시력을 지닌 옅은 색의 전갈, 기형적인 머리를 지닌 끔찍한 괴물이 "이상한 얼굴을 내밀고 손에 손을 잡고 라벤더 덤불 사이로 신중하게 걸음을 옮겼다. 이들의 즐거움과 황홀함을 어떻게 사람의 언어로 표현할 수 있을까……!"[7]

북방반딧불이는 연인을 안내하기 위해 "보름달에서 떨어진 불꽃처럼" 자신의 배에 불을 밝히지만, "머지않아 빛은 점점 더 희미해지다 밤의 은은한 빛으로 사라진다. 그 사이 주변에는 야행성 동물들이 각자의 일을 잠시 미루고 일반적인 결혼식 축가를 중얼거렸다."[8]

하지만 이들의 행복한 시간은 곧 끝나고 비극이 찾아왔다.

누군가는 살아야 하고 "장腸은 세상을 지배한다."

세상을 구성하는 모든 생명체는 끊임없이 갈등하고, 한 생명체는 다른 생명체를 희생해야만 살아간다.

반면, 다음 세대가 빛을 볼 수 있도록 지금 세대는 새끼를 보호할 방법을 생각해야 한다. "새끼들이 번성하기 위해서 나머지는 모두 소멸해야 한다!" 그리고 굴 깊은 곳에는 오직 먹기 위해 살아가는 "신선한 살을 좋아하는 작은 괴물인" 미래의 애벌레들이 먹을 먹이가 있어야 한다.

배고픔과 모성애에 "갈등으로 세상을 지배하는" 사랑을 더하자.

파브르가 설명한 것처럼 이런 과정이 "존재를 위한 투쟁"의 구성요소다. 파브르는 자신이 보고 관찰한 현상을 묘사하는 것 외에는 관심이 없었다. 이런 웅장한 전투 이야기는 파브르의 글 곳곳에서 찾아볼 수 있다. 경기장이나 투기장이 이보다 더 전율 넘쳤던 적은 없고, 그 어떤 숲도 덤불 속에 이보다 감동적인 전투를 숨긴 적이 없다.

각자 자신만의 전쟁 전략, 공격 방법, 살상 방법을 가졌다.

"고대 팔라이스트라palaestra*의 운동선수들이 연구하고 배운 과학적" 전술은 조롱박벌이 귀뚜라미를 마비시키고 노래기벌이 바구미를 사냥해 적절한 장소로 가져가 더 안전하고 느긋하게 수술하는 데 사용하던 전술이었다!

느린 죽음을 다루는 데 도가 튼 마비 전문가 옆에는 그에 못지않게 단 한 번으로 흔적도 남기지 않고 피해자를 죽음에 이르게 하는 "진정한 범죄 전문가"가 있다.

커다란 분홍색 꽃이 핀 시스투스 덤불에서 "새틴 옷을 입은 작은 게거미"는 그 지역에 서식하는 꿀벌을 지켜보다 갑자기 뒤통수를 낚아채 죽인다. 벌잡이벌 또한 꿀벌의 머리를 잡아 턱 아래쪽으로 너무 높지도 낮지도 않게 "정확히 목의 좁은 관절"에 침을 꽂는다. 두 곤충 모두 이 제한된 부분에 작은 신경 덩어리가 집중돼 있음을 알았다. 마치 작은 뇌처럼 "가장 취약한 약점"이 곤충 껍질의 결함, 그러니까 생명의 중심이라는 사실을 말이다.

왕거미 같은 다른 곤충들은 먹이에 독을 주입한 후 부드럽게 한 입 베어 문다. "이 모습이 마치 키스하는 것" 같으며, 어디를 물든 "거의 곧바로 천천히 기절하게 만든다." 따라서 털이 많은 뒤영벌은 끝없이 늘어선 시들어버린 타임 곁을 지나다 가끔은 바보처럼 길을 잃고 자신의 은신처 안

* 고대 그리스의 운동 연습장.

에서 눈을 보석같이 반짝이는 타란툴라의 굴로 향하기도 한다. 이 곤충이 지하로 사라지자마자 높고 날카로운 소음인 "진정한 죽음의 노래"가 들리고, 곧바로 완전한 침묵이 이어졌다.

> 아주 잠깐 만에 운이 안 좋은 이 생명체는 완전히 목숨을 잃었고 주둥이는 길게 뻗고 팔다리는 축 늘어졌다. 방울뱀에게 물렸어도 이렇게 갑자기 마비되진 않았을 것이다.

이 끔찍한 거미는 "자신이 만든 성의 흉벽*에 기대어 커다란 배를 드러낸 채 햇볕을 받다가 아주 작은 바스락거리는 소리에도 신경을 쓰며 파리든 잠자리든 지나가는 모든 것에 달려든다. 그리고 한 번의 공격으로 피해자의 목을 조르고 따뜻한 피를 마시며 피해자가 차갑게 식도록 만든다."

> 거미를 자신의 은신처에서 쫓아내기 위해 대모벌은 온갖 교묘한 전략을 사용한다. 끔찍한 결투, 육탄전, 거대하고 진정한 서사시, 날개 달린 곤충의 미묘한 솜씨와 독창적인 대담함으로 결국 무시무시한 거미와 독이 묻은 송곳니를 이긴다.[9]

* 성곽이나 포대 등 중요한 곳에 사람 가슴 정도 높이로 쌓는 담이나 둑.

분홍색 헤더 속 "덤불의 작은 거미는 나뭇가지 사이에 가벼운 거미줄로 덫의 소용돌이를 매달아 놓는다. 그 덫은 밤의 눈물을 보석 화관으로 바꿀 것이다. …… 마법 같은 보석은 햇빛을 받아 반짝이며 모기와 나비를 현혹했다. 하지만 너무 가까이 다가간 곤충은 호기심의 희생양이 돼 목숨을 잃었다." 깔때기 위에는 함정이 있으며 "혼돈의 샘, 밧줄의 숲은 마치 폭풍우로 훼손된 배의 삭구* 같았다. 이 필사적인 생명체는 삭구의 장막 속에서 몸부림치다가 음침한 도축장으로 떨어진다. 거미는 그곳에 숨어서 먹이의 피를 뽑을 준비를 한다."

죽음은 어디에나 있다.

나무껍질의 틈새마다, 이파리의 그림자마다 끔찍한 무기로 무장한 사냥꾼이 숨어서 모든 감각을 곤두세웠다. 사방에 이빨, 송곳니, 발톱, 침, 집게발, 커다란 낫이 도사린다.

풀숲을 뛰어다니는 상아색 얼굴의 여치는 "아래턱으로 메뚜기의 머리를 박살 냈다."

흉포한 생명체인 뱀잠자리붙이 애벌레는 진딧물의 내장을 파내고 그 가죽으로 전투복을 만들어서 "마치 휴런 Huron족**이 적들의 두피를 벗겨 허리에 묶었던 것처럼" 텅 빈 희생자로 자신의 등을 덮었다.

* 배에서 쓰는 밧줄이나 쇠사슬을 통틀어 이르는 말.

애벌레들은 딱정벌레의 무자비한 탐욕에 둘러싸여 있다.

> 털로 덮인 피부는 상처가 나서 벌어졌고, 바늘 같은 소나무 이파리를 먹어 밝은 녹색 빛을 띠던 내장은 뭉텅이로 빠져나간다. 공격을 받은 애벌레는 몸을 비틀고 고리처럼 말고 몸부림치며 발로 모래를 움켜잡고 이를 악물고 침을 흘린다. 아직 상처를 입지 않은 애벌레는 지하로 도망치기 위해 필사적으로 땅을 팠다. 하지만 그 누구도 성공하지 못했다. 그들이 땅속으로 절반쯤 도망치기도 전에 딱정벌레가 달려들어 내장을 파헤치면서 뜯어먹는다.

긴호랑거미는 "달빛을 엮어 만든 듯한" 거미줄의 한가운데나 지옥 같은 찐득찐득한 덫인 올가미 한가운데, 또는 멀리 떨어진 초록 이파리의 오두막에 숨어서 먹이를 기다리며 지켜본다. 줄기 사이를 날아다니는 끔찍한 말벌이나 황금날개잠자리가 끈끈한 덫에 떨어진다. "곤충이 거미줄에서 벗어나기 위해 몸부림치면 마치 줄이 끊어질 듯 거미줄이 심하게 떨린다. 그리고 곧바로 거미가 침입자에게 대담하게 돌진한다. 두 뒷다리를 빠르게 움직여 거미줄로 희생자를

** 미국과 캐나다에 걸친 지대에 거주하는 선주민으로, 와어언도트어를 구사한다. 오늘날 캐나다 퀘벡에 유보지를 가지고 있다.

돌돌 감쌌다. …… 맹수와 싸우라는 형벌을 받은 고대 레티아리우스Retiarius*가 왼쪽 어깨에 밧줄로 만들어진 그물을 걸치고 경기장에 나타나면 맹수가 달려들었다. 레티아리우스는 갑자기 그물을 던져 휩싸고 삼지창을 휘둘러 해치워버렸다." 긴호랑거미도 이와 비슷하게 먹잇감을 향해 거미줄을 던지고, 하얀 덮개 아래의 희생자가 더는 움직이지 않으면 가까이 다가가 독이 있는 송곳니를 삼지창처럼 사용한다.[10]

곤충들이 유일하게 시선을 피하는 사마귀라는 악마 같은 생명체는 "경건한 태도 속에 극악무도한 습관을 숨기고" 몇 시간 동안 꿈쩍도 하지 않고 감시한다. 커다란 메뚜기에게 지나갈 기회를 줘보자. 사마귀는 메뚜기 쪽을 슬쩍 바라보고 그 뒤를 따라 이파리 사이로 미끄러지듯 지나가다가 갑자기 그 앞에 나타날 것이다. "그러고는 메뚜기에게 겁을 주고 매혹하는 귀신 같은 자세를 취한다. 날개 덮개를 열고 날개를 활짝 펼쳐 등 전체를 거대한 피라미드 형태로 만든다. 깜짝 놀란 살무사가 쉭쉭대는 것처럼 약간 휙휙 하는 소리가 들리고, 죽일 듯이 앞다리를 최대한 벌려 몸과 십자 형태를 만든다. 마치 평상시에 감춰놨던 전쟁 준비물을 드러내듯 공작의 꼬리 무늬를 닮은 겨드랑이의 문양을 보여준다. 이는 사마귀가 전투에서 끔찍하면서도 뛰어난 움직임을

* 검투사의 일종으로, 투망과 삼지창을 들고 상대와 맞섰다.

보일 때만 드러난다. 그 후 갈고리가 여러 개 달린 닻과 같은 송곳니 두 개를 꽂고, 두 개의 낫이 서로 맞물려 악마처럼 희생자를 단단히 붙잡았다."[11]

여기에는 평화가 없다. 밤이 되면 어둠 속에서 끔찍한 전쟁이 계속된다. 극악무도한 투쟁, 무자비한 결투가 여름밤을 가득 메웠다. 고랑 옆의 긴 풀줄기에서 북방반딧불이는 "달팽이를 마취"하고 먹어 치우기 전에 움직이지 못하도록 마비시키는 독을 주입한다.

온종일 햇볕 아래에서 기쁨을 노래하던 매미는 저녁이 되면 올리브나무와 키 큰 플라타너스나무에서 잠에 든다. 하지만 갑자기 짧고 거슬리는 괴로움의 외침 같은 소리가 들렸다. 열정적인 밤의 사냥꾼인 녹색 메뚜기가 휴식을 취하던 매미를 덮쳐 옆구리를 붙잡고 내장을 뜯어먹자 놀란 피해자가 절망하며 내뱉는 탄식이었다. 음악적 광란의 잔치가 끝나면 밤과 암살이 찾아온다.

꽃이나 나뭇잎 사이, 그늘진 나뭇가지 아래, 먼지 쌓인 휴경지에서 이런 우울한 서사시가 펼쳐진다. 갑작스러운 봄의 기운과 여름의 장관이 피어나는 들판의 깊은 평화 한가운데에서 자연이 제공하는 광경이 바로 이런 것이다. 이런 살인과 암살은 침묵과 무음의 세계에서 자행되지만, "마음의 귀"는 그 소리를 듣는 것 같았다.

호랑이는 분노하고 사자는 비명을 지르고
이 자그마한 세계 깊은 곳에서 울부짖는다

빅토르 위고는 이 놀랍도록 적절한 대사를 이 황홀한 계시에 적용하려 했던 걸까? 시의 전통에 따라 파브르에게 놀라울 정도로 잘 어울리는 "곤충의 호메로스Homeros"라는 이름을 수여한 사람이 바로 위고였을까?

비록 파브르는 이런 제안을 뒷받침할 근거를 제시하지 못했지만, 파브르의 삶에 그림처럼 아름답고 정확한 특성을 더해준다는 이유만으로도 그 전설은 존중할 수 있다.

투박한 무대에서 작은 배우들이 기회에 휘둘리고 만남의 위험 속에서 각자의 역할을 차례로 연기하는 이 드라마의 무수히 많은 장면에서는 가장 미미한 존재조차 중요하다.

"인간 희극"* 처럼 이 작품에도 자수가 반짝이는 보라색 옷을 입고 "우뚝 솟은 깃털로 장식하고" 으스대며 걸어 다니는 특권층이 등장한다. 바스락거리는 금빛의 화려한 가운을 입은 "한량 같은 부자"는 다이아몬드와 토파즈, 사파이어를 뽐낸다. 그들은 불꽃처럼 타오르고 거울처럼 반짝이며

* 프랑스 작가 오노레 드 발자크가 1842년 자기 소설 전체에 붙인 총서명叢書名. 약 90편에 등장인물만 2,000여 명이고, 프랑스 전역에서 벌어지는 일을 다룬다.

장엄한 풍채를 지녔지만, 두뇌는 "둔하고 무겁고 서툴다. 상상력과 독창성이 없으며 상식이 부족하고 장미꽃 한가운데서 햇볕을 마음껏 누리거나 이파리의 그림자 아래에서 한잔하고 잠드는 것 말고는 다른 걱정이 없다."

이와 반대로 노동자는 시선을 끌지 못하지만, 가끔은 가장 덜 알려진 것이 가장 흥미롭기도 하다. 궁핍한 빈민층은 스스로 배우고, "발명의 위업", 예기치 못한 재능, 독창적인 노동을 촉발했다. 수천 가지의 기묘하고 예상치 못한 솜씨와 어떤 시의 주제도 우리가 주목하지 않고 지나치는 돌과 가시덤불과 낙엽 사이의 이 작은 생물 하나가 지닌 세세한 역사만큼 관심을 끌지는 못한다. 세상의 광대한 교향곡에 독창적이고 서사적 음표를 더하는 것은 그 무엇보다 이런 생명체다.

하지만 죽음 또한 그만의 시를 지녔다. 그 어두운 영역 또한 웅장한 교훈을 담고 있으며, 불쾌한 썩은 사체는 파브르에게 신성한 연극이 펼쳐지는 "성막聖幕"이기도 했다.

"열렬한 해적"인 개미가 가장 먼저 사체를 조금씩 해부하기 시작한다.

"사향 냄새를 뿜어내고 더듬이 끝에 붉은색 방울이 달린" 송장벌레는 "탁월한 연금술사"다.

쉬파리 또는 "충혈된 눈을 지닌 냉랭한 도살자인" 회색 쉬파리, "흑진주처럼 윤이 나는 까만 몸을 지닌" 풍뎅이붙이, 크고 칙칙해 상복 같은 겉날개를 지닌 넓적송장벌레, 반짝이는 느림보인 코뿔소딱정벌레, "배 아랫부분에 눈가루를 뿌린 듯한" 수시렁이, 얄따란 반날개, 모든 사체의 동물 종, 죽음의 장인들은 "피고름에 취해 조사하고, 발굴하고, 짓이기고, 해부하고, 변화시키고, 감염을 근절한다."

파브르는 쉽게 볼 수 있는 회색 쇠파리의 애벌레가 교묘하게 펩신을 사용해 단단한 물질을 산산이 조각내거나 액체 상태로 만드는 그 "이상한 기술"을 흥미롭게 설명했다. 이 뛰어난 용매는 표피에 영향을 미치지 않기에 회색 쇠파리는 눈가나 코의 점막, 입 주변, 상처가 난 생살 같은 곳을 골라 알을 낳는다.

이 창의적인 생각은 "모든 것이 융합되어 다시 시작될 수 있는 도가니의 작용"을 분석하고, 부패와 분해가 보여주는 놀라운 교훈을 자세히 설명했다!

14장

평행 우주

우리는 파브르의 훌륭한 손에서 곤충학이 어떤 모습이 되어가는지를 보았다. 이 방대한 창조의 시를 이보다 더 친숙하고 빛나게 해석해주는 통역가가 없었다. 파브르의 작품 같은 건 그 어디에서도 찾아볼 수 없을 것이다.

파브르는 너무 일반적이고 모호하고 비인격적인 조르주 뷔퐁Georges Louis Leclerc de Buffon*의 동물 묘사를 뛰어넘었다. 뷔퐁의 기록은 믿을 수 없었고 그의 학식 전반은 완전히 얻어들은 수준이었다!

무엇보다도 르네 레오뮈르와 파브르를 비교하고 싶다는 유혹에 시달리는데, 어떤 사람들은 그를 레오뮈르의 연구를 지속한 유일한 사람으로 바라보기도 했다. 실제로 파

* 프랑스의 수학자·박물학자·철학자다. 파리 왕립식물원의 원장으로 일했으며 44권의 《박물지Histoire Naturelle》를 썼다. 다윈의 진화론에 아이디어를 제공했다.

브르는 레오뮈르의 작품을 열정적으로 읽었지만, 마음속 깊은 곳에서는 레오뮈르의 글을 그리 즐기지 않았다. 파브르는 이 생산적인 원천을 들이켰지만, 그가 일궈낸 풍성한 결실은 레오뮈르에게 전혀 빚지지 않았다.

하지만 이 둘 사이에 비슷한 점은 많다. 물론 다른 점이 셀 수 없이 많았지만, 그에 못지않게 공통점도 많았다.

이 유명한 라로셸La Rochelle의 아들은 파브르처럼 자연의 모든 것을 사랑하는 사람으로 태어났다. 레오뮈르는 수많은 흥미로운 발견으로 빛을 발하게 될 물리학과 자연사의 무수히 많은 문제를 다루기 전에 수학에 대한 심도 있는 연구로 스스로를 무장했다.

하지만 파브르보다 운이 좋았던 레오뮈르는 출생의 이점뿐만 아니라 열렬한 지적 활동에 필요한 모든 물질적 조건을 누렸다. 행운의 여신은 자신이 아끼는 대상에게 선물을 퍼부음으로써 레오뮈르가 어릴 때부터 여가를 즐기며 이익을 얻고 자신의 인생 목표를 자유롭게 통솔하면서 영광을 누리는 데 적지 않은 역할을 했다. 레오뮈르는 세리냥의 현자만큼 겸손했다. 레오뮈르의 전기 작가 중 한 사람에 따르면 다른 사람들 앞에서 자신을 드러내지 않았기에 레오뮈르가 얼마나 대단한지 잘 느끼지 못했다고 한다.[1]

마침내 생 앙투안Saint-Antoine 교외 끝자락에 집을 마련한 레오뮈르는 아름답고 넓은 정원 한가운데에 자신의 마음에

드는 아르마스를 직접 만들기도 했다.

그곳에서 레오뮈르는 아직 미지의 영역이었던 곤충학에서 놀라운 꿀벌 공화국의 수수께끼를 풀었고, 지금까지 모두가 경멸하거나 적어도 전혀 중요하지 않다고 여겨졌던 수많은 작은 생명체를 설명하고 해석할 수 있었다. 실제로 꿀벌들은 파브르의 시대까지 계속 무시당했다. 레오뮈르는 "우리가 가장 많이 걱정하는" 것과의 연관성을 의심하거나 그로부터 도출되는 "모든 특이한 결론"을 지적한 최초의 모험가였다.[2]

레오뮈르의 흥미로운 《곤충학을 위한 연구서Mémoires pour servir à l'histoire des insectes》에 얼마나 다양한 세부 사항이 들어 있으며, 우리가 이 위대한 거장으로부터 얼마나 많은 사실을 얻을 수 있는지! 레오뮈르도 파브르처럼 동시대의 수많은 사람을 사로잡는 재능이 있었다. 레오뮈르가 천재성에 불을 붙여준 프랑수아 위베는 말할 것도 없고, 아브라함 트랑블레Abraham Tremblay, 샤를 보네Charles Bonnet, 샤를 데 예르Charles de Geer도 레오뮈르의 소명에 신세를 졌다.

물리학자였던 그는 비교적 단순하지만 섬세하고 꼼꼼한 작업에 익숙한 사람으로서 이런 탐구의 엄청난 복잡성을 감탄스러울 정도로 훌륭하게 예견하고 있었다. 그렇기에 진정한 과학자의 겸손함으로 자신의 연구, 심지어 가장 중요한 연구도 그저 자기를 따르는 사람들에게 길을 알려주기 위한 조짐 정도로 취급했다.

요컨대《파브르 곤충기》의 저자만큼이나 꼼꼼한 레오뮈르는 자신이 직접 증명하거나 세심하게 검증하지 않은 것은 쓰지 않았기에 우리는 어쩌면 그의 모든 개인적 기록에 직접 눈으로 본 관찰만 있다고 확신할 수 있을지도 모른다.

오류의 수렁에서 레오뮈르는 파브르처럼 오류 없는 나침반 같은 놀라운 상식을 갖고 있었다. 그리고 거짓에 종종 포함되는 소량의 진실을 추출하는 데 능숙했고, 전설의 문에 귀를 기울이고 전통의 뿌리를 추적하는 이야기를 좋아했다. 그런 이야기를 어리석은 미신을 대하듯 당연하게 조롱하기 전에 먼저 그 기원과 기반을 다양한 방향으로 조사해야 한다고 생각했다.[3]

레오뮈르는 실험의 유혹을 받았고, 관찰만으로는 파고들고자 하는 문제에서 아무것도 밝힐 수 없는 경우가 아주 많다는 것을 잘 알았다. 지금은 실험을 통해 얻은 가장 유망하고 예상치 못한 발견 중 하나를 상기하는 것으로 충분하다. 곤충의 알을 추운 곳에 드러내어 부화하는 시기를 늦추는 기발한 생각을 가장 처음 고안한 것도 레오뮈르였다. 이로써 동물의 삶에 추위를 적용한 샤를 텔리에Charles Tellier의 발견을 예견했다. 가장 뛰어난 선구자였던 텔리에는 애벌레가 번데기로 존재하는 시기가 일반적인 주기보다 무한대로 길어지는 비결도 밝혀냈다. 게다가 여러 해 동안, 심지어 장기간 혼수상태를 유지하는 데 성공해 결과적으로 '잠자는 일곱 사람'*의 기적을 마음대로 반복할 수 있었다.[4]

하지만 대상의 세세한 부분에 너무도 몰두한 탓에 레오뮈르는 자연의 입을 강제로 열게 할 기술이 없었고, 정서적 소질의 영역에서 진실을 능가하는 건 거의 불가능했다.

레오뮈르의 관찰은 종교적 경외심으로 이루어졌지만, 자신이 관찰했던 작은 생명체와 진정한 교감을 나눌 힘은 없었기에 시인이나 심리학자라기보다 물리학자처럼 항상 대상의 겉모습만 보았다. 레오뮈르는 기관의 기능, 작동 방식, 속성, 이들이 겪는 변화에 주목하는 것으로 만족할 뿐, 이들의 행동을 해석하지 않았다. 이들의 안팎에서 고동치는 생명의 신비는 레오뮈르를 교묘하게 피해 갔다. 이게 바로 레오뮈르의 책이 그토록 지루한 이유다. 레오뮈르의 정원은 희귀한 식물로 가득하고 화사하지만, 생명도 예술도 없고 한 발 떨어져 전망을 관망하거나 폭 넓은 관점도 지니지 못한 단조로운 곳이었다. 레오뮈르의 책은 다소 산만하고 반복으로 가득했다. 논문과 책 전체에 걸쳐 나비의 탄생을 설명하는 데만 마음을 쏟았다. 그의 책은 호기심 많은 자연 애호가의 장서 일부가 됐다. 관심을 두고 찾아보고 늘 언급되

* 로마 황제에게 종교 박해를 받아 굴에 갇혀 187년 동안 잠에 들었지만, 깨어나니 로마제국이 기독교화가 됐다는 7인의 귀족.

지만, 사람들이 정말 그 책을 읽었는지는 알 수 없다.

위대한 피에르 라트레유Pierre-André Latreille의 금언에 따르면 레오뮈르 이후 곤충학은 지루하고 끝없이 계속되는 명명법에 갇혀 있었다. 비록 제한적이고 한정돼 있었지만, 두 명의 전대미문의 관찰자인 위베 형제를 제외하면 레오뮈르와 파브르 사이의 공백 기간을 채운 유일한 저자는 레옹 뒤푸르였다.

아버지의 뒤를 이어 시골 의사가 된 이 군의관은 조용하고 작은 마을에서 바쁘고 쓸모 있는 삶을 살았다.

변변치 않은 환자들을 돌보며 매일 의학 관찰을 기록하는 그저 흥미로운 진료소라고만 생각했던 이곳에 있는 동안 뒤푸르는 곤충이나 식물을 발견하기 위해 땅을 구석구석 탐구하고, 크든 작든 돌멩이를 모두 뒤집어보며, 피곤함도 어려움도 아랑곳하지 않고 가장 높은 봉우리와 가파른 절벽을 오르고, 다양한 위험을 용감하게 감수하려는 마음에 거부할 수 없이 빠져들었다.[5]

라트레유의 제자였던 뒤푸르는 무엇보다도 열정적인 저술가로서 빛을 발했다.

뒤푸르는 종을 결정하거나 파리의 머리나 땅벌레의 내장을 해부하는 데 누구보다 능숙했다. 또한 그는 믿기 힘든 창조의 현상 중 하나로 여겨졌던 마법 같은 탈바꿈인 곤충의 세 가지 발달단계에 완전히 마음을 빼앗겨 세상에 이보

다 더 매력적인 장관은 없다고 생각했다.[6]

위대한 시인의 자질을 갖추고 있었던 뒤푸르는 레오뮈르보다 멀리까지 보았고, 파브르와 같은 불꽃으로 타올랐다. 뒤푸르의 호기심은 방대한 수집품을 모으게 했지만, 파브르가 생각한 것처럼 수집은 "눈으로만 말하고 생각이나 상상력으로는 침묵하는 거대한 유골 안치소의 황량한 묵상일 뿐"이며, 곤충의 진정한 역사는 이들의 습성, 노동, 전투, 사랑, 사생활과 사회생활에 대한 것이어야 한다고 생각했다. 그렇기에 "땅 위에서, 땅 아래에서, 물속에서, 대기 중에서, 나무껍질 아래에서, 깊은 숲속에서, 사막의 모래 속에서, 심지어 동물의 몸속까지 모든 곳을 샅샅이 뒤져야 한다."

이것은 실제로 파브르가 후에 아르마스에 들어가서 살아 숨 쉬는 곤충 연구소를 설립했을 때 스스로 목표로 삼은 야심 찬 프로그램은 아니었을까? 파브르가 "농업과 철학이 자세히 고려해야 할 곤충, 생명체의 습성, 노동, 투쟁, 이 작은 세계의 번식"을 독점적으로 연구하기로 마음먹은 프로그램 말이다.[7]

뒤푸르는 우주의 일반적인 조화에서 곤충의 위치를 감탄스러울 정도로 잘 파악했으며, 서로의 목숨을 앗아가는 방식으로 얽힌 기생은 "같은 종류의 개체가 지나치게 늘어나는 것을 막으려는 평형의 법칙"이고, 기생충은 이 절대적 임무를 수행할 운명이라고 생각했다. 그리고 이 신비한 법칙이 "모든 설명을 거부"한다고 받아들였다.

하지만 뒤푸르는 이 작은 생명체들과 친밀해지지 못했고, 뒤푸르의 관심은 너무 많은 부분에 분산돼 있었다. 어쩌면 뒤푸르는 근본적으로 제한된 대상에 오랫동안 집중할 수 없었을 것이다. 또는 연구에 매우 중요한 천재의 첫 번째 조건인 참을성이 부족했을지도 모른다. 비록 뒤푸르가 무수히 많은 중요한 사실로 과학을 풍요롭게 하고 곤충의 습성에 관한 세부 사항을 기록했지만, 이 무수히 많은 작은 마음 중 단 하나도 대표하지 못했다. 자연에 대한 강렬한 느낌이 있었지만 그것을 해석할 수 없었고, 거의 300여 권의 연구서에 흩어져 있는 방대한 작업은 별 효과가 없었다.

뒤푸르의 연구서를 방대한 서사시인 《파브르 곤충기》와 비교해보자. 우리는 작은 곤충의 생애 전반과 관련된 그 모든 끝없는 상황에 익숙해진다. 우리는 갑작스레 심연과 빈틈을 지닌 우리의 조직에 대해서라든가 무의식적인 활동의 깊은 곳에서만 의심하기 시작한 풍부한 영역이나 능력에 대해 깊이 통찰할 수 있었다.

매미의 어마어마한 안단테가 조용해진 후 저녁 어스름이 내려 빛나는 북방반딧불이가 "푸른 불빛을 밝히고, 창백한 이탈리아귀뚜라미가 밤의 광기에 정신이 혼미해져서 로즈메리 덤불 사이에서 울고" 저 멀리서 두꺼비의 조화로운 종소리가 한 은신처에서 다른 은신처로 울려 퍼지는 동안 늙은 거장은 우리에게 자연의 세계에 희미한 생명력을 부여하는 심오하고 신비한 마법을 보여준다.

파브르는 우리에게 서로 친밀하게 연결된 것들을, 모든 존재를 하나로 묶은 보편적인 조화를 보여준다. 그리고 우리가 방법만 안다면 우리 주변의 모든 곳, 가장 작은 세계에 숨겨진 불꽃 같은 시를 발견할 수 있다고 알려준다.

그리고 하찮은 생명체에도 존재하는 수많은 경이로운 에너지를 드러냄으로써 파브르는 우리가 여전히 알지 못하는 무한한 현상을 예측할 수 있도록 돕는다. 우주 전체를 관통하는 이 알 수 없는 힘은 보잘것없는 모습을 하고 우리의 눈을 피해 숨어 있었다.

파브르가 모든 것을 말한 건 아니기에 지금까지 손대지 않은 상태로 남았던 이 무궁무진한 영역은 아직 고갈되지 않았다.

앞으로 모아야 할 알려지지 않은 것들, 숨겨진 것들이 얼마나 많이 남았을까! 모든 사람이 수확할 수 있을 만큼일 것이다. "가장 보잘것없는 종조차도 역사가 없거나 그에 관해 쓰인 것이 거의 없어 진지한 수정이 필요하다."[8] 가시덤불 하나가 50종이 넘는 곤충을 충분히 품을 수 있고, 레오뮈르가 관찰했듯이 각각의 종은 "자신들만의 습성, 교묘한 비책, 관습, 노동, 예술, 건축, 제각기 다른 본능, 천재성이 있다."라는 사실을 기억해야 한다.

해독해야 할 글자가 얼마나 많은지! 우리는 그중 단 몇 글자만 읽기 시작했다. 우리가 그 글자를 거의 다 읽게 됐을 때, 관찰자가 더 많아지고 그들의 노력을 하나로 모아 서로를 밝혀주고 완성하고 고쳐줄 때가 되어서야 우리는 끊임없이 인류의 관심을 끌어당기는 고귀한 문제 중 일부를 해결하지는 못하더라도, 적어도 우리 자신에 대해 어느 정도는 성찰하고 정신의 왕국을 더 멀리까지 보는 데 성공할 것이다.

15장

세리낭에서 보내는 말년

하지만 파브르와 똑같은 영웅적 열정을 지닌, 몇 가지 소박한 취미만 누릴 수 있는 고독한 노동의 삶을 이어갈 새로운 파브르가 세상에 등장하기까지는 분명히 오랜 시간이 걸릴 것이다.

6시에 일어난 파브르는 가장 먼저 한 손에 아침을 들고 부엌 타일 위를 서성거렸다. 마음을 제대로 먹으려면 반드시 몸을 움직여야 했던 파브르는 아침 명상을 하는 순간에도 이미 서성이고 있었다. 그러고 나서 증발하는 이슬방울이 무지갯빛으로 빛나는 덤불 울타리 사이를 여러 번 오간 후 자신의 감방인 고요한 실험실로 직행했다.

그곳에서 파브르는 누구의 눈에도 띄지 않고 누구와도 만나지 않고 침묵을 지키며 정오까지 열심히, 꾸준히 일했다. 관찰하거나 실험하거나 방금 목격한 것 또는 그 전날 목격했던 것을 기록하거나 자신의 기록을 최종적인 형태로 다시 작성하는 등의 작업을 했다.

이 아침 시간에 정문을 두드리거나, 무덤처럼 조용한 들판으로 가려는 보행자들만 드나드는 숨겨진 길로 연결된 작은 문을 두드리러 왔다가 아무런 소득도 없이 떠나야 했던 여행자가 얼마나 많은가! 하지만 이런 규율이 없었다면 그런 업적을 세울 수 있었을까?

지나친 작업 강도로 질리고 진이 빠져서 "얼굴이 창백해지고 이목구비가 핼쑥해진" 다음에야 그는 마침내 실험실을 떠날 수 있었다.[1]

이제 파브르는 "한가하게 반나절을 보낼 수 있게 됐다."[2] 그리고 덜 힘든 작업을 함으로써 휴식과 기분 전환에 대한 엄청난 욕구를 만족시킬 수 있었다. 파브르는 언제 어디서나 가만히 있지 않았으며, 주머니에 가지고 다니던 연필 토막으로 가장 먼저 손에 잡히는 종잇조각에 떠오르는 걸 모두 끊임없이 적었다. 보통 프랑스 깊은 산골에서 이 영겁 같은 오후는 너무 지루하고 싫증 난다고 알려졌지만, 파브르에게는 그렇지 않아 보였다. 이제 파브르는 지나다니는 곤충을 더 잘 관찰하려고 식물 앞에 멈춰서 땅에 쭈그리고 앉을 것이다. 아니면 새로운 연구 주제를 찾아다니거나 허리를 숙여 현미경을 들여다볼지도 모른다.[3] 그리고 파브르는 이전에 오랑주에서 태어난 자녀들에게 했던 것처럼 세리냥에서 태어난 자녀들도 직접 가르쳤다. 파브르는 그 아이들을 위해, 또한 자신을 위해서도 아이들과 깊은 관계를 맺으려고 노력했다. 그는 자기 아이들을 지키려고 애썼고, 그들과의 이별을 가슴 아파했기 때문이다. 이들의 과제도 정해두었다.

파브르의 가족은 그의 조수이자 그가 임명한 협력자로서 파브르가 부재중일 때 몇 가지 관찰을 수행하며 교대로 보초를 섰다. 그 결과 어떤 세부 사항도 잃지 않고, 실험실의 실험기구 덮개 아래 또는 정원의 몇몇 덤불에서 가끔 분통 터질 정도로 느리게 펼쳐지는 이야기를 어떤 것도 빠뜨리지 않았다. 파브르는 자신의 천재성으로 가족 모두에게 영감을 불어넣었고, 주변의 거의 모든 사람이 파브르만큼이나 흥미를 갖게 했다.

파브르는 집에서 항상 펠트 모자를 썼으며, 명상에 몰두해 거의 말을 하지 않았다. 모든 말에는 목적이 있어야 한다고 생각한 파브르는 그 의미와 무게를 점검한 다음에야 입을 열었다. 식사 시간에도 침묵은 가족 모두가 지키는 규칙이었다. 하지만 파브르도 친구를 환대하는 식탁에서는 긴장을 풀었다. 파브르에게 살뜰하던 아내가 얼마 전까지 웃으며 앉아 있던 자리에서 말이다.[4]

모든 면에서 검소했던 파브르는 자기 접시에 거의 손대지 않았으며, 고기를 모두 피하고 과일만 주로 먹으며 자신의 건강을 생각했다. 이나 위, 장의 형태를 보면 사람은 본래 과일을 먹도록 타고난 게 아닐까? 어떤 음식은 입에 대지도 않았다. 진심으로 싫어해서라기보다는 정서적인 이유로 그랬다. 예를 들어 잔인하게 고문당한 거위가 떠오를 수밖에 없는 파테 드 푸아그라의 경우, 기름이 번들거리는 고기 한 입의 대가로 치르기에는 그 잔인함이 너무 컸다.[5] 반면 파브르는 세리냥 평야의 떫고 쓴 "시골 와인"을 기쁘게 마시기도 했다. 또 좋은 음식과 식욕을 돋우는 요리의 진가를 알아볼 수 있었다. 파브르보다 더 나은 미각을 지닌 사람은 없었다. 하지만 파브르는 다른 사람들이 식탁의 즐거움을 알아보는 걸 보며 가장 행복해했다. 방투산으로 향하는 여행에 초대한 손님을 위해 직접 마련한 가르강튀아Gargantua* 의 아침 식사를 보라. 여기서 파브르는 분명 "모두 떼를 지어 와야 한다."라고 명령한 듯했다. 병이 부딪치며 짤랑이는 소리와 산더미같이 쌓인 빵을 보라! "소금물이 뚝뚝 떨어지는" 그린 올리브, "기름으로 양념한" 블랙 올리브, "장밋빛 살에 지방과 통후추가 어우러진" 아를Arles의 소시지, "배고픔이라는 날카로운 칼날을 무디게 만들" 마늘로 채워진 양다리 고기도 있었다. "식감이 좋은" 닭고기, 하얀 과육을 자랑하는 카바용Cavaillon 멜론과 주황색 과육의 카바용 멜론도 잊지 않고 등장했고, 산에서 나는 허브로 맛을 더한 방투산

* 프랑수아 라블레의 소설《가르강튀아와 팡타그뤼엘Gargantua et Pantagruel》에 나오는 거인으로, 엄청난 식욕을 지녔다.

특유의 아주 맛있는 작은 치즈가 입에서 살살 녹으며 축제를 마무리했다.[6]

하지만 파브르의 가장 큰 즐거움은 브라이어 담뱃대였다. 그는 마음을 비울 때면 항상 담뱃대에 다시 불을 붙였다.

모든 전통을 존중하는 파브르는 오래된 관습을 지켜왔다. 크리스마스이브는 식탁 위의 축성한 음식, 셀러리 줄기, 아몬드 누가, 달팽이 요리, 맛있는 냄새가 나는 칠면조 요리 없이 아르마스의 지붕 아래를 지나간 적이 없다. 그리고 칼렌도calendau[7] 빵에 꽂힌 작은 호랑가시나무, 베르뷔세와 상록수 이파리 가운데서 자라는 작은 별꽃과 백량금이 파괴할 수 없는 자연의 영원한 부활을 증명하는 성스러운 덤불에 꽂혀 있다.

세리냥에서 파브르는 거의 알려지지 않았고, 그다지 좋은 평가를 받지도 않았다. 사실 사람들은 파브르를 괴이한 인물이라 생각했다. 그는 들판 한가운데 엎드려 있거나 바닥에 무릎을 꿇은 채 한 손에는 돋보기를 들고는 정상적인 사람이라면 관심을 두지 않을 하찮은 생물이나 파리를 관찰하는 모습으로 사람들을 놀라게 하곤 했다.

파브르는 마을 안으로 들어온 적도 없는데 사람들은 어떻게 그를 알았을까? 학교 교장이었던 친구 루이 샤라스를 만나기 위해 그곳으로 갈 용기를 냈을 때 파브르의 등장은 모든 사람이 말을 잃을 만한 사건이었고 주민들은 몹시 놀

랐다.[8]

파브르는 각종 사업에 자신의 지식을 적용하는 데 주저하지 않았다. 진심으로 우러나오는 존경심을 보이는 희귀한 순례자들을 정중히 환영하면서도 파브르는 항상 스스로 우월함을 느끼지 않도록 조심했다. 하지만 무분별하거나 성가시게만 하는 사람은 매우 빠르게 무시했으며, 가끔은 보잘것없는 것도 성급하게 묵살했다. 파브르는 세세한 것에 얽매이는 무지한 사람을 날카로운 눈으로 순간적으로 판단했다. 그런 사람들과 함께 있으면 조금 우울한 태도에서 벗어날 수 없었다. 파브르는 기분 나쁜 무언가에 짜증이 나면 껍데기 안으로 도망쳐 그 앞에서는 침묵을 지키는 달팽이처럼 틀어박혔다.

교사들은 파브르와 상담하기 위해 찾아왔다. 그들은 교육 프로그램에 조언을 구하거나 어려운 문제를 해결해달라거나 특히 곤란한 질문을 결정해달라고 부탁했다. 그에 대한 파브르의 설명이 매우 간단하고 명쾌하고 논리적이어서 교사들은 자신의 이해 부족과 당혹감에 놀랄 정도였다.[9]

하지만 외부 세계의 모든 유혹을 차단하는 듯한 이 울타리 안으로 들어올 엄두를 내는 사람은 거의 없었다. 아르마스를 친근하게 방문하는 사람은 지역의 학교 교장(처음에는 로랑Laurent이었고 그다음에는 루이 샤라스,[10] 그 후에는 쥘리앙Jullian이었다)과 시각장애인인 마리우스 기그Marius Guigues뿐이었다.

마리우스는 스무 살에 시력을 잃었다. 그 후 생계를 유지하려고 의자를 만들고 수리하기 시작했다. 앞을 보지 못하고 몹시 가난했어도 늘 차분하고 자족하는 마음가짐을 지녔다.

파브르는 세리냥에 도착한 이후 현자와 시각장애인과 파비에Favier[11]도 발견했다. 파비에는 "쾌활한 태도로 재빨리 반응하고 널빤지와 타일을 이용해 작은 텃밭을 만들기 위해 아르마스를 파헤치는 걸 도왔다. 이 경작하지 않은 조그마한 땅은 자갈 사막에 불과했기에 이는 힘든 작업이었다." 새로 온 집주인은 꽃을 정말 사랑했기에 파비에는 꽃을 돌보는 역할을 맡게 됐다. 가끔은 화분에 심은 희귀한 식물이 요즘 유행하는 것처럼 집 앞 테라스에 줄지어 늘어서서 여름 내내 입구를 따라 양쪽에 일종의 통로를 만들었다. 파브르는 끊임없이 이를 세심하게 관찰했다. 둘 다 같은 언어를 사용했고, 이들이 주고받은 단어는 비슷한 철학에서 탄생했다. 파비에도 자신의 방식으로 자연을 사랑했고, 마음속에 예술가를 품고 있었다. 일과를 마치고 "녹색 참나무의 통장작이 높은 돌받침 위에서 타오르는 부엌 난로" 옆에 앉아 그림처럼 아름답고 생생한 표현으로 들려주는 전직 군인의 추억은 온 가족을 사로잡아서 저녁 시간이 이상할 정도로 빠르게 지나가는 듯했다.

2년 동안 땅을 파고 씨를 뿌리고 잡초를 뽑고 괭이질해서 모든 준비가 끝나자 이 소중한 일꾼이자 좋은 친구는 떠났고, 전체적인 틀이 완성되어 작업을 시작할 수 있게 되었다. 그때부터는 마리우스가 파브르의 협력자가 됐다. 마리우스는 파브르만의 실험 장치인 실험용 새장을 만들고, 새들에게 먹이를 주고 땅을 뒤집어엎고, 파브르가 뜨거운 태양 아래에서 관찰하는 동안 우산으로 그늘을 만들어주었다. 마리우스는 앞을 보진 못했지만 파브르와 친밀하게 교감했다. 파브르가 하는 모든 일에 강렬한 열정을 보여서 마치 마음의 눈으로 보기라도 하듯 자신이 돕는 일을 따라갔으며, 그의 마음속이 반영되는 듯한 경이로운 표정을 지었다.

마리우스는 풍부한 감각과 내면의 시각이라는 재능을 지녔을 뿐만 아니라 놀라울 정도로 정확한 귀를 지녔다. 그는 세리냥 음악대의 대원으로 큰 북을 연주했는데, 마리우스만큼 완벽한 순간에 심벌즈를 치는 사람은 없었다.

루이 샤라스도 마리우스 못지않게 열정적인 제자였다. 과학과 모든 아름다운 것을 숭배했으며, 학교 교육이라는 고된 직업에 대해 고귀한 열정을 품고 있었다.

샤라스도 마리우스처럼 '눈물 젖은 빵'을 먹었고, 파브르처럼 힘든 삶을 살아왔다는 점에서 파브르는 이들과 잘 어울릴 수 있었다. 마리우스는 오래된 격언을 즐겨 읊조리곤 했다.

사람은 서양모과와 같아서 다락방의 지푸라기 위에서 오랫동안 무르익을 때까지는 아무런 가치가 없다.

이 겸손한 동반자들은 파브르가 좋아하는 소박한 대화를, 매우 자연스럽고 공감과 상식으로 가득한 대화를 나누게 해주었다. 이들은 습관적으로 목요일과 일요일 오후를 아르마스에서 보냈지만, 이 사랑스러운 제자들은 다른 요일에도 언제든 방문할 수 있었다. 스승은 항상 이들을 반겼다. 심지어 자신의 작업에 완전히 몰두해 그 누구도 용납하지 않던 아침에도 말이다. 제자들은 파브르의 소모임, 파브르의 학회에 속해 있었다. 파브르는 제자들에게 오전에 쓴 마지막 장을 읽어주고, 가장 최근에 발견한 내용을 공유했으며, "다채롭게 무지"한 제자들에게 조언을 구하는 것을 두려워하지 않았다.[12]

샤라스는 프로방스 관용구의 비밀에 정통한 '펠리브르 Félibre'*였다. 샤라스는 프로방스어에서 흔히 사용하는 용어, 전형적인 표현과 말투를 알았다. 파브르는 샤라스와 상담하거나 방금 발견한 매력적인 구절 일부를 읽거나 영감을 받은 소박한 시를 낭송하기를 좋아했다. 이런 일에서 파브르는 자신이 좋아하는 휴식 중 하나를 찾아냈다. 그는 상상으

* 프로방스어로 시나 소설 등을 쓰는 작가.

로 숨통을 트이게 하고, 고삐를 느슨하게 풀어서 내면의 시인에게 자유를 주었다. 이 시들은 나중에 그의 동생이 경애심을 담아 모은 《우브레토Oubreto》라는 제목의 시집에 보존되었다. 까만 눈동자에 불이 가득한 것을 확인할 수 있었던 순간, 모방과 표현의 힘, 영감으로 빛나고 진정으로 이상화되고 형태가 달라진 그의 열정적인 모습을 볼 수 있는 그 순간이 기억되기를 바란다.

때로는 매미가 조용히 사그라드는 여름철 오후에 플라타너스나무의 그늘에서 또는 겨울에 타오르는 벽난로 앞에서 손님을 맞이한 1층 식당에서, 문밖에서 미스트랄이 울부짖고 격노할 때나 빗방울이 유리창을 두드릴 때 파브르의 작은 모임은 몇몇 신입, 조카, 친한 사람들로 확대됐다. 얼마 지나지 않아 나 자신도 그중 하나가 됐다. 그렇게 모일 때면 파브르의 유머와 상상력이 마음껏 발휘되었고, 그 유쾌하고 진심 어린 시간 동안 뱅쇼 한 잔을 홀짝이며 드물게 진심으로 즐거워하며 앉아 있었다. 파브르의 웃음 철학, 꼼꼼한 생각으로 가득한 그림 같은 대화의 매력은 모두 경험을 바탕으로 만들어졌고, 속담이나 격언, 일화를 겨냥했거나 장식했다는 점에서 정말 심오했다. 파브르는 친구 중 한 명이 정기적으로 보내주는 《탕Temps》을 매일 읽은 덕에 그날의 다양한 사상들을 접하고, 그에 대한 자신의 생각을 드러냈다. 예를 들어 파브르는 비행기 같은 특정한 현대 발명에 관한 회의적인 태도를 숨기지 않았다. 그의 마음을 혼란스럽게 한 비행기의 참신함은 실용적인 면에서도 다소 제한된다고 보았다.

따라서 가장 최근의 사건조차 아르마스의 고독으로 들어가 대화를 지속하는 데 도움이 됐다.

"우리가 처음으로 세리냥의 저녁을 재개할 때" 파브르는 이 친밀한 모임 중 하나가 열린 다음 날 조카에게 "최근에 막을 올린 연극인 〈테오도라Théodora〉 덕분에 막 유행되기 시작한 너의 유스티니아누스Justinianus를 주제로 가볍게 대화를 나눌 거야."라고 썼다.

> 끔찍할 만큼 제멋대로인 여자와 그의 멍청한 남편의 역사를 아니? 어쩌면 완전히는 모르겠지만, 이것이 내가 너를 위해 간직하던 이야기야.[13]

세리냥의 저녁 시간에 거의 언급되지 않는 유일한 주제는 정치다. 이상해 보일지도 모르지만, 파브르는 1년 동안 시의회 의원으로 임명된 적이 있었다.

평민 출신의 아들은 언제나 평민으로 남았으며, 민주주의자가 되지 않기에는 불의에 대한 감각이 너무 예민했다. 그가 얼마나 많은 젊은이에게 지식으로 스스로를 해방하라고 가르쳤던가? 하지만 파브르는 자신이 프랑스인이라는 걸 그 무엇보다 자랑스러워했다. 매우 명쾌하고 논리적인 파브르의 정신은 자신만의 영감을 외국에서 찾으려 한 적이 없으며 레옹 뒤푸르와 르네 레오뮈르 같은 옛 프랑스 거장과 프랑스 고전 외에는 어떤 영향도 받은 적이 없었다. 누군가 우리 사이에서 은밀히 어떤 외국의 상표를 옹호하려고 내세울 때면 회유하기 힘든 본능적인 반감을 표했다.

비록 파브르가 나폴레옹 3세의 궁정을 방문했을 때 온화하고 몽환적인 외모를 지닌 황제에 다소 호의적인 생각을 가졌지만, 제정과 그 제정을 세운 "사기꾼의 속임수"를 혐오했다.

공화정이 선포되던 날, 파브르는 제자 몇 명과 함께 아비뇽 거리에서 목격됐다. 파브르는 돌아가는 정세에 기분 좋게 놀랐고, 예상치 못한 전쟁 결과에 놀라움과 기쁨을 감추지 못했다.

파브르처럼 자존심이 강하고 독립적인 정신은 당연히 어딘가에 종속되지 못했다. 파브르에게는 평등주의적이고 공산주의적인 국가사회주의도 똑같이 끔찍했다. 더욱이 자연은 늘 가까이에서 영원한 교훈을 일깨우지 않던가?

> "평등, 참으로 아름다운 정치적 이름표지만, 그 이상도 이하도 아니다! 평등은 대체 어디에 있을까? 우리 사회에서 활력, 건강, 지능, 일할 수 있는 능력, 예지력, 번영의 위대한 요소인 그

밖의 다른 재능에서 정확히 동등한 두 사람을 찾을 수 있을까? …… 음표 하나가 하모니를 만들지는 못한다. 우리에겐 서로 다른 음표가 필요하다. 심지어 불협화음도 불쾌함으로 화합에 가치를 더한다. 인간 사회는 이렇게 서로 다른 것들이 모여야만 조화로울 수 있다."[14]

공산주의의 유토피아는 얼마나 어리석은 환상인지, 얼마나 바보 같은 유토피아인지! 자연이 어떤 조건에서 어떤 희생을 대가로 여기저기서 이를 실현하는지 지켜보자.

꿀벌 중에는 "2만 마리가 출산을 포기하고 홀어머니의 어마어마한 가족을 부양하기 위해 헌신하는 종"도 있다.

개미, 말벌, 흰개미도 "수천, 수만 마리는 불완전한 상태로 남아 있고, 성적으로 재능이 있는 몇몇 개체의 겸허한 조력자가 된다."

우연히 인간이 행렬털애벌레의 삶처럼 바뀌어 솔잎을 뜯어 먹는 것에 만족하고, 같은 길을 따라 계속 행진하기만 해도 풍요롭고 쉽고 한가롭게 생계 수단을 손닿는 곳에서 찾을 수 있다면, 이를 받아들일 수 있을까? 행렬털애벌레는 모두 같은 크기, 같은 힘, 같은 재능을 지니고 있지만 주도권은 없다. "다른 이들이 똑같은 열정을 갖고 하는 일을 더 잘하지도 못하지도 않는다." 반면 여기에는 "섹스도 사랑도 없다." 일을 즐거움으로 여기지 않고 사랑과 가족이 추방된 사회는 어떤 모습일까? 사회의 발전, 복지, 행복에는 어떤 영향을 미칠까? 이 모든 것이 삶의 매력을 영원히 사라지게 만들지는 않을까?

현재의 사회가 아무리 불완전하고 그 운명이 아무리 신비롭더라도 파브르가 예견하던 인류의 완전한 미래는 사회주의가 아니다. 왜냐하면 파브르에게 진정한 인류는 아직 존재하지 않기 때문이다. 이 과정은 자신만의 길로 천천히 나아가고 있으며, 파브르는 이 진화 과정을 온 마음을 다해 믿고 싶었다. 현대 인류는 아직 형태가 없는 찡그린 표정의 서투른 풍자화일 뿐이며, 그의 마음이 어느 정도 스며든 위대한 시인의 심오한 말에 따르면 현대 인류의 삶은 "미치광이가 쓴 대본을 술 한잔을 걸친 배우가 연기하는 공연" 같았다. 파브르는 이 말을 종종 반복했고, 그의 마지막 기록 중 하나의 서문에서 인용문으로 썼으며, 꾸준히 떠올리기도 했다.

그리고 인구 감소라는 고통스러운 문제로 신음하는 사람이라면 뿔소똥구리의 교훈에 귀를 기울이자. "이들은 풍요로운 시기에 습관적으로 새끼를 많이 낳고, 궁핍한 시기에는 먹고 살 정도의 재력을 지닌 도시의 장인 또는 더 많은 욕구를 충족하는 데 점점 더 큰 비용이 들어서 자원이 부족해지지 않도록 자손의 수를 제한하는 중산층을 흉내 내며 종종 새끼를 한 마리만 낳았다."[15]

너무 많은 거짓된 외모와 거짓된 쾌락을 좇는 대신 더

단순한 취향으로, 더 소박한 방법으로 돌아가는 법을 배우자. 수많은 인위적인 욕구를 벗어 던지고, 그 욕망이 현명했던 옛 시대의 절제에 다시 빠지고, 풍요의 원천인 들판으로, 영원한 근원인 땅으로 돌아가자!

자연으로 돌아가자는 이 호소가 아마도 루소 시대 이후 그토록 설득력 있게 표현된 적은 없었을 것이다. 파브르는 강한 사람, 숙명적인 사람, 다른 곳에서 부름을 받은 사람, 수행해야 할 위대한 임무의 감각으로 행동하는 사람이 아니라 모든 농촌 출신의 사람, 모든 가족의 사랑과 일상의 노동, 평화로운 마음이 삶에서 위대한 일, 중요한 일, 만족스러운 일임을 염두에 두고 있었다.

비록 파브르는 강인한 사람이었지만 자신의 기원과 자신을 묶어주는 그 어떤 유대도 깨려고 하지 않았다. "고향에 대한 집요한 기억을 간직한" 뿔가위벌처럼 어린 시절 사랑했던 마을은 그의 기억 속에서 지워지지 않았고, 그곳에 뼈를 묻고 싶은 욕망이 오랫동안 그를 괴롭혔다. 파브르의 마음은 종종 이 생각으로 되돌아왔다. 파브르는 다른 그 어느 곳보다 그곳에서 평화를 찾을 수 있을 거라고, 예전에 그토록 사랑했던 바위와 나무와 돌 사이를 거닐면 행복할 거라고, 그 모든 것도 자신을 알아보리라고 생각했다.

그러던 어느 날, 플라타너스나무 아래에서 샘물이 졸졸 흐르는 소리만 들리는 평화로운 저녁 시간에 나는 파브르에게 이 부분을 결론지어달라고 부탁했다. 그러자 파브르는 자신이 사랑하는 세리냥이 마침내 자신의 은밀한 취향에 따라 오래된 그리움을 지워버렸다고 털어놓았다. 사실 파브르는 살아가는 동안 자신이 태어난 투박한 시골을 절대 잊지 않았지만, 날마다 새로운 연결 고리가 발견의 강렬한 기쁨으로 가슴 설렜던 산과 들에 더 가깝게 묶어준다고 느꼈다. 실제로 이 땅의 아름다운 벌과 풍뎅이 사이에 묻히고 싶을 만큼 기쁨으로 가득 차 있음을 느꼈다.

파브르는 몇몇 사람이 생각하는 것처럼 사람을 싫어하는 인물은 절대 아니었다. 그는 여성의 사회를 즐기고, 그들을 우아하게 맞이하는 방법을 알았다. 그리고 교양 있는 사람들의 대화가 주는 예의 바르고 자극적인 인상에 그 누구보다 민감했다.

파브르는 삶에 대한 진실한 해석을 발견할 수 없는 예술은 그다지 좋아하지 않았다. 이것이 그가 아작시오에서 오페라 〈노르마Norma〉 공연을 본 이후 모조품 반짝이로 요란하게 장식한 극장을 현실의 조잡한 왜곡으로 여긴 이유일 것이다. 그 공연에서는 둥글고 투명한 원반 뒤에서 끈 끝에 매달린 랜턴으로 불을 밝혀 달을 표현했지만, 랜턴이 흔들려서 빛도 투명함도 빈약하기 짝이 없었다. 이 공연은 파브르가 극장과 오페라에 혐오감을 느끼기에 충분했다. 가끔 광란의 음악과 대조적으로 움직임 하나 없는 합창은 파브르에게 정신 나간 비논리적인 공연이라는 기억을 남겼다.

그럼에도 파브르는 음악을 사랑했고, 음악에 대해 알았고, 그림처럼 스승 없이 혼자서 배웠다. 하지만 파브르는 학구적인 콘서트 음악보다는 시골의 투박한 노래나 플루트 멜로디를 더 좋아했다.[16] 가족 응접실 역할을 하는 방에는 허름한 구식 가구 몇 개만 놓였고, 파브르는 그 소박하고 친밀한 방에서 보잘것없는 하모늄으로 자신의 시에서 주제를 가져와 만든 곡을 연주했다. 모리스 롤리나Maurice Rollinat처럼 파브르도 시가 어쩔 수 없이 불완전하거나 명확하지 않게 남겨둔 부분을 음악이 완벽하고 강조점 있게 잘 풀어내야 한다고 생각했다. 이것이 파브르가 북풍처럼 요란하게 웃고 노래로 포효한 이유다. 소나무에 부는 바람이 만들어내는 오르간 음색을 흉내 내고, 자연의 무수히 많은 리듬 중 일부를 재현할 방법을 찾는 이유이기도 하다. 도마뱀의 광분, 매미의 꿈틀거림, 두꺼비의 뛰어다니는 걸음걸이, 모기의 날카로운 윙윙거림, 귀뚜라미의 불평불만, 풍뎅이의 움직임, 잠자리의 비행 등 말이다.

낮에는 너무 바빠서 책을 읽을 시간이 없었던 파브르는 밤이 되면 스스로를 가뒀다. 맨 벽과 맨 타일 바닥에 정원이 내다보이는 작은 방으로 일찌감치 물러난 파브르는 녹색 서지serge로 만든 커튼이 달린 낮은 침대에 누워 종종 밤이 깊도록 책을 읽곤 했다.

미래의 철학자들이 새로운 이론과 독창적인 생각을 얻기 위해 의지할 책의 저자인 이 철학자는 다른 철학자들과의 교류를 거부하고, 그들의 체계를 경멸하고, 사실에 직접 접근하는 걸 선호한다. 파브르는 심지어 다윈의《종의 기원》을 집어 들었을 때도 책을 펼치는 것 외에는 거의 아무것도 하지 않았다. 그 책을 읽는 건 너무 지루하고 흥미롭지 않다고 말했다. 반면 파브르의 머릿속에는 고대 철학자로 가득했다. 청년기와 중년기에는 그다지 자주 읽지 않았지만, 결국 "이 좋은 고전"에 사랑과 애착을 느끼며 고대 철학자들의 품으로 돌아갔다. 당시의 많은 사상가와 달리 파브르는 우리가 고전에 관한 연구를 함부로 저버릴 수 없다고 확신했고, 당연한 말이지만 과학과 인문학은 경쟁자가 아니라 동맹자라고 생각했다. 그 무엇보다도 파브르는 베르길리우스의 시에 푹 빠졌다고 말할 수 있을 만큼이나 그를 특별히 좋아했으며, 진심으로 장 드 라퐁텐을 이해했다. 라퐁텐의 스타일은 기묘하게도 파브르의 스타일과 비슷했고, 파브르는 스스로 라퐁텐의 제자라고 생각했다. 확실히 라퐁텐의 스타일이 파브르의 작품에 미친 영향은 가장 직접적으로 드러났다. 파브르는 늘 자신의 "친구"였으며 말할 때마다 끊임없이 거론하곤 하는 프랑수아 라블레에게 깊은 친분을 느꼈다.

그다음으로 파브르의 지적 수양부모는 파브르가 열정적으로 좋아했던 폴 쿠리에Paul Louis Courier와 알퐁스 투스넬,

파브르가 그리 신경을 많이 쓰지는 않았던 장 자크 루소였다. 루소의 《식물학에 대한 편지Lettres sur la botanique》는 루소를 문학가가 아니라 "장인"으로 느낄 수 있는 신선한 인상으로 가득했다. 파브르는 쥘 미슐레도 소중히 여겼다. 비록 미슐레는 과학과 관련한 무언가를 실제로 다뤄본 적도 없고 과학의 실천에 대해서도 전혀 몰랐지만 직관으로 가득 차 있었다. 미슐레는 자연을 배우진 않았지만 사랑이 넘치고, 기본 지식이 빈곤하고 부족한데도[17] 마법 같은 펜, 환기하는 힘, 능숙한 붓놀림으로 파브르를 기쁘게 했다. 가끔 파브르가 미슐레에게서 영감을 받기도 했다. 두 사람은 정말 비슷했다. 미슐레는 파브르만큼이나 자연의 충실한 친구가 되기에 적합했고, 두 사람의 마음도 같은 기질을 지녔다.

파브르가 가장 좋아하는 사람에 대해 이야기했으니, 파브르가 싫어하는 사람에 대해서도 이야기해보자. 견디기 힘들어했던 장 라신Jean Racine, 별로 마음에 안 들어 했던 몰리에르Molière, 너무 유창한 산문과 과시적인 문체, 솔직히 말하자면 별 소용없는 미사여구 때문에 싫어했던 뷔퐁이 있다. 파브르가 작품을 소장하고 여유롭게 읽을 수 있었다면 정말 즐거워했을 유일한 박물학자는 미국에서 새를 열정적으로 그린 화가 존 오듀본John James Audubon이다. 파브르는 그에게서 자신과 거의 똑같은 마음과 기질을 지닌 존재를 느꼈다.

16장

황혼

파브르가 이 고독 속에서 얼마나 애를 썼는지! 파브르는 자신의 임무를 완수하려면 아직 멀었다고 생각했다. 점점 더 이 독특하고 거의 알려지지 않은 세계의 역사를 윤곽만 그려내는 것 이상은 해내지 못할 것이라 느꼈다. 1903년 동생에게 보낸 편지에서 파브르는 이렇게 말했다.

> 앞으로 나아갈수록 파헤칠 가치가 있는 무궁무진한 광맥을 건드렸다는 사실은 더 분명해졌어.[1]

얼마나 많은 연구와 관찰이 "거의 같은 시간에, 같은 순간에" 진행되었는지! 파브르의 실험실은 이런 실험 주제로 가득했다. "마치 내 앞에 긴 미래가 펼쳐진 것(그 당시 파브르는 여든 살이었다)처럼 나는 이 작은 생명체들의 삶을 지칠 줄 모르고 계속 연구했지."[2]

파브르는 홀로 일하는 것을 점점 더 유일한 삶으로 느

꼈으며, 다른 모습은 상상조차 할 수 없었다.

> 바깥세상은 나를 거의 유혹하지 않았어. 몇 안 되는 가족에게 둘러싸여 살고, 가끔 숲으로 들어가 검은새의 지저귐을 듣는 것만으로도 충분해. 도시는 떠올리기만 해도 넌더리가 나. 앞으로 도시인의 작은 새장에서 사는 건 불가능할 거야. 나는 여기서 야생의 삶을 살 거고, 삶의 마지막까지 그럴 거야.[3]

파브르에게 일은 그 어느 때보다 유기적인 기능, 즉 삶의 진정한 결과다.

> 휴식을 멀리하자! 기계가 작동하는 한 인생을 제대로 보내려는 사람에게 일만큼 좋은 건 없다.

이는 생명이 지속되는 한 모든 피조물에 적용되는 위대한 법칙이 아닐까?

돈도 많이 벌고 자식도 친척도 없으며 내일 죽을지도 모르는 사람이 왜 자신만을 위해 계속 일할까? 자신과 인류에게 그리 이익을 주지도 않는 쓸모없는 노동에 자신의 시간과 힘을 사용할 이유는 무엇일까?

더는 어미가 될 수 없는데도 자기 능력 안에서 임무를 계속 수행하려고 스스로 서식지의 수호자가 되어버린 꼬마꽃벌에게 물어보자.

"모성적인 목표 없이 오직 노동의 기쁨만을 위해 생명의 힘이 다할 때까지 헛된 과업을 이루기 위해 온 힘을 다하는" 뾸가위벌, 가위벌, 도공벌에게 물어보자.

활동하지 않으면 소극적이고 우울해져서 죽어가는 벌과 정말 열심히 일하는 일꾼이라서 "자신의 임무를 포기하기보다는 보행자의 발에 밟혀 죽기를 택하는" 왕가위벌에게 물어보자.

멈추지도 쉬지도 않는 자연, 괴테의 심오한 말처럼 "자신의 성장을 늦추거나 방해하는 모든 것에 저주를 내리는" 자연에 물어보자.

그러니 인간과 짐승이여, 일을 하자. "나방과 나비로 변신하려고 준비하는 무기력한 애벌레들도, 생명을 재생시키는 최고의 잠 속에 있는 우리도 평안하게 잠들 수 있도록 하자."

자연에 우리의 독특한 자취를 남기는 신성한 직관을 키우기 위해 일하자. 고통스럽지만 칭찬할 만한 노동으로 자연의 전반적인 조화에 작게라도 이바지하기 위해 일하자. 우리가 신과 손을 잡아 그의 창조에 참여하고 지구를 꾸미고 다듬어 놀라움으로 채울 수 있도록 말이다.[4]

그러니 앞으로 나아가자! 무덤 속에서도 슬픔을 잊기 위해서는 항상 꼿꼿이 서 있어야 한다. 파브르는 아내와 큰 딸을 연달아 잃은 동생에게 이보다 더 좋은 위로는 없다고 생각했다.

> 최근에 네게 생긴 상실을 위로해주지 않았다고 해서 기분 나빠하지 않으면 좋겠구나. 집안의 슬픔으로 인한 괴로움에 자주 시달렸던 나로서는 친구들에게 그런 위로를 건네는 것이 얼마나 어리석은 일인지 잘 알지. 시간만으로도 그런 상처가 조금 나아질 수 있어. 거기에 일을 덧붙여보자. 그저 우리가 할 수 있는 한 계속해서 일하자. 이보다 더 좋은 보약은 없어.[5]

그리고 파브르가 젊은 시절 처음으로 보낸 편지에서 자주 반복했던 일을 향한 진실한 훈계는 그 무엇과도 비교할 수 없는《파브르 곤충기》총서를 화려하게 마무리하는 마지막 권의 마지막 단어가 됐다. "라보레무스Laboremus."*

나이도 파브르의 용기나 활력을 죽이지 못했다. 파브르는 거의 아흔이 다 되어가는 나이에도 똑같은 열정으로, 마치 영원히 살 운명이라도 되는 양 열정적으로 계속 일했다.

비록 육체적인 힘은 쇠약해졌고 팔다리는 후들거렸지만, 두뇌는 온전히 남아 배추벌레와 북방반딧불이에 관한 연구의 마지막 결실을 보았다. 이는 파브르의 생각이 갑자기 되살아나 놀라운 독창성을 약속하는 새로운 연구 주기의

* "자, 일을 계속하자."라는 뜻의 라틴어.

시작을 알렸다.

파브르에게 동물의 세계는 늘 아찔한 놀라움으로 가득했고, 곤충은 "새롭고 거의 의심한 적 없는, 어쩌면 터무니없는 영역으로" 파브르를 이끌었다.[6]

타임 가지에 가만히 붙어 있는 북방반딧불이는 서늘하고 아름다운 여름밤에 불을 밝힌다. 이 불은 뭘 의미할까? 이 인광의 비밀을 어떻게 설명할 수 있을까? 왜 이 느린 연소, "이런 형태의 호흡은 평범한 호흡보다 더 반응이 좋을까?" 그리고 "하얗고 부드러운 광채를 내는" 산화성 물질은 무엇일까? "혼인과 포자 방출을 축하하기 위해" 올리브나무에 주름버섯을 꽃피우는 사랑의 불꽃 같은 걸까? 하지만 애벌레가 스스로 빛을 내야 할 이유는 무엇일까? 이미 난소라는 비밀에 싸인 알이 빛을 발하는 이유는 무엇일까?

> 주름버섯의 부드러운 빛은 광학에 대한 우리의 생각이 틀렸음을 입증했다. 이 빛은 굴절하지 않는다. 렌즈를 통과해도 이미지를 만들지 못해서 평범한 사진건판에는 영향을 미치지 못한다.[7]

여기에는 또 다른 기적이 있다.

> 인광의 흔적이 없는 또 다른 곰팡이인 붉은바구니버섯은 햇빛 한 줄기처럼 빠르게 감광판에 영향을 미친다. 붉은바구니버섯

은 주름버섯이 할 수 없는 일을 해낸다.[8]

그리고 북방반딧불이의 불빛이 주름버섯의 빛을 떠올리게 한다면, 붉은바구니버섯은 또 다른 곤충인 큰공작나방을 떠올리게 한다.

이 화려한 나방은 어둠 속에서 환영 같은 방사선을 발산한다. 아마도 짝짓기 철에만 발산하는 듯한 이 빛은 우리에게는 보이지 않으며, 어둠 속에서 서로를 부르고 대화할 방법을 찾은 이 밤의 존재들만 감지할 수 있는 신호다.[9]

이런 흥미로운 주제가 아주 최근까지 파브르의 머릿속을 차지하고 있었다. 초자연적인 특징, 유기물의 복사 에너지, 인광, 빛, 위대한 보편적 에로스Eros의 살아 숨 쉬는 상징 등 말이다.

하지만 세리냥에 정착한 첫해의 덧없는 번영 뒤에는 당혹스러움이 뒤따랐고, 그 풍요의 시기 이후에는 거의 빈곤에 가까운 어려운 시기가 이어졌다. 놀라울 만큼 성공적인 결과로 거의 10년 동안 판매 수익만 평균 1만 6,000프랑가량을 벌게 해줬던 파브르의 교재는 이제 인기를 끌지 못했다. 시대는 이미 변했다. 프랑스는 반성직자 열풍으로 위기에 처해 있었다. 파브르는 자신의 책에서 종교적인 본성을 자주 암시했고, 많은 교육 공무원들은 이를 결함으로 생각하고 용서하지 않았다.

우리는 비슷한 책들, 대부분은 모조품인 책들의 등장으로 치열해진 경쟁과 그로 인해 생긴 더 큰 해악도 언급해야 한다. 그리고 어느 것이 채택될지는 전적으로 변덕스러운 주문이나 이해 관계자의 선택에 달려 있기에 파브르의 책은 점차 판매를 중단하게 됐다.

특히 1894년부터 인기가 빠르게 줄어들었다. 파브르는 1899년 1월 27일 출판사에 보내는 편지에 이렇게 적었다.

> 여기서 최선을 다했는데도 그 어느 때보다 미래가 불안합니다. 제 책 두 권이 또 사라지려 하는데, 이는 정말 조난의 서곡 같습니다. …… 저는 절망에 빠지고 있습니다.[10]

파브르는 돈을 그리 많이 비축해두지 않았으며, 수많은 청구서가 항상 그를 기다렸다. 그리고 파브르의 첫 번째 아내는 지출에 별로 주의를 기울이지 않았으며, 다소 사치스러운 생활을 했다.

교사로서의 영향력이 점점 약해지면서 그의《파브르 곤충기》는 명목상의 이익에 불과하게 되었다. 당시 대중의 관심을 독차지하던 유력자들 사이에서 파브르는 여전히 거의 알려지지 않은 인물이었기 때문이다.

> 레오뮈르가 자랑스러워할 만한 일을 하면 내가 빈털터리가 되

겠지만, 적어도 모래 한 톨은 남길 거야. 내가 역사학자가 된 이 작은 세계에서 계속 진리를 찾을 수 있도록 용기를 내지 않았다면 오래전에 절망해서 포기했겠지. 나는 여러 생각을 쌓아 두고 내 능력껏 살기 위해 변화를 시도했어.[11]

하지만 파브르의 명성은 오래전에 이미 조국의 국경을 넘어섰다. 파브르는 1887년부터 과학아카데미의 발언권 있는 회원이었으며, 프티도르모이상prix Petit d'Ormoy을 받기도 했다.[12] 해외 유명 학회와 유럽 주요 도시의 곤충학회 회원이기도 했다. 하지만 파브르의 명성은 이 학회와 학계 생물학자와 철학자의 작은 세계를 둘러싼 좁은 경계를 넘지 못했다.

심지어 파브르의 작업물이 읽히고 진가를 인정받는 이 집단에서도 파브르는 거의 알려지지 않았다. 비록 파브르의 감탄스러운 재능과 탁월한 지식에 대한 공로는 순순히 인정받았지만, 독자들은 파브르가 만들어낸 생명체의 세계가 가진 진정한 힘을 깨닫지 못했다. 파브르의 책은 한 시대를 떠들썩하게 했던 수많은 허황한 글이 흔적도 없이 잊힐 때 저 멀리에서 빛을 발하던 비옥한 미덕이 오랫동안 숨어 있던 책이다.

파브르는 애정을 담아 갈고 닦은 곤충의 역사에 관한 믿기 힘들 만큼 놀라운 장들과 동물 심리학을 담은 이야기들을 추가해서 2, 3년마다 새로운 책을 펴냈다. 하지만 늘 똑같이 제한적인 성공만 얻을 뿐이었다. 대중의 호기심을 자극하지 못하고 대부분의 무관심 속에서 눈에 띄지 않았다.

파브르의 책은 지식인 계층에서만 관심을 끌었는데, 이들은 열렬히 환영하고 경이로움과 기쁨에 휩싸여 책을 읽었다. 이 책이 몇몇 철학자, 과학자, 탐구자의 호기심을 자극하고 여기저기서 사명감을 부추겼다면, 작가와 시인의 마음은 더 많이 사로잡았을 것이다. 에드몽 로스탕Edmond Rostand이 심각한 병을 앓고 있을 때 이 책의 미덕은 일종의 치유로서 그를 위로하고 도덕적 안식과 즐거운 휴식을 주었다.[13] 이 모든 점을 미루어볼 때 우리는 영원히 문명을 떠나기 전 오랜 망명 생활을 함께할 책 여남은 권을 반드시 선택해야 한다면 파브르의 책을 그중 한 권으로 꼽을 수 있을 것이다.

하지만 이 작품에 부인할 수 없는 결함이 있음을 인정해야 한다. 애초에 제목이 그다지 매력적이지 않았다.* 너무 고되거나 특별한 연구라는 막연한 생각을 떠올리게 해서 구매자를 끌어들이기보다는 밀어내려는 의도처럼 보였다.

사람들은 이 인기 없는 제목에 감춰진 멋진 동화의 나라를 몰랐다. 이 기록이 순수하고 단순한 과학자만을 위한 것이 아니라 모든 사람을 위한 것이라는 점도 알지 못했다.

게다가 처음 몇 권은 그리 매혹적이지 않았다. 독자의

* 《파브르 곤충기Souvenirs Entomologiques》를 말한다.

이해를 도울 가장 기본적인 그림조차 없었고, 본문에 묘사된 곤충의 크기나 생김새, 또는 특징을 직접 알려주는 단순한 삽화도 없었다. 정말 못 그렸다고 해도 단순한 그림이 길고 지루한 설명보다 훨씬 더 나은 경우가 많다. 특히 되도록 적은 비용을 들여 경제적으로 인쇄한 첫 책은 외형적으로도 그다지 매력적이지 않았다.

파브르가 이런 작품의 판매에 그리 큰 기대를 걸지 않았던 것도 사실이다.

하등동물에 관심 있는 사람은 별로 없었고, 파브르는 "진지하게 주목할 가치도 없고 이윤도 별로 나지 않을 것 같은 유치한 이야기"에 너무 빨리 지나가서 다시는 돌아오지 않을 시간을 허비한다는 비난을 들었다. 게다가 출판사가 감히 모험하지 못하며 파브르 자신도 감당하지 못하는 비용을 들여 몇 안 되는 그림을 복제하는 데 귀중한 시간을 낭비할 이유가 있겠는가?

이 다재다능한 탐구자는 그런 작업에 잘 맞았고, 파브르가 묘사한 모든 생물은 펜으로 표현한 만큼이나 붓과 연필을 사용해서 충실히 표현할 수 있었다. 파브르는 저술가일 뿐만 아니라 뛰어난 데생 화가, 심지어 위대한 화가가 될 수 있는 능력을 타고났다. 파브르는 고고학자의 모든 과학적 지식을 동원해 발굴하고 재건하려고 고군분투했던 선사시대 도자기 표본의 장식을 애정 어린 주의를 기울여 수채화로 재현했다. 파브르는 올리브 재배 지역 균류의 모든 특징을 놀라울 정도로 정확하게 묘사한 도상학에서도 똑같은 수채화 기술을 보여주었다.[14]

하지만 파브르는 많은 사람이 만족하지만 불충분하거나 명백하게 잘못된 "보잘것없는 그림"을 자신의 책에 "용납할 수 없는" 것으로 여겼으며, 자기 책의 엄격한 정확성과 어긋난다고 생각했다.[15]

최근 몇 년 동안 파브르의 아들 폴Paul의 사진 기술로 이런 부족함을 채울 수 있었다. 파브르는 아들에게 곤충이 순간적으로 취하는 자세를 있는 그대로 감광판에 고정하는 방법을 가르쳤다. 그러나 이런 사진이 아무리 가치 있을지라도 우리는 형태와 색상뿐만 아니라 독특한 윤곽과 모든 생명체의 생기발랄한 개성이 두드러지는 멋진 그림을 정말 좋아한다! 이게 바로 예술의 역할이다. 파브르 안의 위대한 예술가적 재능은 존 오듀본의 마법 같은 재능에 필적할 만했다.

파브르는 결국 이런 작업을 포기했지만, 다른 수많은 비현실적인 자연 이야기와 이것저것 긁어모아 만든 잡동사니는 성공해서 박수갈채를 받았다.

파브르는 점점 더 곤궁해졌고 결국 기억 속에서 완전히 잊혔다. 진화론에 반대했던 파브르는 유행에 탑승하지 못했다. 백과사전도 거의 파브르를 언급하지 않았다. 그 당시 세상을 시끄럽게 만들었던 라마르크주의자들과 다윈주의자들은 파브르를 무시했다. 그리고 '그 당시 문명 세계가 지닌 가장 중요하고 순수한 영광이자 진정으로 현대의 가장 박식한 박물학자이자 가장 훌륭한 시인 중 한 명'이 어둡고 버림받은 지 오래된 문을 열려고 할 때 아무도 오지 않았다.[16]

60년 이상 살았던 보클뤼즈와 20년 동안 교편을 잡았던 아비뇽에서 파브르와 만나는 데 성공한 쥘 벨뤼디 지사는 '매우 위대하지만 거의 알려지지 않은' 파브르를 발견하고 놀라는 동시에 괴로워했다. 주변 사람들조차 파브르의 이름을 거의 몰랐기 때문이다.[17]

하지만 무슨 상관이란 말인가! 세리냥의 은둔자는 낙담하지 않았다. 파브르는 단지 자신의 힘이 부족하고 자신의 슬픔과 실망을 위로해준 신성한 능력을 더는 발휘할 수 없다는 두려움으로만 괴로웠다. 파브르는 지친 팔다리를 끌고 아르마스의 자갈밭을 간신히 지나간다. 하지만 여든일곱의 세월 동안 나이와 그 쇠퇴를 경멸하며 살았다. 파브르의 타오르는 눈빛과 간절한 얼굴은 여전히 진리에 대한 열정을 보여주었지만, 빈정거리는 듯한 느낌을 주는 갑작스러운 몸짓, 간결한 태도와 사람 전체에 밴 겸손은 값싼 명예와 인생의 모든 우둔함에 대한 그의 깊은 무관심을 충분히 말해주었다.

몇 킬로미터 떨어진 또 다른 마을에서는 프로방스의 가수이자 사랑과 기쁨의 시인, 소박한 노동과 고풍스러운 신앙의 음유시인인 프레데리크 미스트랄이라는 위대한 농부가 신격화된 찬사 속에서 눈부신 삶의 순환을 이어가고 있었다.

이 영광은 미스트랄에게 갑자기 찾아왔고, "새벽 불빛보다 더 달콤한" 명성은 50년이라는 긴 세월 동안 미스트랄을 저버리지 않았다.

미스트랄의 젊은 시절을 달콤하게 해준 순풍은 그가 계속해서 앞으로 나아갈 수 있게 해줬다. 미스트랄은 사람들에게 둘러싸이고, 환호를 받고, 숭배를 받는 모습을 보여주기만 하면 됐다. 그의 존재감은 자신의 이름을 딴 거대한 바람에 높은 사이프러스의 검은 봉우리가 흔들리듯 군중을 흔들었다. 파브르처럼 미스트랄도 자신이 태어난 땅에 충실했다. 위대한 박물학자가 돌아가고 싶다는 간절한 바람이 없다면 결코 떠날 수 없었던 그 땅은 매미가 노래하는 먼지투성이의 올리브나무와 털가시나무로 이루어진 잡목림이 자라는 곳이었다. 그리고 도시에서 멀리 떨어진 조용한 마을에 살았기에 타임의 향기를 풍기는 평원과 언덕의 지평선을 공유하며 자신의 소박한 집에서 지혜와 단순함으로 충만한 삶을 살았다.

세리냥의 은둔자는 이미 자신만의 베르길리우스를 발견한 프로방스의 루크레티우스였다. 각자 매우 다른 시각을 지녔지만, 소박한 취향과 야생의 자유로운 공간과 전원생활의 풍경을 사랑하는 마음은 같았다. 하지만 미스트랄은 어디를 보든 창의적인 상상력과 행복한 삶의 낙관주의라는 프리즘을 통해 인간의 삶을 행복하고 단순하게 바라봤다. 반면 파브르는 자신이 연구한 암울한 현실 뒤에서 벌어지는 혼란스러운 생명체들의 격렬한 교전과 끔찍한 비극만 보았다.

그렇기에 서로 만나지 않는 평행선 같은 두 사람의 삶은 각자의 작품과 조화를 이뤘다. 그리고 세월이 흘렀는데도 여전히 젊고 승승장구하던 미스트랄은 마이얀에서 명예와 배려에 압도되었지만, 세리냥의 불쌍한 위인은 이름이 알려지기는커녕 수치스러운 삶을 살았다.

파브르에게 가장 큰 어려움은 가족을 부양하며 생활하는 것이었다. 그의 거의 유일한 수입은 연간 3,000프랑의 불안정한 연금이었다. 이 돈은 과학아카데미의 아량 덕분에 제네상prix Gegner으로 가장해 몇 년 동안 받을 수 있었다.

결국 상황이 매우 위태로워지면서 파브르는 프로방스에서 자라는 모든 균류를 실제 크기와 놀라울 정도로 사실적인 색깔로 표현한 방대한 수채화 소장품을 박물관에 팔기로 결심했다.

파브르는 1908년 봄에 자신을 찾아왔던 미스트랄에게 보낸 편지에서 이 문제에 관해 언급했는데, 이런 식의 방문은 유일했다. 프로방스어를 쓰는 작가를 위한 천국인 생에스텔Saint-Estelle에서 만나기 전, 이 둘은 죽기 전에 이 지구에서 만나길 바랐다.

파브르는 미스트랄에게 다음과 같은 편지를 썼다. 나는 위대한 시인의 친절함에 빚을 졌다.

> 제 보잘것없는 곰팡이 수채화로 돈을 벌 수 있으리라 생각해본 적이 없습니다. …… 아마도 운명은 다르게 생각한 듯합니다.
>
> ……
>
> 이와 관련해 당신의 고귀한 인격에 힘입어 고백하고 싶은 게 있습니다. 비교적 최근까지 저는 제가 만든 교재의 수익금으로 검소하게 살아왔습니다. 이제 풍향계의 방향이 바뀌었고, 저의 책이 더는 팔리지 않습니다. 덕분에 저는 그 어느 때보다 일용할 양식이라는 끔찍한 문제에 시달리고 있습니다. 당신과 당신 친구들의 도움으로 제 형편없는 그림이 조금이나마 제게 도움이 됐다고 생각합니다. 씁쓸하지만 그 그림들을 놓아주기로 했습니다. 마치 제 피부 한 조각을 뜯어내는 것 같습니다. 저는 아직도 이 낡고 초라한 피부를 부여잡고 있습니다. 어느 정도는 제 고집 때문에, 많은 부분은 제 가족 때문에, 더 많은 부분은 곤충학 연구 때문입니다. 저는 이 연구를 지속해야 한다는 의무를 느끼지만, 앞으로 오랫동안 아무도 이걸 재개하지 않을 것이라는 확신이 듭니다. 정말이지 이 직무는 고맙지 않은 일입니다.[18]

시인의 권유로 벨뤼디 지사는 장관에게 중재를 요청했

고, 결국 "과학을 장려하기 위해" 간신히 1,000프랑의 보조금을 받았다. 마침내 벨뤼디는 보클뤼즈의 평의회에 상황을 공개하고, 그 지방의 가장 유명한 사람일 뿐만 아니라 국가의 최고 영광 중 하나였던 파브르의 평화롭고 품위 있는 노년을 보장하기 위해 최소한의 몫을 지급하라고 요청했다. 벨뤼디는 매우 훌륭하고 고상하게 간청했고, 평의회는 "파브르의 고귀한 과학과 지나친 겸손에 경의를 표하며" 연간 500프랑의 연금을 주었다.[19] 동시에 평의회는 더는 사용하지 않아서 없애버리려던 농경 분석 실험실의 과학 장비를 모두 파브르에게 아낌없이 제공했다.

이제 무겁던 일상의 짐과 임무가 사실상 끝났으니, 통상적인 모순에 따라 모든 것이 파브르를 향해 동시에 다가왔다. 꼭 필요하고 피할 수 없는 일뿐만 아니라 불필요한 일까지도 말이다.

연구의 특성상 평생 기구 없이 일해왔으며, 그 유용성을 부정하던 생물학자에게는 쓸모없을 정도로 섬세한 기구들이 어느 날 세리냥에 도착했다. 파브르한테는 값싼 온도계조차 없었다. 그리고 파브르가 자주 들여다보았던, 그의 소박한 실험실에서 유일하게 값비싼 도구였던 훌륭한 현미경은 빅토르 뒤리의 권유로 몇 년 전 화학자인 장 바티스트 뒤마Jean-Baptiste Dumas가 파브르에게 선물한 귀한 장비였지만, 보통은 간단한 렌즈 하나로도 충분했다. 파브르는 어딘가에 이렇게 썼다. "삶의 비밀은 간단하고 임시방편적인 저렴한 수단으로 얻을 수 있다. 본능에 대한 탐구에서 최고의 결과를 얻기 위해 내가 희생한 건 무엇일까? 시간과 그 무엇보다 인내심이 필요할 뿐이었다."

마침내 이런 포기에 영향을 받은 파브르의 제자 중 몇몇은 파브르를 기리는 날을 정해 축하하며 파브르의 이름과 놀라운 그의 책을 파브르를 전혀 모르는 대중에게 알려주고자 했다.[20]

조금 더 기다렸다면 파브르의 독특한 표현대로 "바이올린이 연주하는 절정이 너무 늦게 찾아왔을 것이다." 나이 많은 스승은 날로 쇠약해졌고, 한때 날카로웠던 시력은 이제 너무 흐려졌고, 작고 떨리는 손으로 한 서명은 어지러워 거의 읽을 수 없어졌다. 파브르의 근육은 이제 너무 허약해져서 아내의 팔과 지팡이에 기대야만 간신히 걸을 수 있었다. 그리고 당장 손 닿을 곳에 앉을 자리가 없다면 파브르는 곧 애처롭게 지쳐 쓰러졌을 것이다. 이제 파브르는 30년 동안 매일 발로 밟았던 아르마스를 더는 산책할 수 없게 됐다. 몸이 쇠약해지면서 살아남은 건 반짝이는 두 개의 눈과 놀라운 기억력뿐이다.

하지만 파브르는 슬픔과 거리가 멀었다. 파브르는 단지 엄청난 무기력함과 자신이 원했던 《파브르 곤충기》 총서를 완성하지 못할지도 모른다는 무한한 아쉬움만 느낄 뿐이었다. 파브르는 자기 경력을 힘닿는 데까지 밀어붙이기 전에는 죽고 싶지 않다고 생각했다. 이 세계의 빛이 갑자기 사라지고 우주의 무한한 세계 너머의 무한한 생명체에 눈을 뜨는 바로 그 시간까지 일을 하지 않고는 말이다.

1910년 4월 3일 열린 이 축제는 소박하지만 감동적인 행사였다.

파브르의 인생에서 이 얼마나 잊을 수 없는 날인지! 그날 아침 아르마스의 문은 모두에게 열렸고, 정원을 찾아온 세리냥의 많은 사람은 자신들과 오랫동안 함께 살았지만 놀랍게도 이제야 발견한 동료 시민의 얼굴을 처음으로 볼 수 있었다.

하지만 사방에서 몰려든 수많은 친구와 추종자가 작은 분홍색 집을 둘러싸고 있는 가운데 가장 놀란 사람은 눈먼 목수인 마리우스였다. 그는 자신의 우상에게 갑작스레 예찬이 쏟아지는 상황에 벅차오르는 강렬한 기쁨을 숨길 수 없었다. 마리우스에게 이런 최고의 날은 절대 오지 않을 것 같았기 때문이다!

비록 기념행사 날짜는 오래전에 확정됐지만, 그 외에 확실한 건 아무것도 없었다. 첫째로 기념식에 참석하기로 한 공식 인사들이 만만찮게 불참했다. 그 당시 날씨는 그맘때치고는 끔찍했다. 우울하게 시작된 봄은 홍수와 재앙의 계절이 되었다. 하지만 이날 아침에는 비가 그치고 갑자기 태양이 고개를 내밀었다.

노인은 여러 칭송과 경의의 표시와 함께 황금패도 선물로 받았는데, 한쪽에는 조각의 대가인 프랑수아 시카르가 보기 드문 솜씨로 파브르의 초상화를 실물 그대로 새겨 넣었다. 반대쪽에는 예술 역사상 가장 아름다운 조합물이 눈부시게 빛났다. 예술가의 상상력은 과학자, 곤충 가수, 수많은 작은 생명체의 탄생을 목격한 풍경, 햇빛이 내리비치는 방투산 앞 올리브나무 사이의 마을을 연상시키는 놀라운 우화를 눈부시게 그려냈다.

연회는 세리냥 한가운데에 있는 카페의 넓은 방에서 열렸는데, 이 겸손한 삶에서는 영광조차도 겸손해야 한다는 것을 보여주기 위해서였다.

파브르는 걸을 수 없었기에 특별히 오랑주시에서 보낸 의식용 마차의 도움을 받았고, 마리우스의 부추김을 받은 세리냥 음악대가 동행한 작은 행렬은 유일한 중앙 도로를 따라 천천히 출발했다.

이는 대가족이 모인 만찬이었다. 모두가 한마음으로 소통하는 사랑의 연회였다.

에드몽 페리에Edmond Perrier는 박물학자에게 과학아카데미의 경의를 표했고, 자신이 느낀 정당한 존경심을 꾸밈없는 말로 표현했다. 페리에는 파브르의 삶을 기리기 위해 그의 훌륭한 경력과 불멸의 업적을 짧게 설명했다. 이 오랜 노동의 역사를 떠올리며 파브르는 '인생에서 유일하게 행복했던 순간'들이 사라졌다는 데 안타까워했다.

파브르는《파브르 곤충기》와 자신의 특별한 재능에 바쳐진 순수하고 경건한 존경에 감동해 눈물을 흘렸고, 그의 눈물을 본 많은 사람도 함께 울었다.

모두가 파브르의 책에서 끝없는 즐거움의 원천을 발견한 수많은 익명의 친구들을 대신해 이야기했다. 또한 위대한 작가들과 위대한 시인들은 같은 날 같은 시간에 "곤충의 베르길리우스",[21] "들판의 무수히 많은 작은 생물의 언어를 아는 훌륭한 마술사"[22]에게 인사말이나 감동적인 메시지를 보냈다.

의심할 여지 없이 파브르는 조만간 완전한 인정을 받게 될 것이다. 하지만 이런 상황이 없었다면 그 삶의 끝은 완전한 망각 속에서 지나갔을 것이고, 파브르는 마지막 순간까지 특별한 관심을 끌지 못했을 것이다. 파브르의 죽음은 눈에 띄지 않았을 것이고, 마을 공동묘지 역할을 하는 조그마한 자갈 광장, 그가 사랑하는 사람들이 기다리는 그곳에 있는 베종의 돌로 만든 작은 지하 묘소가 마지막으로 열렸을 때 이를 다시 닫는 일은 그다지 어렵지 않았을 것이다.

하지만 파브르에게 주어진 명예는 그가 마땅히 받아야 할 명예와는 거리가 멀었다.

위대한 곤충학자의 기념일에 왜 공식적인 곤충학 대표

가 단 한 명도 참석하지 않았을까?

사실 프랜시스 베이컨Francis Bacon의 표현처럼 "살아 있는 사람들 사이에서 시체만 찾는" 사람들 대부분은 파브르를 상상력이 풍부한 작가 이상으로는 보려 하지 않았고, 스스로 아름다움을 이해하고 이를 진실과 구별할 능력이 없었기에 과학의 영역에 문학을 도입한 파브르를 신념에서라기보다는 질투심에서 비난했다.[23]

또 다른 곤충학 전문가들은 파브르가 다른 사람의 과학적 발견을 마치 자기 것인 양 발표한다고 비난했다. 그러나 애초에 파브르는 다른 사람들의 책을 거의 읽지 않았기에 그들의 연구를 대부분 알지 못했다. 그리고 파브르가 여러 곤충의 본질적인 면을 발견하지 못했다고 하더라도 그 곤충에 관한 연구 결과가 새로운 정보를 찾거나 생명의 숨결을 다루는 것이라면 무슨 상관이 있단 말인가?

결국 파브르가 언급한 증거를 직접 눈으로 보려던 사람들은 몇 가지 오류를 들며 비난했지만, 파브르는 매우 능숙하게 이 오류들을 파헤쳤다. 만약 이 오류 중 하나가 정말 파브르의 책에 흘러들었다고 하더라도 그리 심각한 것은 아닐 것이다.

파브르는 학계의 자랑스러운 존재였지만 대학은 이 기념식에 광채를 더해주지 않았다. 정부가 일시적인 선입견으로 이 기념비적인 날에 부당한 망각에 대해 속죄할 방법을 찾으려고 자발적으로 노력하지 않았다는 것도 유감이다. 빅토르 뒤리가 파브르를 제국의 기사로 임명한 후 40년 이상이 지났고, 이 긴 시간 동안 파브르는 정부 당국으로부터 완전히 무시당했다. 프랑스 정부가 매일 수많은 평범한 사람의 영예를 최고 수준까지 끌어올리는 동안 파브르의 저명한 공로가 오랫동안 장식해온 레지옹 도뇌르에서 한 단계 올라가기 위해서는 영향력 있는 사람의 개입을 확보하고, 파브르의 가치를 정당화하고, 파브르의 공적을 증명해야 했다.

이 뒤늦은 보상은 적어도 파브르 인생의 말년에 불가사의한 영광을 드리우는 결과를 가져왔고, 그날 이후 갑자기 파브르는 원래 있어야 했을 높은 자리에 오르게 됐다. 모든 사람이 파브르의 작품을 읽기 시작했고, 몇 달 만에《파브르 곤충기》가 지난 20년 동안 팔린 것보다 더 많이 팔린 것이다. 이제는 그 누구도 파브르를 모를 수 없어졌다.

마침내 파브르는 영광과 명성뿐만 아니라 인기도 얻었다. 그것이 바로 정의였다. 파브르는 본질적으로 대중적인 천재였기 때문이다. 파브르는 모든 사람이 과학의 경이로움을 누릴 수 있도록 평생을 노력한 인물이 아니던가? 그리고 무엇보다 민중의 어린아이들을 위한 책을 쓰지 않았던가?

마침내 사람들은 아르마스로 향하는 길을 알게 됐다. 멀리서 수많은 열렬한 숭배자를 끌어들이는 진정한 순례지처럼 작은 영지와 조촐한 실험실을 구경하기 위해 사람들이 무리 지어 아르마스로 향했다.

사실 어떤 사람들은 단지 호기심에서 파브르를 보러 가기도 했다. 하지만 이런 사람 중 누군가는 거기서 자신이 본 것으로 열정을 가득 채우고 돌아와 들판의 꽃이 더 예쁘고 섬세하며, 숲과 관목의 야생 향기가 더 풍성하고, 나무의 초록빛이 더 부드럽다는 것을 알게 될지도 모른다. 이들은 대지를 바라보고 "풀밭에 무릎을 꿇는 법"을 배웠다.

과학자들은 과학자와 대화를 나누기 위해 이곳을 찾았다. 어떤 사람들은 초등 교사이자 공립학교 교사, 프랑스의 모든 초등학교에 영광이 미치는 위대한 교육자에게 경의를 표하기 위해 그곳을 찾았다.

그곳을 찾지 못한 사람들은 파브르에게 빚진 기쁨을 이야기하고, 파브르의 책을 읽으며 오랫동안 좋은 시간을 보냈음에 감사하며 파브르가 장수하기를, 그래서 《파브르 곤충기》 총서가 더 길어지기를 희망하는 내용의 편지를 보냈다.

누군가는 파브르에게 곤충학이나 철학에 관한 다양한 질문을 하고, 어떤 사람들은 파브르가 자세히 묘사한 매혹적이고 신비한 문제에 불가능한 답을 요구하기도 했다. 여성들은 파브르에게 개인적인 슬픔이나 숨겨둔 비애를 털어놓으며 순수한 형태의 경의를 표했다. 파브르에게 이는 다른 어떤 것보다 천 배는 더 감동적이었다. 파브르의 책이 고립된 사람의 정신에 얼마나 큰 영향을 미쳤는지, 과학이 이를 해석할 수 있는 설득력 있는 목소리를 지녔을 때 어떤 위로를 줄 수 있는지를 보여주었다.

더는 일할 수 없게 되자 이러한 방문이 얼마 전까지 그토록 바빴던 파브르의 삶을 채웠다. 그리고 파브르에게 전해지는 이 모든 호감 속에서 그는 삶의 황혼이 아니라 새벽을 느낄 것이다. 파브르는 자신이 선한 일을 했다고 느꼈고, 무한한 지성이 그를 통해 식물과 동물을 더 큰 애정으로 바라보는 법을 배우고 있었다. 마침내 사람들의 성찰이 그의 작품에 집중되었고, 그런 관심이 쉽게 사그라지지는 않을 것이다. 그의 작품은 자연의 경전 중 하나이기 때문이다.

미주

들어가는 말

1 1898~1900년 동생에게 보낸 편지.

2 나는 여기서 몇 가지 귀중한 '발견'을 했는데, 그중에서도 '장난감'에 대한 단편, '일식'에 대한 흥미로운 설명, '숫자'에 대한 시를 인용한 글을 이 책에서 처음으로 공개한다.

3 편지에 소홀하게 답장하는 문제도 파브르의 인기를 떨어뜨린 원인 중 하나라 할 수 있다.

1장 자연의 직감

1 1846년 8월 18일 동생에게 보낸 편지에서. "매력이 거의 없는 마을이다."

2 파브르의 출생증명서에 그의 아버지는 "실무자, 사업가 또는 법조인"으로 적혀 있었다.

3 《파브르 곤충기》 2권 4장과 7권 19장.

4 《파브르 곤충기》 8권 8장.

5 1896년 8월 15일 동생에게 보낸 편지 중.

6 같은 편지에서. "형제라는 면에서 우리는 하나지만, 서로 다른 취향을 가졌다는 면에서 우리는 둘이야. 네가 지루하다고 생각하는 부분에서 나는 즐거움과 흥미를 찾지."

7 프레데리크 파브르는 형처럼 보클뤼즈의 초등학교 출신으로 라파뤼(보클뤼즈)에서 교사 생활을 거쳐 오랑주의 전문대학교에서 교수를 지냈다. 1895년 아비뇽 사범대학 부속 초등학교의 교장직에서 스스로 물러난 후

아비뇽 상공회의소 비서, 보클뤼즈 부두 책임자, 크리용 수로 책임자를 두루 지냈다.

8 《파브르 곤충기》 10권 9장.

9 파브르의 수많은 원고 중에서 나는 이 시기에 쓰인 수많은 짧은 시를 발견했다.

10 꾸준히 파브르의 발자취를 뒤따르던 동생에게 자신의 자리를 물려준 것이 바로 이 시기였다. 동생은 초등학교 교생 자격증과 회계학 자격증을 막 취득한 상태였다(1842년 8월).

11 《파브르 곤충기》 10권 21장.

12 1851년 6월 2일과 9일 동생에게 보낸 편지 중.

2장 초등학교 교사

1 《파브르 곤충기》 1권 20장과 9권 13장.

2 《파브르 곤충기》 10권 21장.

3 1850년 6월 10일 아작시오에서 동생에게 보낸 편지 중.

4 1850년 6월 10일 아작시오에서 동생에게 보낸 편지 중.

5 1846년 8월 15일 카르팡트라에서 동생에게 보낸 편지 중.

6 1850년 6월 10일 아작시오에서 동생에게 보낸 편지 중.

7 1846년 8월 15일 카르팡트라에서 동생에게 보낸 편지 중.

8 1846년 8월 15일 카르팡트라에서 동생에게 보낸 편지 중.

9 《파브르 곤충기》 1권 14장.

10 1848년 9월 3일 카르팡트라에서 동생에게 보낸 편지 중.

11 1848년 9월 8일 카르팡트라에서 동생에게 보낸 편지 중.

12 1848년 9월 8일 카르팡트라에서 동생에게 보낸 편지 중.

13 1848년 9월 3일 카르팡트라에서 동생에게 보낸 편지 중.

14 1848년 9월 3일 카르팡트라에서 동생에게 보낸 편지 중.

15 1848년 9월 29일 님아카데미의 총장에게 보낸 편지 중.

16 1848년 9월 29일 동생에게 보낸 편지 중.

3장 코르시카

1 1850년 4월 14일 아작시오에서 동생에게 보낸 편지 중.

2 1851년 8월 11일 아작시오에서 동생에게 보낸 편지 중.

3 1851년 6월 9일 아작시오에서 동생에게 보낸 편지 중. "코르시카의 패류학에 관한 연구를 시작했어. 이른 시일 안에 논문이 나왔으면 좋겠다."

4 《헬릭스 라스파일리L'Helix Raspallii》

5 1850년 6월 10일 아작시오에서 동생에게 보낸 편지 중.

6 1850년 6월 10일 아작시오에서 동생에게 보낸 편지 중.

7 《파브르 곤충기》 9권 14장.

8 1852년 9월 아작시오에서 쓴 시 〈수Le Nombre〉

9 1851년 6월 2일 아작시오에서 동생에게 보낸 편지 중.

10 1852년 10월 10일 아작시오에서 동생에게 보낸 편지와 《파브르 곤충기》 10권 21장.

11 프레데리크 미스트랄의 《회고록》에 따르면 몽펠리에에서 태어난 모캥 탕동은 마르세유, 툴루즈, 파리에서 자연사 교수로 재직했다.

12 1852년 10월 10일 아작시오에서 동생에게 보낸 편지 중.

13 1852년 10월 10일 아작시오에서 동생에게 보낸 편지 중.

14 1851년 12월 3일, 카르팡트라에서 동생에게 보낸 편지 중. "우리의 횡단 여행은 끔찍했어. 그렇게 끔찍한 바다를 본 적이 없었어. 여객선이 파도의 힘에 부서지지 않은 건 아직 죽을 때가 아니라서이기 때문일 거야. 두세 번 정도 나는 이렇게 내 삶이 끝나는가 보다 생각했는데, 얼마나 끔찍한 경험이었는지 상상하는 건 네 몫으로 남겨둘게. 일반적인 날씨였다면 아작시오에서 마르세유까지 18시간 만에 도착했을 거야. 우리가 탔던 여객선은 지중해에서 가장 빠르기로 유명한 증기선이었으니까. 하지만 우리는 2박 3일이나 걸렸어."

15 1853년 1월.

4장 아비뇽에서

1 1854년 8월 1일 아비뇽에서 동생에게 보낸 편지 중. "나는 툴루즈에 도착했어. 여기서 최고의 시험을 통과했지. 최고의 칭찬을 들으며 끝냈지만, 시험 비용은 돌려받아야 해. 시험은 내가 예상했던 것보다 훨씬 높은 수준이었어."

2 1854년 아비뇽에서 연구소의 누군가에게 보낸 편지 중(보클뤼즈 지사 벨뤼

디와 주고받던 편지, 화가 앙투안 볼롱Antoine Vollon 제공).

3 1854년 아비뇽에서 연구소의 누군가에게 보낸 편지 중(보클뤼즈 지사 벨뤼디와 주고받던 편지, 화가 볼롱 제공).

4 1852년 10월 10일 아작시오에서 동생에게 보낸 편지 중.

5 〈노래기벌의 습성과 그 애벌레의 먹이로 이용되는 딱정벌레류의 장기간 보존 원인에 관한 고찰Observations sur les mœurs des Cerceris et sur la cause de la longue conservation des coléoptères dont ils approvisionnent leurs larves〉, 《자연과학의 연대기》 4권, 1855년.

6 《파브르 곤충기》 10권 22장.

7 "나는 오직 학교를 벗어나 자유로워지고 싶다는 한 가지 생각만 했다. 나는 동료가 아니라 하급자 취급을 받았다. 어느 날 한 감사관이 내게 이렇게 말했다. '정교사가 되지 않는다면 당신은 아무것도 이뤄내지 못할 겁니다.' 이에 나는 이렇게 답했다. '이런 차별이 참 거북하네요.'"(대화 내용 중 일부)

8 1850년 1월 14일 아작시오에서 동생에게 보낸 편지 중.

9 〈도마뱀난초의 괴경에 관한 연구Recherches sur les tubercules de l'Himantoglossum hircinum〉. 1855년에 발표한 식물학 논문 중.

10 〈다족류 생식 기관의 해부와 발달에 관한 연구Recherches sur l'anatomie des organes reproducteurs et sur le développement des myriapodes〉. 1855년 발표한 동물학 논문 중.

11 1856년 실험 생리학 분야에 수여한 상.

12 1857년 2월 1일 레옹 뒤푸르에게 보낸 편지 중.

13 찰스 다윈, 《종의 기원》, 에드몽 바비에Edmond Barbier 옮김, 1876년, 15쪽.

14 《파브르 곤충기》 1권 1장과 5권 1장.

15 《파브르 곤충기》 1권 16장.

16 《파브르 곤충기》 1권 1장.

17 앙리 드빌라리오는 카르팡트라의 치안판사였는데 생을 마감할 때까지 이 직무를 수행했다. 또, 유명한 수집가이자 눈에 띄는 홍보 담당자이기도 했다. 오늘날 프롱티냥Frontignan에서 근무하는 보르돈 박사와 마르세유 과학부의 동물학과 교수 베이시에르 제공.

18 《파브르 곤충기》 1권 13장.

19 파브르는 젊은 시절 "가끔 대뇌의 열로 발전하는" 격렬한 두통과 이상한 신경 문제를 겪었다. "며칠 전 밤 갑자기 두통이 밀려왔는데 아직도 원인을 알 수 없는 무서운 병이었다." 1848년 9월 3일 동생에게 보낸 편지 중. 극심한 실망이나 짜증은 늘 파브르에게 큰 영향을 미쳤다. 파브르가 처음 결혼할 당시 부모님과 친척들의 반대로 일종의 강경증을 앓았다.(동생과의 대화 중 일부)

20 《파브르 곤충기》 9권 23장.

21 《파브르 곤충기》 10권 22장.

22 1857년 2월 1일 레옹 뒤푸르에게 보낸 편지 중. "내게 그림 교사 직책을 부여하기 위한 과정이 진행 중입니다. 이 시도가 성공한다면 내 작은 그림의 재능 덕에 연봉은 어느 정도 합리적인 3,000프랑까지 오를 것이고, 이 끔찍한 과외를 그만두고 당신에게서 영감을 받은 연구를 더 깊이 있게 발전시킬 수 있을 것입니다." 펠릭스 아샤르 제공.

23 《파브르 곤충기》 10권 22장.

24 《우브레토 프로방살로Oubreto Prouvençalo》, 〈매미와 개미La Cigale et la Fourmi〉

25 에르네스트 라비스Ernest Lavisse, 《장관: 빅토르 뒤리Un ministre. Victor Duruy》

26 아비뇽의 시의원에게 보낸 편지 중.

27 존 스튜어트 밀, 《자서전》 6장.

28 나는 이 집을 방문한 적 있었는데, 외관은 조금도 변하지 않았다.

29 밀은 파브르의 《보클뤼즈의 식물상Flore du Vaucluse》 작업에 도움을 주었다. "최근 세상을 떠나면서 우리 모두를 슬프게 한 고결한 인물이 이 작업에 나와 함께했습니다." 1873년 12월 1일 아비뇽 시장에게 보낸 편지 중. 펠릭스 아샤르 제공.

5장 위대한 스승

1 《농경 화학Chimie agricole》.

2 모두를 위한 강의 《하늘Le Ciel》 편.

3 모두를 위한 강의 《땅La Terre》 편.

4 대부분의 학교에서 통용되는 교재《폴 삼촌의 화학La Chimie de l'oncle Paul》편.

5 《나무의 역사Histoire de la bûche》

6 〈장난감. 작은 팽이〉(원문). 대대로 전해지는 '골동품 기기'인 원시의 분수는 '어쩌면 한가한 목동의 발명품'이었을지도 모른다. 이것은 원래 3개의 구멍과 3개의 빨대로 이루어졌다. 한쪽에는 물을 빨아들이는 짧은 빨대가 있는 구멍이 두 개 있고, 다른 한쪽에는 물을 전달하는 긴 빨대가 있는 구멍이 하나 있다. 어느 날 어린 파브르는 빨대를 양쪽에 하나씩 두 개만 사용했는데도 여전히 잘 작동한다는 것을 알아차렸고, '무의식적으로 깊이 생각하지 않고 물리학적 의미의 진정한 사이펀을 발견했다.' 로코Loco의 말 인용.

7 "화학 수업은 집에서 큰 성공을 거두었다." 1875년 오랑주에서 동생에게 보낸 편지 중.

8 1879년 11월 4일 아들인 에밀에게 보낸 편지와 여학교에서 사용할 가정 경제에 관한 이야기인《가정le Ménage》중.

9 《파브르 곤충기》2권 1장.

10 1873년 12월 1일 아비뇽 시장에게 보낸 편지 중. 펠릭스 아샤르 제공

11 1875년 동생에게 보낸 편지 중.

12 1875년 동생에게 보낸 편지 중.

6장 은신처

1 《파브르 곤충기》2권 1장〈아르마스〉.

2 《파브르 곤충기》6권 5장.

3 뒤제Dugés의 '포스포러스 지렁이Lumbricus phosphoreus'. 파브르는 태어날 때 인광 때문에 벌어지는 이 기이한 현상을 이미 분명히 알고 있었다. 특히 특정 조직에서 활성화되는 호흡의 일종인 산화 과정을 보았다. 1857년 2월 1일 레옹 뒤푸르에게 보낸 편지 중. 펠릭스 아샤르 제공.

4 1846년 8월 15일 카르팡트라에서 동생에게 보낸 편지 중.

5 96세에 생을 마감했다.

6 《파브르 곤충기》1권 21장.

7 1879년 11월 4일, 아들 에밀에게 보낸 편지 중.

8 1883년 3월 30일, 앙리 드빌라리오에게 보낸 편지 중.

9 1888년 12월 17일, 앙리 드빌라리오에게 보낸 편지 중.

7장 자연의 해석

1 《파브르 곤충기》 8권 12장.

2 《파브르 곤충기》 7권 16장.

3 《파브르 곤충기》 1권 4장과 7권 24장.

4 《파브르 곤충기》 2권 3장.

5 《파브르 곤충기》 6권 21장.

6 《파브르 곤충기》 1권 19장과 2권 7장.

7 《파브르 곤충기》 7권 23장.

8 모리스 마테를링크Maurice Maeterlinck, 《꿀벌의 삶la Vie des Abeilles》

9 《파브르 곤충기》 7권 2장.

10 《파브르 곤충기》 8권 22장.

11 《파브르 곤충기》 6권 6장.

12 《파브르 곤충기》 9권 10장.

13 앙리 베르그송, 《창조적 진화L'Évolution créatrice》

14 《파브르 곤충기》 5권 6장.

15 《하인Les Serviteurs》과 《보조자Les Auxiliaires》

16 1794년 카르팡트라에서 태어난 프랑수아 라스파유는 카르팡트라대학의 교수이기도 했다.

17 1848년 9월 3일 동생에게 보낸 편지 중. 그 효과는 오래 가지 못했고 아이는 얼마 지나지 않아 사망했다.

18 《파브르 곤충기》 10권 21장.

19 1909년 10월 27일 에드몽 페리에의 비공개 편지 중. "그는 우리가 볼 수 있는 가장 뛰어난 관찰자이고, 모든 의사는 그가 발견한 사실에 고개를 숙여야 한다."

20 《파브르 곤충기》 6권 25장.

21 《파브르 곤충기》 10권 16장.

22 《파브르 곤충기》 10권 20장.

23 원문에 있었던 미발표 관찰 결과.

24 프로방스에서는 흔하게 볼 수 있는 광경이지만, 파브르는 전혀 질리지 않았다.

25 《파브르 곤충기》 6권 17장.

26 위대한 박물학자라고 해서 꼭 나이팅게일의 노래에 매료되는 건 아니다.

27 원문에 있었던 미발표 관찰 결과. 이는 1900년 5월 28일 일식에 대한 것이다.

28 파브르가 관찰한 곤충 중에는 특징이 완전히 밝혀지지 않은 곤충이 많았다. 〈아비뇽 주변에서 관찰된 딱정벌레목Insectes coléoptères observés aux environs d'Avignon〉 아비뇽, 스갱Seguin, 1870. 이제는 구하기 힘든 도감으로, 아비뇽의 친절한 쇼보Alfred Chobaut 박사 덕에 사본을 구할 수 있었다.

29 이름을 모르면 그 대상의 지식도 사라진다(Nomina si nescis, perit et cognito rerum).

30 《파브르 곤충기》 4권 11장.

31 《파브르 곤충기》 9권 19장.

32 《파브르 곤충기》 1권 9장.

33 〈둥지 속 어린 뻐꾸기의 고립에 대한 제너의 전설La légende de Jenner sur l'isolement du jeune Coucou dans le nid〉, 그자비에 라스파유, 《프랑스 동물학회 회보Bull. de la Soc. Zool. de France》, 1905년.

34 《파브르 곤충기》 1권.

35 《파브르 곤충기》 4권 14장.

36 《파브르 곤충기》 1권 7장.

37 《파브르 곤충기》 2권 2장.

8장 본능의 기적

1 《파브르 곤충기》 1권 2장.

2 앙리 베르그송, 《창조적 진화》.

3 《파브르 곤충기》 2권 4장.

4 《파브르 곤충기》 5권 8장.

5 《파브르 곤충기》 9권 3장.

6 《파브르 곤충기》 1권 22장.

7 《파브르 곤충기》 4권 3장.

8 《파브르 곤충기》 4권 3장.

9 《파브르 곤충기》 4권 3장과 1권 11장.

10 《파브르 곤충기》 9권 24장.

11 《파브르 곤충기》 10권 5장.

12 《파브르 곤충기》 4권 6장.

13 《파브르 곤충기》 9권 16장.

14 《파브르 곤충기》 2권 5장.

15 《파브르 곤충기》 5권 7장.

16 《파브르 곤충기》 6권 8장.

17 《파브르 곤충기》 3권 17~20장.

18 《파브르 곤충기》 2권 15장.

19 《파브르 곤충기》 3권 11장.

20 랠프 에머슨Ralph Emerson

21 《파브르 곤충기》 4권 9장.

22 미발표 관찰.

23 프레데리크 미스트랄, 《미레유Mireille》 세 번째 노래.

9장 진화 또는 "생물변이설"

1 《파브르 곤충기》 8권 21장.

2 《해충Les Ravageurs》 34장.

3 《파브르 곤충기》 10권 12장.

4 《파브르 곤충기》 1권 2장과 10권 13장.

5 《파브르 곤충기》 2권 17장.

6 《파브르 곤충기》 5권 20장.

7 《파브르 곤충기》 2권 4장.

8 그러나 그 당시 새로이 탄생한 세계에는 혹독한 추위도 찌는 듯한 더위도 없었다. 루크레티우스 《사물의 본성에 관하여De reum natura》

9 이와 관련해 에드몽 페리에가 조지 로매니스George John Romanes의 저서 《동물의 지능Animal Intelligence》의 서문용으로 쓴 훌륭한 글을 참고하자.

10 《파브르 곤충기》 8권 20장.

11 1883년 3월 30일, 앙리 드빌라리오에게 보낸 편지 중.

12 1883년 5월 12일, 앙리 드빌라리오에게 보낸 편지 중.

13 1900년, 동생에게 보낸 편지 중.

14 동생에게 보낸 편지 중.

"삐진 건 아니야. 오히려 그 반대지. …… 잉크와 종이가 부족하지도 않았어. 아주 신중하게 쓰고 있어서 부족해질 일은 없지. 하지만 시간이 없어. …… 그러니까 내 답장이 없어서 내가 아직도 삐졌다고 생각하는 거구나! 하지만 사랑하는 불평쟁이 동생아, 이렇게 생각해보렴. 몇 주 동안 교수 자격 시험에 나온 끔찍한 원뿔 문제를 비길 데 없는 끈기로 밀어붙이고, 일단 좋아하는 일을 시작하면 편지든 답장이든 모든 것과 안녕을 고했단다."(1848년 11월 27일 카르팡트라에서)

"그래, 침묵하는 내게 일곱 번이나 화를 낸 네가 맞아. 나도 인정해. 내가 정말 소통하지 않았다는 걸 크게 후회하고 있어. 너도 알겠지만, 강제로 편지를 쓰는 건 나를 스스로 고문하는 것과 같아. …… 하지만 왜 그런 생각을 했니. 내가 가장 친한 친구인 너를 무시하고 잊어버리고 업신여긴다니. …… 내가 조용히 있었던 이유로 용기가 아니라 종종 나를 억압하는 힘과 시간을 탓하고 싶구나."(1851년 6월 9일, 아작시오에서)

15 《파브르 곤충기》 10권 8장.

16 《파브르 곤충기》 9권 2장.

10장 동물의 마음

1 《파브르 곤충기》 1권 21장.

2 《파브르 곤충기》 9권 2장.

3 《파브르 곤충기》 10권 4장.

4 미셸 몽테뉴, 《수상록Essais》

5 《파브르 곤충기》 8권 17장.

6 《해충》

7 《파브르 곤충기》 10권 18장과 《경이로운 본능Les Merveilles de l'instinct》의 〈배추벌레la Chenille du chou〉

8 《파브르 곤충기》 8권 17장.

11장 조화와 부조화

1 《파브르 곤충기》 3권 8장.
2 《파브르 곤충기》 2권 14장.
3 《파브르 곤충기》 6권 9장.
4 《파브르 곤충기》 5권 19장.
5 "인간의 마음속에 있는 악함은 아름답고 선한 것을 가장 직접적으로 표현한 자연과 접촉함으로써 사라져야 한다." 레프 톨스토이, 《침략Набег》.
6 《이야기책Livre d'histoires》, 《농경 화학》.
7 《우브레토 프로방살로》, 〈입맞춤La Bise〉.
8 《우브레토 프로방살로》, 〈씨 뿌리는 사람Le Semeur〉.
9 《우브레토 프로방살로》, 〈두꺼비Le Crapaud〉.

12장 자연의 이해

1 《우브레토 프로방살로》, 〈제철공Le Maréchal〉.
2 《우브레토 프로방살로》, 〈제철공〉.
3 이와 관련해서는 샤를 생트뵈브Charles Augustin Sainte-Beuve의 《포르 루아얄Port-Royal》 2권 14장에 나오는 인상적인 구절을 참고하자.
4 《파브르 곤충기》 4권 1장.
5 《파브르 곤충기》 1권 17장.
6 《파브르 곤충기》 7권 8장.
7 《파브르 곤충기》 7권 10장.
8 《파브르 곤충기》 8권 8장.
9 《파브르 곤충기》 8권 20장.
10 《파브르 곤충기》 6권 14장.
11 《파브르 곤충기》 8권 18장.
12 《파브르 곤충기》 10권 8장.
13 《파브르 곤충기》 10권 6장.
14 《파브르 곤충기》 5권 22장.

13장 동물 삶의 서사시

1 《파브르 곤충기》 10권 17장.

2 《파브르 곤충기》 9권 4장 〈거미의 이동l'Exode des araignées〉, 5장 〈게거미l'Araignée crabe〉

3 《파브르 곤충기》 5권 17장.

4 《파브르 곤충기》 3권 8장.

5 《파브르 곤충기》 6권 14장. 《우브레토 프로방살로》, 〈귀뚜라미Le Grillon〉와 공개하지 않은 시.

6 《파브르 곤충기》 3권 17장.

7 《파브르 곤충기》 9권 21장.

8 《경이로운 본능》의 〈북방반딧불이le Ver luisant〉

9 《파브르 곤충기》 2권 12장.

10 《파브르 곤충기》 8권 22장, 9권 11장.

11 《파브르 곤충기》 5권 18장.

14장 평행 우주

1 장 폴 그랑장 드 푸시Jean-Paul Grandjean de Fouchy, 〈레오뮈르 추도사Éloge de Réaumur〉, 《과학학회집Recueils de l'Acad.des sciences》 157 H권 201쪽. 조르주 뮈세Georges Musset, 《레오뮈르의 미공개 편지(Lettres inédites de Réaumur)》 서문.

2 《곤충학을 위한 연구서》 전문과 《곤충학을 위한 연구서》 초판 2권.

3 《곤충학을 위한 연구서》 3판 3권.

4 《곤충학을 위한 연구서》 초판 3권. 샤를 텔리에, 《현대 발명의 역사: 냉각기Histoire d'une invention moderne : le frigorifique》 23장 〈동물의 왕국에 추위가 미친 영향le froid appliqué au règne animal〉.

5 레옹 뒤푸르, 《한 시대를 가로질러A travers un siècle》(그의 생애를 담은 일기), 《피레네 여행의 추억과 여행 감상Souvenirs et impressions de voyage sur des excursions pyrénéennes》(가바르니Gavarnie, 에아스Héas, 몽모디Mont Maudit 등), 비스카로스Biscarrosse와 아르카숑Arcachon의 모래언덕으로 떠나는 곤충학 여행.

6 레옹 뒤푸르, 《한 시대를 가로질러》, 곤충학 연구의 방향.

7 《파브르 곤충기》 2권 1장 〈아르마스〉.

8 《파브르 곤충기》 5권 11장.

15장 세리냥에서 보내는 말년

1. 1912년 2월 20일 루이 샤라스가 보낸 비공개 편지. 그리고 루이 샤라스, 《장 앙리 파브르Jean-Henri Fabre》, 바생 뒤 론Bassin du Rhône, 1911년 3월.
2. 《우브레토 프로방살로》, 〈두꺼비〉.
3. 파브르는 현미경을 이용한 연구는 오후에만 했다. 오후가 되어야 적절한 빛이 들어왔기 때문이다.
4. 파브르가 상실을 겪은 건 1912년 늦은 봄이었다.
5. 《하인》, 《오리Le Canard》
6. 《파브르 곤충기》 1권 13장 〈방투산 등반〉.
7. 프로방스의 크리스마스에 붙은 이름.
8. 루이 샤라스의 비공개 편지.
9. 루이 샤라스의 비공개 편지.
10. 1888년부터 1892년까지.
11. 《파브르 곤충기》 2권 2장.
12. 루이 샤라스의 비공개 편지.
13. 1885년 1월 4일 조카인 앙토냉 파브르에게 보낸 편지.
14. 《파브르 곤충기》 6권 19장.
15. 《파브르 곤충기》 6권 2장.
16. 《파브르 곤충기》 6권 11장.
17. 세리냥에서의 대화.

16장 황혼

1. 1900년 2월 4일 동생에게 보낸 편지 중.
2. 1903년 6월 18일 동생에게 보낸 편지 중. 이 시기에 《파브르 곤충기》 8권이 막 나왔고, 9권을 준비 중이었다.
3. 1903년 6월 18일 동생에게 보낸 편지 중.
4. 《농경 화학》.
5. 1898년 10월 10일, 동생에게 보낸 편지 중.
6. 1908년 3월 30일, 비공개 편지 중.
7. 1908년 3월 30일, 비공개 편지 중.
8. 1908년 3월 30일, 비공개 편지 중.

9 미발표 실험.

10 1899년 1월 27일, 샤를 들라그라브에게 보낸 편지 중.

11 1900년 2월 4일, 동생에게 보낸 편지 중.

12 1889년 파브르에게 수여됐다. 과학아카데미의 최고 상 중 하나로 상금은 1만 프랑이다.

13 1910년 4월 7일, 에드몽 로스탕의 비공개 편지 중. "파브르의 책은 오랜 요양 기간 내내 내게 큰 기쁨이었다."

14 파브르의 소장품 중 백미라 할 수 있는 이 웅장한 도해집은 700여 개의 삽화와 자세한 설명이 담긴 방대한 분량이다.

15 날짜 미상, 샤를 들라그라브에게 보낸 편지 중.

16 1909년 11월 17일 모리스 마테를링크의 비공개 편지 중. 알프마리팀Alpes-Maritimes의 그라스Grasse 4번가에서. "앙리 파브르를 기념하는 위원회에 제 이름을 올릴 수 있게 해주셔서 정말 기쁘고 영광입니다. …… 앙리 파브르는 현재 문명 세계가 지닌 가장 중요하고 순수한 영광이자 진정으로 현대의 가장 박식한 박물학자이자 가장 훌륭한 시인 중 한 명입니다. 제 인생에서 가장 깊은 찬사를 이런 식으로 표현할 기회를 주셔서 얼마나 기쁜지 모릅니다."

17 1909년 9월 29일, 보클뤼즈 지사인 쥘 벨뤼디의 비공개 편지 중. "그렇게 위대한 지성이자 저명한 과학자인 데다 프랑스 문학의 대가인 파브르가 거의 알려지지 않았다는 사실은 저를 정말 고통스럽게 합니다. 2년 전 파브르가 제네상을 받았을 때 주변 사람들에게 그에 관해 이야기해야 한다는 생각이 들었습니다. 그 사람들은 파브르의 이름을 거의 들어본 적이 없었으니까요!"

18 1908년 7월 4일, 프레데리크 미스트랄에게 보낸 편지 중.

19 1908년 8월 보클뤼즈 평의회 회의록 중. 회의록 작성은 오랑주 시장이자 오늘날 보클뤼즈의 대의원인 오귀스트 라쿠르Auguste Lacour가 맡았다. 라쿠르는 파브르와 개인적으로 친분이 있는 동시에 열렬한 추종자였다.

20 1909년 11월 20일, 에드몽 로스탕의 비공개 편지 중. "선생님, 앙리 파브르를 기념하고자 하는 친구 목록에 제 이름을 올려주신 데 크게 감동했고 정말 기뻤습니다. 제 이름이 선생님의 계획에 도움이 될 것으로 생각해주셔서 감사합니다. 《파브르 곤충기》 덕에 저는 오래전부터 파브르의 매력

적이고 심오하며 감동적인 천재성에 가까워질 수 있었습니다. 이 책 덕에 즐거운 시간을 무한히 누릴 수 있었습니다. 어쩌면 제 아들 중 한 명에게 그 직업을 택하도록 북돋아준 데 감사를 표해야 할 것 같습니다. 선생님께서 앙리 파브르를 기리기 위해 그가 오랜 세월 동안 자신의 삶과 작품에서 추구해온 학문적 안식을 조금이라도 방해하는 경건한 위험을 감수한다면, 이는 철학자처럼 생각하고 예술가처럼 보고 시인처럼 느끼고 표현하는 이 위대한 과학자를 향한 정의로운 행동이 될 것입니다."

1910년 1월 7일, 로맹 롤랑Romain Rolland의 비공개 편지 중. "앙리 파브르를 향한 찬양에 동참해달라는 제안을 받고 제가 얼마나 기뻤는지 아마 상상도 못 하실 겁니다. 파브르는 제가 가장 존경하는 프랑스인 중 하나입니다. 파브르의 기발한 관찰에 대한 간절한 인내심은 예술적 걸작만큼이나 저를 기쁘게 합니다. 몇 년 동안 저는 파브르의 책을 읽고 사랑했습니다. 지난 휴가 때 가져간 책 세 권 중 두 권은《파브르 곤충기》였습니다. 저를 선생님과 같은 사람 중 하나로 여겨주시면 정말 영광이고 기쁠 것입니다."

21 에드몽 로스탕의 전보.

22 로맹 롤랑.

23 1911년 2월 21일, 에드몽 페리에의 비공개 편지 중.

장 앙리 파브르 연보

❧ 파브르 인생의 주요 사건
○ 세계의 주요 사건
● 파브르의 출판물

1823

❧ 12월 22일 오 루에르그 지역의 미요에서 몇 리외 떨어진 베잽주의 작은 자치구인 생레옹에서 앙투안 파브르와 빅투아르 살그의 첫 번째 아이로 태어남.

○ 존 스튜어트 밀, 17세.
○ 찰스 다윈, 14세.

1826 (3세)

❧ 말라발에 있는 친조부모와 함께 살게 되다.

1830 (7세)

❧ 초등학교 입학을 위해 생레옹으로 돌아오다.

○ 프레데리크 미스트랄 태어남.
○ 프랑스에서 200만 명의 어린이가 학교에 다니게 되다.

1832 (9세)

❧ 로데즈에 있는 왕립학교에서 장학금을 받고 라틴어를 배우다.

1833 (10세)

❧ 로데즈에 있는 왕립학교에서 학업을 마치다.

○ 기조(Guizot)법에 따라 사범학교가 교사 양성 기관으로 공식 인정받다.
○ 곤충학의 창시자 피에르 앙드레 라트레유(Pierre Andre Latreille) 사망.

1837 (14세)

❧ 가족을 따라 툴루즈로 이주한 후 에스키유 신학교에 입학하다.

1839 (16세)	❧ 철도 노동자로 일하다.
1840 (17세)	❧ 교사가 되기 위한 경쟁 시험을 통과하고 아비뇽의 사범학교에 입학해 2년간 그리스어를 공부하다.
1842 (19세)	❧ 교사 자격을 취득해 카르팡트라의 초등학교에서 일하기 시작하다.
1844 (21세)	❧ 10월 3일, 같은 학교 교사인 23세의 잔 마리 세자린 빌라르와 결혼하다.
1845 (22세)	❧ 7월 11일, 카르팡트라에서 첫째 딸 엘리자베트 마리 비르지니 태어남.
1846 (23세)	❧ 문학과 과학 학사 학위를 취득하다. 4월 30일, 첫째 딸 비르지니가 생후 10개월의 나이로 사망.
1847 (24세)	❧ 1월 20일, 카르팡트라에서 아들 장 앙투안 에밀 앙리 태어남. ❧ 수학 학위를 취득하다.
1848 (25세)	❧ 9월 6일, 아들 장 앙투안 에밀이 생후 19개월의 나이로 사망. ❧ 물리학 학위를 받다. ❧ 9월 29일, 님아카데미 총장에게 사직서를 보내다. ◦ 2월 25일, 프랑스 제2공화정 선포. ◦ 12월 20일, 노예제 폐지. ◦ 프랑스에서 350만 명의 어린이가 학교에 다니게 되다.
1849 (26세)	❧ 카르팡트라의 초등학교를 떠나다. ❧ 2월부터 아작시오의 페슈중학교에서 물리학을 가르치다.

❧ 코르시카에서 식물학자인 에스프리 르키앵을 만나 패류학과 식물학에 입문하다. 르키앵, 파브르를 알프레드 모캥 탕동에게 소개하다.

1850 (27세)

❧ 10월 3일, 카르팡트라의 장인 집에서 딸 앙토니아 앙드레아 태어남.

◦ 3월 15일, 교육의 자유에 관한 팔루(Falloux)법이 통과되다.

1851 (28세)

❧ 모캥 탕동과 2주 동안 함께 지내다.

1852 (29세)

◦ 12월 2일, 프랑스 제2제정 선포.

1853 (30세)

❧ 1월, 코르시카에서 돌아오다.

❧ 아비뇽의 고등학교 교사로 임명되어 물리학 및 화학을 가르치다.

❧ 5월 26일, 딸 아글라에 에밀리 태어남. 에밀리는 평생을 아버지와 함께 지낸다.

• 시 〈수(數)〉 출판.

1854 (31세)

❧ 툴루즈에서 자연과학 학위를 받다.

❧ 의사이자 박물학자인 레옹 뒤푸르의 노래기벌에 관한 연구를 발견하다.

1855 (32세)

❧ 8월 24일, 아비뇽에서 딸 클레르 외프라지 출생.

❧ 아비뇽의 탱튀리에 거리 14번지로 이사하다.

❧ 파리과학대학에서 식물학·동물학 박사 학위를 취득하다.

• 첫 논문 〈노래기벌의 습성과 그 애벌레의 먹이로 이용되는 딱정벌레류의 장기간 보존 원인에 관한 고찰〉.

• 식물학 박사 학위 논문 〈도마뱀난초의 괴경에 관한 연구〉.

• 동물학 박사 학위 논문 〈다족류 생식 기관의 해부와 발달에 관한 연구〉.

1856 (33세)

❧ 프랑스학사원 실험생리학 부문 몽티옹상 수상.
❧ 레옹 뒤푸르로부터 축하 편지를 받다.

• 〈올리브나무 주름버섯의 인광 원인에 관한 연구〉 출판.

1857 (34세)

• 〈꿀벌난초의 발아와 괴경의 본질에 관하여〉, 〈가뢰과의 과변태와 습관에 관한 연구서〉, 〈송로버섯의 번식 방식에 관한 참고 사항〉 간행.

1859 (36세)

❧ 찰스 다윈이 《종의 기원》에서 파브르를 "흉내낼 수 없는 관찰자"라고 세 번이나 묘사하다.
❧ 꼭두서니에서 알리자린 추출 문제에 관한 공개 대회에서 1등을 차지하다.

○ 찰스 다윈, 《종의 기원》 출간.

• 5월 12일, 〈꼭두서니 가루와 그 추출물에 첨가되는 이물질에 관한 연구〉 발표.

1860 (37세)

❧ 꼭두서니에 대한 세 개의 특허를 내다.

1861 (38세)

❧ 보클뤼즈농업학회에 알리자린에 대한 보고서를 제출하다.
❧ 4월 9일, 아비뇽에서 아들 쥘 앙드레 앙리 태어남.

1862 (39세)

• 첫 번째 교재 《농경 화학》 출판.

1863 (40세)

❧ 2월 26일, 아비뇽에서 아들 프랑수아 에밀 태어남.

○ 프랑스에서 430만 명의 어린이가 학교에 다니게 되다.

• 〈곤충의 소변 분비에서 지방 조직의 역할에 관한 연구〉 발표.

1865 (42세)

❧ 탱퀴리에 거리에서 루이 파스퇴르를 맞이하다.

○ 프랑스 종묘업자들에 의해 포도나무뿌리진디가 유입되어 1885년까지 포도나무가 황폐화되다.

• 교재 《대지》 출판.

1866 (43세)

❧ 아비뇽에 있는 르키앵박물관의 관리자가 되어 박물관을 방문한 존 스튜어트 밀을 만나다.

❧ 곤충의 습성과 해부학에 관한 연구로 프랑스아카데미 토레상 수상.

1867 (44세)

❧ 교육부장관 빅토르 뒤리가 아비뇽을 방문하다. 파브르를 파리로 데려와 나폴레옹 3세를 소개해주다.

❧ 뒤리의 도움으로 레지옹 도뇌르 슈발리에 훈장을 받다.

❧ 성인을 위한 저녁 수업을 열었고 큰 성공을 거두다.

○ 4월 10일, 뒤리(Duruy)법에 따라 자치구에 무료 학교를 유지할 수 있는 특별 자원이 제공되다.

• 교재 《나무의 역사》 출판.

1868 (45세)

○ 독일 화학자 카를 그레베와 카를 리베르만이 알리자린 합성에 성공하다. 파브르의 꼭두서니 특허가 쓸모없어지다.

1870 (47세)

❧ 파브르의 교육 방식이 성직자와 보수주의자의 적개심을 불러일으키다.

❧ 사임하고 11월에 가족과 함께 오랑주로 이주하다. 전쟁으로 인해 가난을 겪다.

❧ 그 후 몇 년 동안 학생과 교사를 위한 70여 권의 책을 저술하다.

○ 7월 19일, 프로이센-프랑스 전쟁 발발.

○ 9월 4일, 프랑스 제3공화정 선포.

• 《아비뇽 주변에서 관찰된 딱정벌레목》 도감 발행, 교재 《해충》 출판.

1871 (48세)

❧ 교직과의 결정적인 단절.
❧ 교재 집필에 전념하다.

○ 1월 28일, 프로이센-프랑스 전쟁 휴전.
○ 3월 18일, 파리코뮌 정부 수립.

• 교재 《천문학》, 《대수학》 출판.

1873 (50세)

❧ 일주일에 두 번씩 출근하던 르키앵박물관 관리자를 그만두다.
❧ 동물보호협회 은메달 수상.

○ 존 스튜어트 밀 사망.

• 교재 《기하학》, 《보조자》 출판.

1874 (51세)

❧ 초등교육학회에서 상을 받다.
❧ 2월 20일 오랑주에서 딸 앙토니아와 앙리 쥘 루 결혼.

• 교재 《구성과 스타일의 원리》, 《식물학》, 《오로라》 출판.

1875 (52세)

○ 프랑스 제3공화정 헌법 제정.

• 교재 《산업》, 《하인》, 《가정》 출판.

1876 (53세)

• 《파브르 식물기》, 교재 《지리학》 출판.

1877 (54세)

☙ 9월 14일, 카냥 지역의 부모님 집에서 아들 쥘이 16세의 나이로 사망.

1878 (55세)

☙ 추운 겨울, 폐렴에 걸려 목숨을 잃을 줄 알았으나 회복하다.
☙ 파리만국박람회에서 교육부 장관이 은메달 수여.

- 교재 《읽기》 출판.

1879 (56세)

☙ 3월 4일 세리냥 뒤 콩타에 있는 아르마스를 사들이다.

○ 쥘 페리, 교육부 장관으로 임명되다.

- 《파브르 곤충기》 1권, 교재 《꼬마꽃벌의 습성에 관한 연구》, 《코스모그래피》 출판.

1880 (57세)

☙ 프랑스학사원, 파브르에게 포도나무뿌리진디에 관한 연구를 의뢰하다.

○ 8월 2일, 중등 교육을 위한 새로운 공식 교과 과정이 실시되다.
○ 카미유 세(Camille Sée), 여학교의 기초를 세우다.
○ 프랑스에서 560만 명의 어린이가 학교에 다니게 되다.

- 교재 《어린 소녀들》, 《화학》, 《역학》 출판.

1881 (58세)

○ 6월 16일, 무상 및 의무 교육에 관한 법률 제정.

- 교재 《발명가와 그들의 발명품》, 《식물학 강의》, 《폴 삼촌의 화학》 출판.

1882 (59세)

○ 찰스 다윈 사망.

- 《파브르 곤충기》 2권, 교재 《동물학 강의》, 《지질학》 출판.

1883 (60세)
- • 교재 《그리스 작품 번역 모음집》, 《물리 및 자연과학의 공통 요소》 출판.

1884 (61세)
- • 교재 《동물학》 출판.

1885 (62세)
- ❧ 7월 28일, 40년 넘게 함께한 부인 잔 마리 세자린 빌라르 사망.
- ○ 빅토르 위고 사망.

1886 (63세)
- • 《파브르 곤충기》 3권 출판.

1887 (64세)
- ❧ 4월 18일, 딸 클레르 외프라지가 세리냥에서 마리 앙투안 알베르 소텔과 결혼하다.
- ❧ 7월 23일, 마리 조제핀 도델과 결혼하다.
- ❧ 과학아카데미의 특파원이 되다.
- ❧ 프랑스곤충학회 돌퓌상 수상.

1888 (65세)
- ❧ 9월 12일, 아들 폴 앙리 출생.
- ❧ 세리냥에서 아들 프랑수아 에밀과 잔 루이즈 이피제니 레이디에 결혼.

1889 (66세)
- ❧ 과학아카데미, 파브르에게 프티도르모이상을 수여하다.
- ○ 프랑스혁명 100주년 기념 파리 만국박람회 개최.
- • 교재 《폴 아저씨의 과학에 관한 간단한 이야기》, 《자연사》 출판.

1890 (67세)
- ❧ 3월 27일, 딸 폴린 앙리에트 마리 태어남.

1891 (68세)	❧ 6월 12일, 딸 클레르 외프라지가 35세의 나이로 자택에서 사망. • 《파브르 곤충기》 4권, 교재 《가정 경제학의 첫 번째 요소》, 《위생의 첫 번째 요소》 출판.
1892 (69세)	❧ 벨기에곤충학회의 명예 회원이 되다. • 교재 《식물》 출판.
1893 (70세)	❧ 1월 17일, 아버지 앙투안이 세리냥에서 93세의 나이로 사망. ❧ 12월 31일, 세리냥에서 딸 아나 엘렌 태어남. • 교재 《하늘》 출판.
1897 (74세)	• 《파브르 곤충기》 5권 출판.
1900 (77세)	• 《파브르 곤충기》 6권 출판.
1901 (78세)	○ 에드몽 로스탕이 프랑스아카데미에 합류하다. • 《파브르 곤충기》 7권 출판.
1902 (79세)	❧ 러시아·프랑스·런던·스톡홀름의 곤충학협회 회원이 되다.
1903 (80세)	❧ 과학아카데미의 제네상 수상(1903~1909년, 1911~1914년).

• 《파브르 곤충기》 8권 출판.

1905
(82세)

○ 12월 9일, 프랑스 하원이 정교분리법 통과시키다.

• 《파브르 곤충기》 9권 출판.

1907
(84세)

❧ 파브르를 전 세계에 알릴 계획을 세운 조르주 빅토르 르그로와의 우정이 시작되다.

1909
(86세)

❧ 구식이 된 파브르의 교재가 버려지다.

• 아비뇽에서 시집 《우브레토》 출판.

1910
(87세)

❧ 4월 3일, 르그로가 파브르 기념회를 열다.

❧ 스톡홀름 과학아카데미에서 린네 메달을 수상.

❧ 제네바학사원의 회원이자 레지옹 도뇌르의 수훈자로 활동하다.

❧ 《파브르 곤충기》가 프랑스아카데미에서 형식과 사상 면에서 가장 독창적인 작품으로 알프레드 네상을 받다.

❧ 파브르의 유명세가 시작되다.

1911
(88세)

❧ 파브르의 노벨상 수상을 위한 캠페인이 벌어지다.

❧ 에드몽 로스탕이 소네트 〈파브르의 곤충들〉을 발표하다.

❧ 마리아니메달을 받고 프랑스 국립농업협회와 프랑스 적응협회로부터 공로패를 받다.

1912
(89세)

❧ 7월 13일, 두 번째 부인 마리 조제핀 사망.

❧ 시인 미스트랄, 파브르에 대한 기사 〈굶주림으로 죽는 천재〉를 발표하다.

1913 (90세)

- ❧ 레몽 푸앵카레 대통령이 아르마스의 파브르를 방문하다.
- ❧ 공공사업부 장관 조제프 티에리가 연설하다.

- ○ 1월 17일, 레몽 푸앵카레가 프랑스 제3공화정 대통령으로 선출되다.

- • 파브르가 서문을 쓴 전기 《박물학자 파브르의 생애: 한 제자로부터》 출판.

1914 (91세)

- ❧ 7월 21일, 세리냥에서 딸 아나 엘렌이 폴 앙토냉 그라농과 결혼하다.
- ❧ 9월 13일 아들 프랑수아 에밀 사망.

- ○ 6월 28일, 제1차 세계 대전의 도화선이 된 사라예보 사건이 발발하다.
- ○ 8월 1일, 프랑스 총동원령을 선포하다.
- ○ 8월 3일, 독일이 프랑스에 선전포고하다.

1915 (92세)

- ❧ 아들 폴이 참전한 제1차 마른강 전투의 승전으로 안전해졌다는 소식에 기뻐하다.
- ❧ 10월 11일, 요독증으로 사망.

부록 출처

파브르의 집이자 연구실인 아르마스에서 흉상 제작에 참여 중인 파브르와 르그로, 조각가 시카르
© DR | Jean-Henri Fabre, Legros et le sculpteur Sicard à l'Harmas

프랑스 대통령 레몽 푸앵카레의 아르마스 방문
© DR | Visite du président Raymond Poincarré à l'Harmas en 1914

코르시카섬의 해안선
Shutterstock.com | ID 2368742753

코르시카섬의 몽테 르노소
Shutterstock.com | ID 2090285824

에델바이스
Shutterstock.com | ID 2445842447

툴루즈의 건물과 가론강의 전경
Shutterstock.com | ID 2313212401

한결같은 파브르의 모습
© Archives iconographiques - Palais du Roure, Avigon | Jean-Henri Fabre

오늘날까지 보존된 파브르의 작업실
© Muséum National d'Histoire Naturelle - A. Iatzoura | Cabinet de travail de l'Harmas Jean-Henri Fabre

작업실 책상에 앉아 있는 파브르
Wikimedia Commons | J.-H. Fabre à sa table de travail

오늘날 세리냥에 있는 파브르의 집

Wikimedia Commons | Harmas de Jean-Henri Fabre à Sérignan

1914년 아르마스의 모습

Wikimedia Commons | Maison de Jean-Henri Fabre à Sérignan 1914

파브르의 휴식 공간

© Muséum National d'Histoire Naturelle - A. Iatzoura | La salle à manger de l'Harmas Jean-Henri Fabre

아르마스의 꽃 화분과 파브르

Wikimedia Commons | Jean-Henri Fabre dans l'Harmas de Sérignan-du-Comtat

파브르의 종 모양 철망 덮개

© Muséum National d'Histoire Naturelle - A. Iatzoura | La "Cloche" de Jean-Henri Fabre, qui lui permit d'observer et d'expliquer la physiologie des papillons

1880년의 파브르

Wikimedia Commons | Jean Henri Fabre

빛을 발하고 있는 야광 화경버섯

Shutterstock.com | ID 1361376269

파브르가 그린 화경버섯

Wikimedia Commons | Fabre 163 Pleurotus phosphoreus Omphalotus illudens

장 앙리 파브르 연보

© e-fabre.com | Jean-Henri FABRE Chroniques de 1823 à 1915

지은이 조르주 빅토르 르그로(Georges Victor Legros, 1861~1940)

프랑스의 정치인이자 의사. 의사인 미셸 빅토르 르그로와 마리 마르그리트 로랑스 캉칼롱 사이에서 태어났으며, 몽트리샤르의 의사로 활동했다. 1907년부터 1931년까지 몽트리샤르 하원의원을 지냈고 1914년부터 1924년까지, 1925년부터 1932년까지 루아르에셰르의 급진파 국회의원을 지냈다. 1907년 여름, 아내와 함께 파브르의 '아르마스'를 방문해 그의 제자가 된다. 1910년 4월 3일, 세리냥에서 파브르를 위한 기념회를 개최했다. 1년에 두 번 이상 아르마스를 방문해 파브르의 말년을 함께 보냈다.

서문 장 앙리 파브르(Jean-Henri Fabre, 1823~1915)

프랑스의 생물학자이자 시인, 교사이자 교육운동가. 1823년 12월 22일 남프랑스 아베롱주 생레옹의 시골 농가에서 태어났다. 어릴 적부터 산과 들의 꽃과 나무, 곤충의 아름다움에 매료되었던 그는 평생을 자연을 연구하며 보냈다. 그 과정에서 루이 파스퇴르와 존 스튜어트 밀, 찰스 다윈 등 당대의 저명한 학자들과 교류하며 연구 및 사회 활동의 범위를 넓혔다. 수백은 족히 넘는 자연과학 논문과 교재를 집필했으며, 《파브르 식물기(La plante)》와 《파브르 곤충기(Souvenirs entomologiques)》 등 수많은 책을 썼다. 1915년 10월 11일, 말년을 보낸 자신의 집이자 연구소인 아르마스에서 사망했다.

옮긴이 김숲

대학과 대학원에서 화학을 공부했다. 대학원 재학 중 한국 과학기술연구원(KIST)에서 나노 입자를 연구했다. 여름을 알려주는 파랑새와 꾀꼬리를 기다리며 들을 지나고 내를 건너 숲으로 탐조를 간다. 우리를 둘러싼 환경에 관심이 많다. 옮긴 책으로는 《카할의 과학하는 삶》, 《깃털 달린 여행자》, 《흙, 생명을 담다》, 《도시를 바꾸는 새》 등이 있다.

위대한 관찰

곤충학자이길 거부했던 자연주의자 장 앙리 파브르의 말과 삶

1판 1쇄 발행일 2024년 9월 16일

지은이 조르주 빅토르 르그로
옮긴이 김숲

발행인 김학원
발행처 (주)휴머니스트출판그룹
출판등록 제313-2007-000007호(2007년 1월 5일)
주소 (03991) 서울시 마포구 동교로23길 76(연남동)
전화 02-335-4422 **팩스** 02-334-3427
저자·독자 서비스 humanist@humanistbooks.com
홈페이지 www.humanistbooks.com
유튜브 youtube.com/user/humanistma **포스트** post.naver.com/hmcv
페이스북 facebook.com/hmcv2001 **인스타그램** @humanist_insta

편집주간 황서현 **기획** 최현경 **편집** 김선경 **디자인** 차민지
조판 아틀리에 **용지** 화인페이퍼 **인쇄·제본** 정민문화사

ISBN 979-11-7087-242-9 03400

- 이 책은 저작권법에 따라 보호받는 저작물이므로 무단 전재와 무단 복제를 금합니다.
- 이 책의 전부 또는 일부를 이용하려면 반드시 (주)휴머니스트출판그룹의 동의를 받아야 합니다.